保障性住房设计策略

宋明星 著

中国建筑工业出版社

图书在版编目（CIP）数据

保障性住房设计策略 / 宋明星著. —北京：中国建筑工业出版社，2018. 7

ISBN 978-7-112-21685-7

Ⅰ. ①保… Ⅱ. ①宋… Ⅲ. ①保障性住房-建筑设计-中国 Ⅳ. ①TU241

中国版本图书馆 CIP 数据核字（2017）第 318795 号

责任编辑：费海玲　焦　阳
责任校对：王　烨

保障性住房设计策略
宋明星　著

*

中国建筑工业出版社出版、发行（北京海淀三里河路 9 号）
各地新华书店、建筑书店经销
北京鸿文瀚海文化传媒有限公司制版
北京建筑工业印刷厂印刷

*

开本：787×960 毫米　1/16　印张：17　字数：236 千字
2019 年 12 月第一版　　2019 年 12 月第一次印刷
定价：**58. 00** 元

ISBN 978-7-112-21685-7
（31536）

前言

迄今为止，中国的住房制度改革实施已有三十多年历史，期间同步进行了保障性住房制度建设，改革取得了巨大的成就。伴随着快速城镇化进程，保障性住房制度经历了从无到有，从计划到市场的过程。本书基于保障房住区与城市关联性视角，对保障性住房的制度构建、城市空间分布等方面开展研究，按“基于保障房住区与城市关联性分析保障房城市空间形态——保障房体系制度、城市保障性空间规划等宏观、中观层面的设计策略”路线提出了一个较为全面的体系建设方案。

很多学者的研究都分析了保障性住房建设中的显性问题，如边缘郊区化、大型化趋势，公共服务设施缺乏、给城市形象和社会治安带来负面影响等。传统研究方法是从城市选址和规划层面分析，但得出的结论往往失之于表面。本书提出了保障性住房与城市空间之间、保障性住房与保障人群生活方式之间、保障性住房建设与运行模式之间这三个彼此关联的本体间存在的问题，其关系对保障房在城市空间中规划、建设、分配、运转等会有深层次的影响，形成保障性住房与相应城市空间的关联性，其包含城市非平衡性、城市间及城市自身非公平性、保障人群自身非平衡性发展、生活肌理改变与社会属性的认知、硬质边界的规划与复合化界面、自组织行为带来的自生长性、资本的力量与保障属性的关系、混合居住模式和空置房对保障性住房建设的影响等方面。

从保障性住房与城市关联的密切程度来看，保障性住房小区与城市之间在形态构成方面形成了三大类型和 6 种子型：自我完善型中的依托超大城市发展子型和依托企业及园区子型；城市叠加型中的自身带动城市发展子型和依托中心城区叠合发展子型；斑块融入型包含有机更新融入城市子型和城区地块新建融入子型。本书对每个子型的存在基础、规模、与主城区距离、配套设施完善度、就业岗位特点和交通方式等方面都作了研究。基于城市关联性下的保障性住房形态构成分析是本书主要创新点之一。

通过分析，本书尝试提出保障性住房建设制度层面的宏观策略，基于城市关联性下的城市空间中观保障策略。以下这几个方面同时也是本书的主要研究成果：

1.宏观策略。包含法规和制度两个方面。首先确定保障性住房体制社会公平性、保障适度性、长期动态性、地区非平衡性等基本属性，这些属性有的是各国之共性，有些则是中国特有的。从保障主体、保障房类型、保障标准、保障方式等几个主要方面作出法律构建的建议，尤其针对农民工、新就业大学生、各类人才、老龄化人口等保障对象作了住房保障长期趋势的预判。制度建设主要是操作层面的构建，包括：资金筹集的方式、建设与管理的框架建设、准入标准与退出机制、个人信息系统与分配公开制度等几个方面。

2.中观策略。研究基于城市关联性下的城市空间，提出组团平衡与混合居住、公共交通导向、多元化房源下的空间选址、复合界面、三大保障性住房形态类型的城市空间设计策略等五大方面和16点针对性策略。根据这些通用性的策略在三种保障性住房形态类型中的具体应用，又针对性地提出了相应的细则，例如自我完善型中提出了产业与生活安置的关系、相应的大运量交通体系、邻里居住单元思想下的宜居社区、产业远景下的住区更新等策略。城市叠加型提出了快速聚集人气带动发展的方式、迅速构建网络化交通、推动居住中复合化社区模式等策略。在斑块融入型中，讨论了棚户区改造如何与保障对象和空间结合；当居民置换后，中心城区二次开发中保障性社区的社区活化方法和原则等策略。

笔者作为主要完成人参与了国家自然科学基金资助项目：“丘陵地区保障性住房集成化设计与应用研究”与湖南省自然科学基金资助项目：“基于SI建造体系下住宅集成化设计理论研究”；间接参与了由长沙市住房和城乡建设委员会主持的《湖南省长沙市城市住房

建设规划（2014—2020）》的编制工作，本书的成果便来源于对上述课题的研究。同时，笔者直接参与了长沙市芙蓉区芙蓉生态新城保障性住房小区、长沙市芙蓉区和平村廉租房小区、怀化市洪江保障性住房小区，以及部分公务员经济适用房小区的设计规划工作。

本书与拙著《保障性住房制度设计》是在笔者的博士论文《基于城市关联性的保障性住房发展历程与设计策略研究》的基础上，近两年加以修改、增添内容，出版成书。《保障性住房制度设计》主要内容是中国住房保障体系发展历程和相关地区国家住房保障制度分析；本书主要介绍基于城市关联性视角下中国保障性住房体系在宏观和中观层面的设计策略，两本书虽侧重点不同，但亦是一个有机整体。

2019 年 10 月 29 日

目录

1 绪论

社会保障、住房、教育和医疗是现代国家福利系统的四个主要方面。发达国家的公共支出包含教育、健康、社会保障、社会福利、住房和社区环境等社会服务[1]。国际货币基金组织将公共支出分为14类，住房及社区设施事务和服务支出是其中之一。2004年国务院发布的《中国的社会保障状况和政策》中，住房保障、社会福利、社会保险、社会救助和优抚安置一起构成了中国社会保障体系。

中国保障性住房建设起步较晚，尚未建立起多层次的保障性住房结构，保障房建设的速度与广大中低收入阶层的需求之间有较大差距。除此之外，由于中国财税体制改革后形成的中央与地方政府分税制度，在商品房市场快速发展时期，就会出现地方政府重市场而轻保障的情况。其后果就是房价高涨，中低收入阶层以自身经济能力购房成为泡影，而政府又没有为他们提供足够的保障性住房，这使得他们住房条件日渐艰难，意见很大[2]。从建设和谐社会的需要来看，加快保障房制度的构建显得十分有必要。

2014年出台的《国家新型城镇化规划（2014—2020年）》提出，至2020年，中国常住人口城镇化率要从52.6%提高到60%左右，户籍人口城镇化率从35.3%提高到45%左右，即1亿左右农业人口在城镇落户。这不仅是国家层面的一个规划数字，更是中国社会发展中农业人口大量向城市聚集引发的内部需求，从欧美国家的发展历程看，这是从农业社会向工业社会发展的必经之路。对于中国这样一个人口基数巨大的国家，1亿人口进城落户后，能否为他们提供就业机会、住房、医疗、教育等都会对社会和谐与稳定带来巨大影响，这就对保障房建设提出了数量和质量的双重需求。

住房问题是重大的经济问题，住房建设的产业链很长，关联度大，所以中国自2003年8月，国务院出台的《关于促进房地产市场持续健康发展的通知》，将房地产业定位为国民经济的支柱产业后，各级财政对房地产业的依赖就与日俱增，住房问题同时更是重大的社会问题。随着整个社会收入差距不断扩大，城镇居民住房条件也出现扩大化的差距。效益好的单位，通过工资收入增加、提高公积金比例使员工住房超过平均居住面积；但贫困家庭单位效益差或无单位，自身经济实力不足，住房条件改善缓慢。住房条件不均衡的问题逐渐突出。住房问题没有解决好，会使得广大建设者和劳动者享受不到国家经济发展的红利，低收入人群的居住聚集甚至有形成国外贫民窟的可能性，将导致严重的社会问题。反之，如果政府加大重视，构建科学的保障制度，规划良好的城市布点，建设高品质的保障房，则社会和谐、人们安居乐业。

随着社会发展，城市一方面意识到过大的规模和过多的职能会带来交通、居住、环境污染等诸多大城市病，但另一方面人口规模带来的需求和资金流又是一个城市保持活力的基础[3]。因此，一方面要疏导大城市职能，另一方面又要吸引人口流入。居住是一个人安居乐业之根本，如果居住成本太高，就会发生逃离北上广等现象，长此以往甚至会导致城市衰败。提供科学规划和精心设计的保障性住房有助于提升城市软实力，保持城市竞争力。

1.1 保障性住房设计策略研究的背景

1.1.1 保障性住房规划设计特征研究

不同类别的保障性住房，在不同的发展阶段，也会有不同的规划设计特征。这就提出了一系列的问题，到底设计怎样的社区和建筑适合保障对象居住。

土地财政的限制使得地方政府在选择集中保障房住区选址时，自然会考虑价值因素，通常都是将大规模保障房设置在城市近郊，由此保障房住区与城市之间产生了一种空间布局的关联。各保障房小区形态各异，有位于城市近郊的也有位于城市旧城区的，有超大规模的也有小规模的，有新建的也有改建的，有与周边小区交错而生的也有独立存在的，这些不同的城市空间形态，其背后潜在包含着空间的平衡性、公平性、自组织发展、权利资源分配、阶层之间的不同诉求等一系列社会学问题。简·雅各布斯提到旧城更新无法使老住区“非贫民化”，而只是把贫民窟转移到了郊外[4]。

人气缺失是很多新区商品房空置引发的问题，保障性住房代表了刚性需求，大型保障房住区会给周边地块带来人气和服务业的集聚，带动新区的发展，是积极资源。而在现实中，面对土地出让巨额的经济利益，很多地方政府看不到保障性住房建设带来的人气效应和长远的软实力吸引力，民生让位于经济，导致保障性住房在规划建设层面出现了一些问题：

边缘郊区化趋势：保障房项目实行划拨用地，城市政府一般选址于城市边缘或近郊区，土地价值较低端的用地。

大型化：自2009年以来，中央政府以签署责任状的形式强有力地推进保障房建设，地方政府必须完成这份民生作业，保障房开始经历小型化向大型化转变。杭州早期推出的长德公寓、六塘公寓等规模较小，用地面积在30hm^{2}左右。之后的北景园、三墩都市水乡占地规模达到100hm^{2}以上。大型化保障房小区并非没有先例，也不是都无法良性运行，但有其内在的条件和规律，大型化必然导致郊区化。

公共服务设施缺乏：城市空间权力的分配必然是中心城区占有最多的资源，向郊外逐渐减少，而保障性住房则由于入住人群的消费能力弱，对商业设施的吸引力较弱，这些都导致基础设施和配套设施的建设成本高，配套设施严重滞后。周边规划中的商业、医院、学校等仍未建成。

交通道路设施不足：郊区带来的远距离使得无法通过成本较低的步行、自行车和电动车往返工作地，主要依赖公共交通。然而公共交通覆盖面不足，道路网密度低，线路车次少。早晚交通高峰时段，尤其上下班时间产生严重的钟摆现象，城市交通运输形成巨大压力。并不太依赖公共交通的高收入阶层集中在公共交通配置较高的地区，直接依赖公共交通的中低收入阶层集中在公共交通配置较弱的地区。

这些规划上带来的问题，会更深层次地影响中低收入阶层的就业选择、交通成本、生活品质、与城市融合的程度、内部自组织生长等社会问题，有可能政府花大力气建成的保障房却得不到保障对象的认可，影响政府推行的住房保障制度实施的效果[5]。

居住区规划和建筑设计在中国大规模开始住房改革后，经历了很多不同的阶段，如早期的筒子楼，之后的多层单元式住宅、底层库房的单元住宅、小高层住宅，带地下车库的架空层住宅、高层公寓、高层住宅，甚至超高层住宅等。规划布局方式也有行列式、周边式、点群式、院落式、混合式等。保障房与商品房从制度层面和房屋属性上是不同的供应体系和保障主体，但落实到物质层面，则有很多共同的规划建筑属性，即以上这些布局类型和建筑类型在保障房和商品房中都可以采用。面对保障标准、小户型、小公摊、成本控制、户型组合、保障对象的生活习性、促进交流融合空间的塑造等问题，都需要开展进一步的研究[6]。

1.1.2 人口结构和新的社会行为方式的变化

在中国居民传统观念中，居者有其屋即拥有房产，这从农村家庭稍有资金就不断翻新自宅可见一斑。城镇居民同样如此，只有拥有房屋的产权才算在城里有家，也因此才能考虑结婚生子，安家立业。

在中国，外出打工人口数量巨大，他们自农村进入城镇，大部分具有流动性，一年中大部分时间在城市中打工谋生，对于这类尚不具备城镇户口的农民工如何在设计策略上给他们提供相应的住房保障呢？目前大量居住在工棚、城中村出租屋等地是否能满足他们的需求？有无设计层面的策略可以在当前社会发展阶段改善居住的环境？

新就业的大学生，逐渐失去了曾经天之骄子的身份，在进入就业的初期，往往收入较低，也无力购买大城市住房，成为大城市中蚁族、群租的群体，进入了住房保障对象的范围[7]。他们未来的就业发展轨道与城市低保户和外来务工人员不尽相同，提供的保障房怎样在选址和配套上顺应这种特点，也是值得研究的问题。国内有些城市如深圳，就看到了这一群体的困窘和希望，制定了针对新就业大学生专门的住房补贴，受到了广泛好评。

老龄化社会带来了大量老龄人口的住房保障问题：2015 年末，中国 60 周岁及以上人口数为 2.22 亿人，占全国人口的 16.1%，这其中很大一部分是居住在城镇中，也是相当大的一个群体。怎样在保障房建设中考虑老年人的生理需求和行动特征，提供适老性设计也是值得研究的问题[8]。

1.1.3 城市生态环境发展观和以人为本的理念

根据前瞻产业研究院报告显示，中国建筑能耗总量逐年上升，在总消费量中占比从 20 世纪 70 年代末的 10%，上升到 27.45%，增长接近三成[9]。如果建筑以目前情况继续发展，中国能源是难以支撑这种需求的，不得不组织大规模的旧房节能改造，又将耗费更多人力物力。在建筑中积极推行绿色建筑，通过建筑节能贯彻可持续发展理念，有着重要意义。2013 年 1 月 6 日，《国务院办公厅关于转发发展改革委、住房城乡建设部绿色建筑行动方案的通知》提出“十二五”期间完成新建绿色建筑 10 亿平方米；到 2015 年末，20%的城镇新建建筑达到绿色建筑标准要求。据住建部统计，新建建筑在设计阶段执行强制性节能标准由 2005 年的 53%提高到 2007 年的 97%，可见全国已经形成了重视绿色建筑的共识。

保障性住房在中国现阶段仍然是以政府投资建设为主，因此在保障房建设中应该强制执行绿色建筑标准，积极推广成熟、适用的新技术、工艺、材料、设备。一方面可以起到带动开发商使用绿色技术的示范作用，降低相关材料和技术的成本；另一方面可以让保障对象提早居住在绿色建筑中，享受到新技术带来的优质环境[10]。例如在多层和小高层保障房使用太阳能技术，将投资成本算出来，制定出合理的热水价格；考虑空气源热泵与太阳能的结合；光导技术在地下空间、物业用房等区域使用等。确保为中低收入阶层提供的中低价位或适宜租金的住宅廉而不劣[11]，集中建设的经适房、公租房不能短时间后成为城市新的“棚户区”。

制度是贯彻国家意志而诞生的管理机制、行动准则，需要严格的界定与规范的执行，难免有冰冷的一面。事实上，保障性住房制度的根本目的是饱含社会对中低收入阶层的一种人文关怀，以社会福利的形式对保障对象进行的住房援助。因此“以人为本”的理念应包括三个层次：

1.人与社区环境营造：保障性住房住区环境与保障对象之间的互动关系。体现人性化，注重保障对象的实际需求。

2.人与城市融合互动：保障性住房中，重视公共活动空间品质、人际交往空间以及与城市的沟通，形成积极向上的社区氛围，如何让保障对象在情感上形成认同感与归属感。

3.适宜的人体尺度：保障房大多是小户型，尽量做好住房基本生活设备操作与空间集约化的平衡。以适宜的人体尺度和人体工程学为依据，满足保障对象的使用和存储需求[12]。

1.2 本书研究的目的

参考中国的保障性住房领域的研究，可以看到研究居住区规划和住宅设计的文章很多，往往重点仅在于纯技术层面的设计分析；

研究保障制度和商品房关系的论文也很多，只是又过多地关注宏观体系论述；鲜有对保障房制度建设、城市空间关系、保障房设计三者之间的关系进行深入探讨，对宏观机制建构、保障房选址、住宅模式与利用等进行系统的研究。出现这种情况的原因：第一，各专业研究者仅关注了本学科内的重点，忽视了保障房建设是一个从制度建设到一砖一瓦建成的体系化工作。管理和经济领域的学者往往只关注体制构建，因此虽然对体制中不合理的现象进行了很多分析，提出了比较合理的体制建议，但一到地方政府实施就遇到城市规划和建设层面的障碍，无法落地；建筑学和城乡规划领域的学者则更重视住宅作为建筑类型的一种，其内在的规律和空间关系，但对于保障房与商品房的区别，保障房的准公共物品性、产权关系以及社会性特征考虑不足，缺乏整体看待保障房建设的宏观视角。第二，研究者把保障房选址看作是一般的市场经济行为，简单地用远近、便利来分析空间关系，没有注意到保障对象的不完全竞争性、空间布局的非均衡性，以及保障对象的人群构成带来的不同需求等特征。第三，市场“看不见的手”与政府管理之间的关系不明，把政府和市场对立起来。放任市场发展，则导致政府与开发商都变成逐利群体，一味由政府建设，不借助市场力量，政府又力不从心。这些都是保障房建设研究领域面临的问题。

有鉴于此，本书开展研究的目的在于通过一定的调研数据，将保障房住区与城市空间的关联度作为切入点，以保障性住房制度、城市空间关系及策略、保障房设计策略为对象，综合城市社会学、社会经济学，城乡规划与城市设计、建筑设计、室内设计等几个层面，对中国城市中低收入阶层住房保障制度（宏观层面）的属性、主体、对象、标准、资金来源、人口变化趋势，中观层面的城市布局空间平衡、公共交通导向、多元化房源、复合界面等，以及微观层面的保障住房住区总体设计、户型设计类型、室内空间构成等方面的策略进行探讨，为城市管理者和建筑规划设计者从城市关联度的视角，探索一个较为完整、系统的保障住房建设的理论架构与实用体系。

1.3 研究的意义

本书从保障性住房在城市空间中与城市的关联性入手，划分出三大类型六大子型的保障房住区与城市的关系，通过对住房保障制度中模糊问题的梳理，以人居环境学科较为宽泛的角度来分析中国城镇中低收入阶层的住房保障问题，本研究对建设和谐社会、促进房地产业的健康发展、构建住房保障机制有一定的积极作用，在学术上具有以下的理论意义与实践意义：

1. 运用数据调研、分类分析的方法，从城市关联度的视角，建立保障性住房住区与城市形态构成的类型和子型，在城市空间平衡性方面将每种类型的特征、存在条件、面临问题作了研究。总结了科学的城市保障房规划用地选址策略和规划建设原则，为不同级别城市规划不同规模、不同类型保障房住区提供了理论支持，具有一定实践意义。

建设保障性住房住区，往往是上级布置一个总套数的指标任务，各级政府层层分解指标，选择相关的保障房类型，在辖区范围内选择经济性、基础条件、规模综合性较好的用地，进行相关建设。这个过程存在一些问题，比如：一级政府得到的任务是否与该城市的需求相符合？任务中的指标如何分解到经适房、公租房、廉租房（后与公租房并轨管理）、企业定向安置房等类型，还是根据全国建设的浪潮，一窝蜂建设某一种类型？超大规模的保障房住区在北京可以实现并运转良好，在某些中型城市复制过来就变成睡城，无人入住，这其中的原因是什么？

同时，城市老城区的更新与激活是研究领域的热点，产业升级活化、空间意向留存、城市肌理保留、土地置换盘活等都是各种研究和实践的成果。但那些居住在老城区需要改造区域的人呢？这些人中很大一部分属于保障对象，这些社区中也许包含了这些人的童年回忆、社交网络、生存基础。从保障房与城市形态构成角度来看，这种斑块状散布在城市各个片区的住区，其实包含了城市有机体中各种细胞的联系、融合，更具有城市生活的真实性。这样的住区更新中保障住房的策略同样值得研究和关注。

因此，从城市关联度的角度划分保障房空间类型，从规划和建筑两方面提供为解决中低收入阶层“居者有其屋”的住房目标有参考操作价值的技术手段，具有实践价值。

2.从建筑学专业的角度对保障性住房住区与普通商品房住区在总体布局方面不同之处进行分析，总结出相关独特的设计要点。分析保障房建设的小户型平面分类和功能属性，提出保障房空间利用的多元化方式，这对保障房小区建设、户型选择、生命周期使用等方面具实践意义。

在具体的保障房住区的设计层面，由于计划任务推进的方式，国内很多小区都采用简单化处理方式，强调土地利用效率、容纳保障对象户数、严格执行的保障面积范围、相关规范指标等，采用冷冰冰的纯技术角度对待设计。事实上，正因为是为中低收入阶层设计住宅，更应该看到他们收入低、年老体弱、来自农村、缺乏社交网络等与城市居民的异质性特征，由此在住区公共空间、无障碍空间、复合界面、城市融合等方面使用相应的设计手法，使得这些群体能够顺利地融入城市生活，使小区能以有机体的方式参与城市流动，而不是成为城市结构中的一个生硬的植入体，对内对外都难以交流沟通，最终带来社会问题。微观层面的设计才是真正落地供保障对象居住的实体空间，这个层面的设计显然具有临门一脚般的重要作用。

1.4 研究对象与范围、概念界定

中低收入阶层是统计学中的概念，对于城市居民收入分类的界定有不同方法，在2012年修订的统计年鉴中，将样本人群从低到高分为20%、20%、20%、20%、20%五份，分别代表低收入、中等偏下收入、中等收入、中等偏上收入、高收入五组。在学术界，有的学者将从最低到中等收入户之间60%的人群作为保障对象研究。

本研究把住房保障对象的收入范围界定为低收入家庭和中低收入家庭，保障性住房保障对象包含40%的城镇居民。

本书研究的保障性住房为广义上的保障房，即包含为所有中低收入阶层提供的社会福利住房。既包含经济适用房、廉租住房、公共租赁房、棚改房、危改房、回迁安置房等各种类型的保障房，也包含居民领取货币补贴后租住的社会住房，还包含各类有可能作为保障房源的其他住房。可以说为解决中低收入阶层居民的居住问题，由政府直接投资建造并向低收入家庭提供，或政府以一定方式向社会房屋机构提供补助，由这些机构以低于市场平均水平的价格向中低收入家庭出售或出租的住房。广义的保障性住房有利于将保障对象的生活与居住行为相结合，而保障对象的生活恰好属于城市生活的一部分，把保障性住房的规划与城市关联起来，正是本书分析城市与保障房设计策略的一个相对独特的视角。

以上两个限定确定了本书的研究对象——保障群体和保障性住房的范围。

1.5 研究内容

本书主要内容共分5章，其中主要研究内容在第二章到第五章。

第一章“绪论”，从四个方面介绍研究背景，阐明了研究的目的和意义，界定了研究对象和范围并介绍了主要研究内容。

第二章“保障性住房建设影响因素及其对城市空间的影响”通过对城市非平衡性、城市间和城市自身非公平性阐述了保障性住房与城市空间的关系，保障对象生活肌理改变和社会属性认知、硬质边界的规划与复合化界面、自组织行为带来的自生长性阐述了保障性住房建设与保障人群生活方式的关系，保障与开发的关系、混合居住模式、空置房对保障性住房建设的影响阐述了保障性住房建设与运行模式的分析。整章内容围绕着保障性住房建设的各种影响因素和这些因素对城市空间的影响。其研究的切入点不是常规的围绕郊区化、配套不全等表象展开的分析，而是从城市空间的平衡性、人的社会学属性认知，以及与开发、混合居住的关系等层面展开，力图找到保障性住房各种问题背后的因素，是本书的重要内容。

第三章“保障性住房与城市关联度的形态构成分析”是基于上一章的各种影响因素分析的结论，通过大量案例文献的解析，从城市关联度的角度，将不同时代的保障性住房小区划分为三大类型：自我完善型、城市叠加型、斑块融入型，并通过分析三大类型的存在要素，结合不同城市、不同小区的背景，再细分为六大子型。进一步分析了每种子型的基本特点和存在问题，并对其中某些子型的存在条件展开论述。基于城市关联度分析保障性住房住区与城市空间的关系，是本书最重要的创新点。

第四章“保障性住房制度建构的宏观策略”是在第二、三章分析和归类的基础上，对中国保障性住房制度属性、保障主体、保障对象、保障标准、保障房类型、保障方式、资金渠道、管理机制的系统构建，尤其关注了未来一些可能需要重点关注的人群及他们对住房保障建设的新影响，试图回答一些以往保障房建设中模糊的问题，通过体制架构的搭建，为住房保障提供理论上的支持。

第五章“基于城市关联性下的城市空间中观保障策略”进入城市空间和规划的中观层面论述。通过提出：1.非平衡性下的融合策略，包括组团平衡、混合居住模式、住区规模控制等；2.公共交通导向的设计要点；3.基于城市空间分布平衡性下的多元化房源选址策略；4.通过复合界面起到软化硬质边界，建立保障房与城市对话关系等新的城市关联度视角下的城市策略。结合以上策略，对第三章的三大保障房形态类型各自的特色策略进行了分别研究和案例分析。

2

保障性住房建设影响因素及其对城市空间的影响

保障性住房建设是伴随着中国城镇住房制度改革历程发展的，在低水平老公房、福利房、集资房、商品房发展的各个阶段都有针对中低收入阶层在住房保障方面的相应政策。保障性住房建设这一系统工程存在社会学、经济学、住房政策等多个层面的影响因素，在这些多重关系的共同影响下，保障性住房与城市空间、保障人群生活方式，以及保障性住房建设与运行模式之间逐步浮现出相应的内在关联，这些关联涉及政策制定以及社会学、规划、建筑学、行为学、经济学等多个学科，对保障性住房在城市空间中规划、建设、分配、运转等产生了潜移默化的影响，逐步形成了保障性住房与相应城市空间的关联性。

2.1 保障性住房与城市空间的关系

不论何种类型的保障性住房，其物化的结果都是以居住建筑空间这一基本元素存在于各个城市空间，以城市空间作为保障房的载体。中国保障性住房建设取得巨大成就的同时，暴露出选址、房源分配、配套设施等一系列问题，背后都存在着保障性住房与其载体——城市空间二者之间的关系问题，城市之间的非平衡性、城市自身的非公平性及保障人群自身非平衡性发展构成了二者间多层面的联系。

保障性住房不是政府财政的负累，更不是对城市低收入者的救济与施舍；保障性住房是一种具有重要社会意义与政治意义的城市社会投资，影响着城市社会的和谐与稳定。因此，做好城市保障性住房的空间布局是实现这些目标的关键。虽然表面上看，选址在偏远地块集中修建保障房可以降低土地成本，但会增加社区长期运营成本、中低收入者生活成本和社会成本。保障房是兼有市场与社会双重属性的特殊商品，其住房空间布局失衡，将导致贫困的集聚，影响基本社会服务的提供，增加社会风险。

2.1.1 城市非平衡性

中国保障性住房建设经历了经济适用房、廉租房、公租房等几个大规模建设时期，这些量大面广的建设背后是保障房数量的奇缺，对应广大市民急需改善居住条件的渴望。在中国目前体制下，政府拥有对土地属性的相当支配权，能够通过城乡规划这一手段统筹安排城乡发展建设空间布局，实现对一个城市各个功能区的空间、选址规划。

通常保障性住房选址包括：城市边缘用地建设、商品房配建、城区插建、旧城改造的原址新建等 4 种（表 2.1），四种方式体现了城市整体空间的多元性和平衡性，当保障性住房作为一个民生工程需要在城乡规划中体现维护社会公平和公正的作用时，政府在经济利益和传统观念的驱使下，决策者更多选择第一种方式，后 3 种整体建设量较少，这就造成了保障性住房在城市空间意义上的非平衡性。

当前保障性住房 4 种选址方式　　表 2.1

方式	规模	区位	主要建设类型
城市边缘用地(远郊空地)	大	外环以外	经济适用房、廉租房、动迁安置房
商品住宅项目配建	小	城区外环	经济适用房、廉租房、动迁安置房
城区插建	小	城区内环	公共租赁住房
旧城改造;城中村、棚户区改造	小	中心城区	动迁安置房

保障性住房非平衡性是指保障性住房在城市不同行政区划内，不同功能片区的空间分布处于非自然发展状态，从人口收入分类而言，呈现出主城区主要区域保障性住房安置人口极少，而城市边缘区域大量保障性住房集聚的状态，这种状态不符合居民居住地与城市功能分区、人口就业距离、城市空间格局的正常关系，呈现出明显的非平衡性。事实上，城市无论哪种功能区，都有大量的中低收入阶层服务人口，中高收入阶层可以自行选择居住与工作地点的远近，而如果中低收入者想依靠保障房解决居住问题，则无法在适合的位置得到保障房，不得不去位置偏远的地区。这种非平衡性不是简单意义的空间分布不均匀，包含着保障房与城市各功能区之间不是有机融入状态，而是硬性植入状态；不是自然选择的结果，而是被动接受的结果；不是站在规划人性化布局的角度，而是站在规划图纸几何分布的角度。

根据长沙市住房保障服务局2016年1月的廉租住房房源公示，长沙市公共租赁住房的项目布点如表2.2所示。长沙市将“园区以新建为主，城区以回租为主”作为公共租赁住房建设的原则，主要以在高新区园区内建设员工宿舍定向配租，以及回租农民手中的闲置安置房为主。仅开福区靠近市中心的区域布置有极少数原国有单位棚户区改造与廉租房建设相结合的保障性住房小区，其余的公共租赁住房都位于较为偏僻的地方。且通常成片建设用来作为回租安置房。

长沙市公租房分布 **表2.2**

区域	数量	保障房小区
岳麓区	11	和馨园 诚兴园 长丰小区 麓城印象 金麓西岸 橘洲新苑 麓谷锦和 新诚小区 谷山乐园 山水新城 谷山庭院

续表

区域	数量	保障房小区
天心区	1	天凯南苑
开福区	2	福润园 楠熙筱苑
芙蓉区	1	芙蓉生态新城
望城区	2	金南家园 麓谷和沁园
雨花区	6	联盟佳苑 粟塘小区 鄱阳小区 凤凰苑 天凯东苑 凤凰佳园
长沙县	1	榔梨

根据北京市政府公布的公共租赁住房动态信息，北京市兴建的公租房以及以往配建的廉租房等项目布点如表 2.3。三环以内没有保障性住房，位于三环到四环之间的保障性住房项目有 4 个，四环到五环之间的有 8 个，五环以外的有 18 个，除此之外，还有 3 个保障性住房项目位于六环之外。虽然北京市的轨道交通非常发达，但相对而言，大多数保障性住房项目的位置可以称得上极其偏远。

北京市公租房分布 **表 2.3**

区域	数量	保障房小区
朝阳区	4	双合家园 原叶美苑 燕保・马泉营家园 管庄北二里
海淀区	6	馨瑞嘉园 凯盛家园 唐家岭新城 苏家坨 文龙家园 八家嘉园

续表

区域	数量	保障房小区
丰台区	7	同馨家园 燕保·青秀家园 王庄子 郭庄家园 郭公庄车辆段 阅园 彩虹家园
石景山区	2	燕保·京原家园 远洋沁山水·上品
通州区	4	燕保·梨园家园 光机电 未山苑 龙湖大方居
门头沟区	2	铅丝厂 西辛房
房山区	2	金地朗悦 燕保·大学城家园
昌平区	2	沙河镇保利芳园 东小口镇溪城家园
顺义区	1	新城望泉寺
大兴区	4	燕保·高米店家园 亦城茗苑 博客雅苑 孙村

重庆市的情况比较特殊。作为一个直辖市，重庆下设 22 个区，12 个县及 4 个自治县，共 8.24 万平方千米，范围极广。表 2.4 仅统计主城 9 区所设的公共租赁房（包括之前的廉租住房）项目（表 2.4），其中渝中区未设公租房。从表 2.4 中可以看出，重庆市内环只有一个大渡口区建桥工业园区的半岛逸景公共租赁住房项目。

重庆市公租房分布　　表 2.4

区域	数量	保障房小区
巴南区	2	樵坪人家 云篆山水
渝北区	3	民心佳园 康庄美地 空港乐园
九龙坡区	4	民安华福 九龙西苑 城西家园 金凤家园 华福家园
大渡口区	1	半岛逸景
南岸区	2	城南家园 两江名居
沙坪坝区	2	美丽阳光家园 学府悦园
北碚区	3	同福花园 万寿福居 水土思源
江北区	2	双溪福居 鱼嘴福居

2.1.1.1 土地财政经济利益影响下的非平衡性

1994 年中国进行分税制改革后，中央政府集中了较大比例的财权，而地方政府的财权和事权不对等，事权多但可直接支配的财权较少，需等待中央政府转移支付，地方不得不另辟财源。由于房地产产业黄金十年的发展，市场对土地有了巨大的需求，而土地处于地方政府的直接掌控之中，土地财政应运而生。土地财政通常指地方政府通过拍卖土地及相关产业租税费收入，此部分占其可支配财力较大比例的一种财政模式[13]。

根据财政部历年的全国财政决算表，笔者整理了 2010—2014 年与土地出让金有关的数据（图 2.1）。数据显示，国有土地使用权出让金几乎每年都超过地方本级财政收入的30%，这是其他财政收入远远比不上的。土地出让给政府带来大量的收入，在扩大政府可用财力、建设市政基础公共设施、招商引资发展经济等方面，扮演了无可替代的重要角色。在中国土地公有制和经济市场化这一特有的体制背景及工业化、城镇化、住房商品化快速推进这一特有的发展阶段中，土地承载了复杂的利益关系，其背后反映的是高速城市化进程中，土地的增值收益在地方政府、房地产开发商、拆迁户、购房者之间的分配。

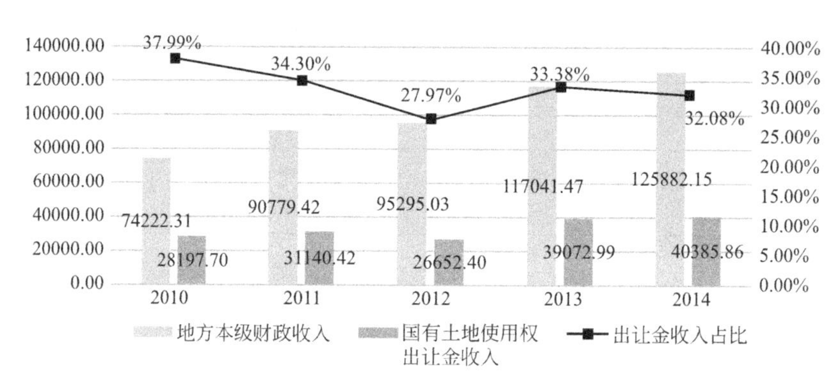

图 2.1　2010—2014 年国有土地使用权出让金占地方本级财政收入的比例

图片来源：根据财政部 2010—2014 年财政决算表绘制

保障性住房的土地供应基本以划拨形式为主，这必然减少地方政府土地出让收益，对依靠土地财政为主的城市而言，地方政府基于土地收益最大化考虑，必然选择相对偏远的位置，这里地价较低，符合商品的经济属性，同时由于这些年建设的保障房规模较大，也能部分起到拉动片区发展的作用。在资金方面，住房保障的财政支付主要由中央财政与省、市、县级地方政府承担，但地方政府负担比例较高。尤其在经济下行压力加大、资金从紧的情况下，面对保障房建设、城市棚户区改造等项目的任务，需要巨大资金，对于城市大量保障房人口需求的住房问题往往心有余而力不足。土地方面，国家每年对城市建设用地规模进行限制，而在城市建成区内实施保障房建设用地拆迁则需巨大的资金投入，再加上中国对保障性住房建设通常是以建设总量下达任务，在经适房、公租房的规定中只涉及单套面积要求，对建设区域并未明确要求，所以地方政府通常采取集中建设的方式完成任务，保障房土地供应只有往边缘地区倾斜。

但在布局城区商业服务业设施用地、商品住宅用地、行政办公用地、文化设施用地、教育科研用地、体育用地、医疗卫生用地、商务用地、工业用地等时，一味考虑这些建筑对城市经济的拉动作用、对城市形象的提升作用和属于中高收入阶层使用者的便利性，以及自身财政平衡和收益，将保障房选址排斥于这些用地之外的偏远地区，则不符合城市功能复合化的规律，并未体现城乡规划自身包含的社会公平公正的属性，形成城市空间意义上的不平衡。事实上，无论哪种服务型用地，都有大量的保障性人群为之服务，空间布局的不平衡，会使得服务提供者花费大量时间和金钱在交通上，降低服务质量，从城市整体经营的宏观层面，会带来更多的财务投入和人们对城市便利性的不满。

2.1.1.2 传统观念驱使下的不平衡性

比起土地收益最大化理念导致的空间不平衡性，城市管理者和规划设计者头脑中某些传统观念，会在意识方面促使决策者作出保障房选址郊区化的城市空间不平衡的规划，而这种来自观念的偏差则往往被研究人员忽视。在传统观念中，保障性住房的对象是城市中低收入阶层，其对片区商业的拉动能力较低，人员“素质偏低”，包含较多的农村拆迁户、外来流动人口、城市低保户等。这样的偏见导致很多人在日常生活中都会对保障性住房小区敬而远之，甚至碰上了也会选择“绕道走”。在这些观念潜移默化的影响下，城市规划的编制过程中往往存在以下现象：

1.保障性住房地块边缘化形成的不平衡性：将保障性住房地块规划于主体城区资源集中片区的边缘，形成优质地块显然不能划拨给保障房的思维定式。居住空间分异是社会阶层分化后在城市空间层面出现的结果，保障房边缘化空间布局，会加剧居住分异趋势。

2.城市功能区块分布的不平衡性（图 2.2）：人为干预规划，主要交通和市政设施“绕开”保障性住房地块。编制规划过程中优先考虑的是中高端住宅区与重要公共设施的匹配及未来发展，如轨道交通沿线、大型商业综合体、文化类大型公共建筑（图书馆、大剧院、博物馆等)、大型医院、中小学等功能的空间布点是与商品房开发地块配套考虑，保障性住房往往是在核心区以外的边缘地块，安置在不完全具备生活配套的郊区，形成事实上的空间不平衡性。在住房商品化飞速发展过程中，资本拥有者往往拥有更大的话语权，不同阶层在城市空间布局上的博弈呈现出“丛林法则”，即中高收入阶层得到城市中心和优质区位，中低收入阶层由市场离心力被动平衡到城市边缘[14]。

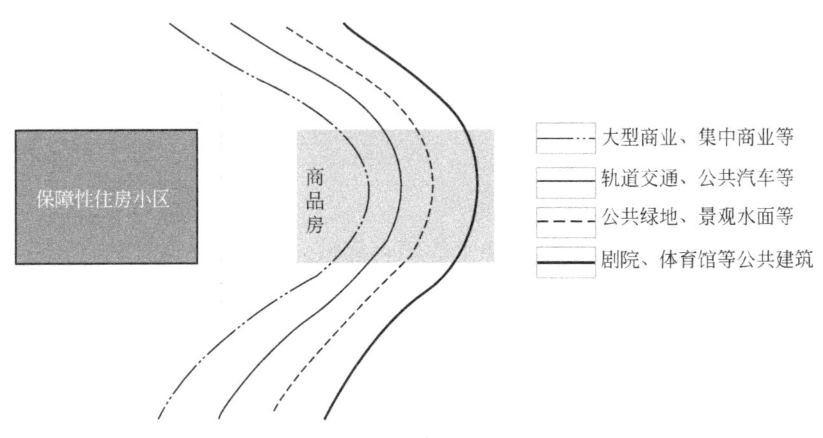

图 2.2　城市功能区块分布的不平衡性

所谓“空间失配”，是针对保障性住房居住空间和就业空间的分离提出的概念。城市低收入人群被动职住分离，社会空间不平等的空间错位将加剧低收入人群弱势地位[15]。尤其对于中低收入阶层，住房支出的地位重要。面对非平衡性下城市空间布局带来的高昂的住房成本及由此产生的交通及生活开支时，贫困家庭必然会降低生活水平，他们更加无法在子女教育和自身技能等必要方面进行投资，而这些投资才是他们未来生活的希望。

2.1.1.3　城市空间非平衡性对社会阶层分异的影响

住宅建筑使用年限较长，对大部分居民而言得到一套住宅居住都是不容易的事情，对于中低收入阶层而言，在房源紧张的情况下能申请到一套保障房则更为不易，城市空间居住格局一旦形成则较难改变，缺乏迁居能力（图 2.3）。在城市边缘的保障性社区安置，则会居住相当长的时期，保障性社区将分散居住的有类似经济收入、生活方式、工作状况、价值观念的人集中起来，他们之间的共性构成了与其他区域居民的差异性，容易形成特定的“居住洼地”。这种“居住洼地”通过城市空间上居住区的非平衡性布局具有了易识别性，进而使得该城市空间区域逐渐贴上低收入群体的居住区标签，形成标签化地缘文化，易产生地域歧视与群体歧视[16]。这种标签化阶层分异会形成与社会主流价值观异化，偏离社会主流价值观，带来排斥性，甚至由城市居住空间非平衡性走向整体阶层的边缘化、贫困化。

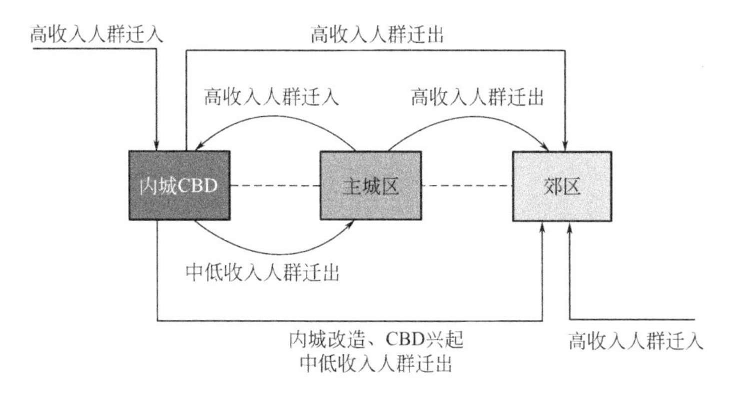

图 2.3　不同收入人群的城市住址迁动变化示意图

2.1.2　城市间及城市自身非公平性

在中国开展保障性住房建设，可以吸收相关国家和地区好的制度和方式，但由于中国自身幅员辽阔，整个社会处于高速发展过程中，地区之间发展不平衡，居民贫富差距较大，在城市之间和自身形成客观上的非公平性，由此带来较为复杂的保障性住房与城市空间之间的关系。在中国中央集权的体制下，保障房建设往往以中央下达任务的方式交由各省市执行，虽然中央政府编制任务时也考虑了地区和各城市的发展情况，但在缺乏相关法律规定和详细保障房制度执行的背景下，地区及城乡间基本公共服务的差异及城市内部基础设施的差异，都无法实现居民保障房的绝对公平，这就形成了中低收入阶层与其他阶层享受到的资源的不对等、不同地区中低收入阶层面临不同的保障政策和保障房条件、城乡间条件的不公平促使大量人群涌入城市寻求更高收入，因而也需要更多的社会保障房解决其居住问题。

2.1.2.1 地区间基本公共服务差异

中国地区之间由于经济和社会发展水平不同，提供的基本公共服务相差较大。2014年全国31个省（直辖市、自治区）人均居民可支配收入存在较大差别。最高为上海的48841.4元，最低为甘肃的21803.9元，最高值是最低值的2.2倍。而人均居民可支配收入反映了居民家庭全部现金收入中能用于安排家庭日常生活的部分，在全国各个省市间，保障性住房群体对于租金与经济适用房房价的承担能力就有较大的差别（图2.4）。

反之，各个城市由于经济发展水平不同和实力差别，投入于基础设施上的资金也就有很大不同。根据国家统计局所统计的2014年全国各地区生产总值数据显示，最高值67809.85亿元是最低值920.83亿元的73.64倍。

同时，中西部城市化率落后东部城市化率约7～8年时间，两者属于明显不同的发展阶段。截至2015年末，中国常住人口城镇化率为56.10%。但各地区、城市之间的发展并不平衡。根据《中国城镇化质量报告》的研究数据，深圳市作为中国改革开放建立的第一个经济特区，城镇化率已达100%，其城镇化质量指数（用来衡量新型城镇化发展的监测评价数据，包括人口就业、经济发展、城市建设、社会发展、居民生活、生态环境等6个方面）也是最高的，其他各省会、直辖市的城镇化质量指数及城镇化率都有一定差距（表2.5）。因此，各地区能够提供的基本公共服务大相径庭，这对保障性住房建设、分配、选址、发展模式等都有较大影响。

2.1.2.2 城乡间基本公共服务非公平性

中国目前仍然是典型的城乡二元经济结构，正处于转型为现代经济结构时期。城市的基础设施较为先进，农村的相关基础设施落后，二者之间存在非公平性。二元结构使得城市拥有大量公共服务

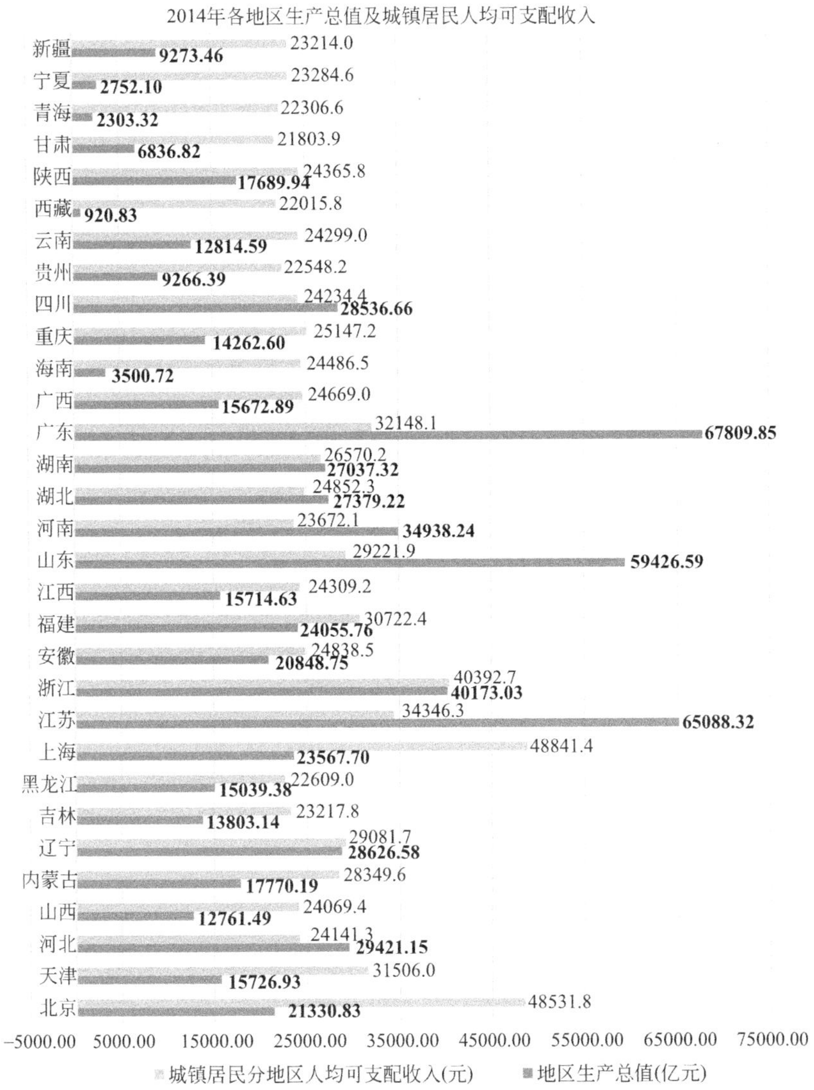

图 2.4　2014 年各地区生产总值及城镇居民人均可支配收入

图片来源：根据国家统计局 2014 年数据绘制

全国主要城市城市化水平　　　　**表 2.5**

城市	城镇化质量指数	排序	城镇化率	排序
深圳市	0.7763	1	100	1
北京市	0.7522	2	86.0	3

续表

城市	城镇化质量指数	排序	城镇化率	排序
上海市	0.7235	3	89.3	2
广州市	0.6484	4	83.8	4
天津市	0.6445	5	79.5	6
南京市	0.6376	6	77.9	7
杭州市	0.6218	7	73.3	10
乌鲁木齐市	0.6176	8	60.2	24
成都市	0.6151	9	65.5	17
济南市	0.6110	10	63.2	20
海口市	0.6109	11	60.3	23
长沙市	0.6067	12	67.7	15
沈阳市	0.6043	13	77.1	8
武汉市	0.5846	14	71.3	11
西安市	0.5756	15	68.8	12
合肥市	0.5539	16	68.5	13
福州市	0.5419	17	62.0	21
银川市	0.5411	18	60.2	24
长春市	0.5296	19	50.0	27
呼和浩特市	0.5218	20	61.0	22
太原市	0.5201	21	82.5	5
哈尔滨市	0.5199	22	44.7	30
贵阳市	0.5149	23	68.1	14
郑州市	0.5119	24	63.6	19
石家庄	0.5068	25	48.6	28
兰州市	0.4993	26	76.3	9
南昌市	0.4848	27	66.0	16
南宁市	0.4739	28	48.0	29
昆明市	0.4698	29	63.6	19
重庆市	0.4666	30	53.0	26
西宁市	0.4495	31	63.7	18

资源，在交通、医疗、卫生、文化、教育、住房保障和养老等方面，城乡间的水平和质量存在巨大差异。虽然新农村建设、城乡基本养老保险并轨等举措力图缓解城乡基本公共服务的非公平性，但由于中国国土面积大，发展不均衡，尤其是农村较为落后，短期内城乡间公共服务非公平现象很难彻底改变。

从行政划分的角度，中国分为农村与城镇，两者之间在历史演进过程中形成了巨大的差距。这个差距不仅仅表现在地域上的户籍分离，还表现在其地域附属下的各项权利、制度、政策等的差异性。从住房保障的角度来看，直接表现在农村宅基地制度与城市保障房政策之间的地域分离。在农村地区，中国的《土地管理法》和《物权法》中都有相关条款，赋予农村居民占有、利用集体土地建造房屋的权利，享有宅基地的福利性住房用地政策以保障农村居民的住房权利。而在城镇地区，城镇居民享有廉租房、公共租赁房、经济适用房、棚改区改造安置房、危房改造房、三旧改造房等保障性住房的政策与资金扶持，保障性住房虽然大多没有完整的产权体系但城镇住房保障的形式与内容相对完善。农村与城镇住房保障政策随着人口的流动，致使地域分离的现状带来的福利性差别尤为突出。直接表现为在城市外来人口中的农业转移人口即使享有农村住房保障政策但因长期生活在城市，居住地与住房保障地域分离，住房保障存在地域性空缺。由于政策的地域分离存在，地方政府出于对本地人群公平性的考虑，对城市外来人口的住房政策往往是不作为。

城乡间公共服务的非公平性对城镇保障性住房建设的影响巨大，最直接地体现在大量农村人口会以打工的形式进入城镇，并且会依据自身条件和城市需求的岗位选择不同的居住地点。中国房改制度的起步阶段，对外来务工人员的居住和保障问题考虑较少，主要是通过经济适用房和廉租房，解决城镇户籍人口中，中低收入阶层的居住问题。

自 2011 年国家开始重视数量庞大的外来务工人员住房保障问题，2015 年国家提出农民工市民化的发展方向，从城乡二元发展角度而言，也是通过这一措施部分解决城乡间的非公平性问题，使得外来务工人员得到城镇中基本的生活服务，不再生活在城中村、群租房、工棚中。

2014年农民工就业情况　　表2.6

行业	人数分布比例	人均月收入(元)
制造业	31.3%	2832
建筑业	22.3%	3292
批发和零售业	11.4%	2554
交通运输、仓储和零售业	6.5%	3301
住宿和餐饮业	6.0%	2566
居民服务、修理和其他服务业	10.2%	2532

农村进城务工人员根据从事行业类别分类，可分为制造加工业、建筑工程业、传统服务业和新型产业等岗位；从行业类别居住特点看，建筑工程业的务工者会随着工程进度随工地变动，短期且便于流动的租房是其需求；从事加工制造业的务工者较为稳定，长期租房或者单位提供宿舍是其需求；对于从事传统服务业的务工者短期且便于流动的租房是其需求[17]（表2.6）。

根据工作稳定性可分为：流动型、相对稳定型和长期稳定型；长期稳定型和相对稳定型，住房需求多表现为购买住房或长期租房；对流动型而言，住房需求多表现为短期租房需求。从收入水平来看，高收入务工者会在城市有购房意愿，对于中低收入者，寻求较为稳定和可承受租金的住房是主要需求。

因每个城市自身特性、发展水平、经济结构不同，对从业者需求也不同，而呈现出不同的务工人员组成比例，对住房需求存在一定的层次性。务工者因职业技能、收入水平、单位规模不同等因素，对住房需求表现出差异性。购房受收入水平和房屋价格的影响（图2.5）；租赁房屋受房屋位置、交通、租金等因素的影响。

据问卷调查，在外来务工人员对住房的需求中，租金和临近工作地点是最为关心的因素；租金在200元以下的占比60.5%，以临近工作地为条件，租房比例达75.2%。大部分人选择居住在租金便宜，城乡接合部的小产权房和市民自建房中。同时，对居住环境、房屋面积大小、卫生状况的需求，相对租金和工作距离而言，则没

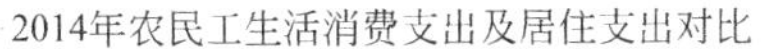

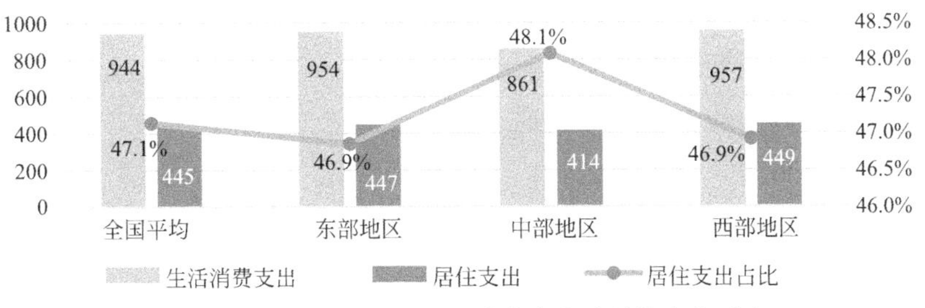

图 2.5　2014 年农民工生活消费支出及居住支出对比

图片来源：根据国家统计局发布的 2014 年全国农民工监测调查报告绘制

有那么迫切，住房条件改善暂不属于刚性需求。

根据国家卫生计生委流动人口司发布的《中国流动人口发展报告 2015》数据显示，2014 年，流动人口在现居住地居住的平均时间超过 3 年。在现居住地居住 3 年及以上的占 55%，居住 5 年及以上的占 37%。半数以上流动人口有今后在现居住地长期居留的意愿，打算在现居住地继续居住 5 年及以上的占 56%。随着在现居住地居住时间的增长，流动人口打算今后在本地长期居住的意愿增强。

2.1.2.3　基础设施背后公共利益的非公平性

交通、商业环境、医疗、教育配套是影响城市居民选择住宅的主要因素。尤其对于最低收入者来说，其主要成员包含低保户、残疾人、身体有病人员等，该人群对出行便利性和相应的医疗配套有较高要求；对于外来务工人员，其工作时间是刚性的，能否提升工作技能是其能否在城市长期生存发展下去的关键，因此这一群体对于交通便利性、就业培训教育提供、基本的商业服务有较高的要求。而因城市空间分配的非平衡性，各区位呈现出周边居住环境和基础配套设施的差别。交通便利、大型医疗机构、教育资源、大型商业场所等优质城市基础配套设施通常周边环绕的是中高端商品房社区，罕见保障性住房，在这场基础配套设施的争夺背后体现的是资本的力量，而在公共利益的权力分配上则呈现出明显的非公平性。保障性住房只能为低收入人群提供一个容身之处，而非宜居之所。

保障性住房公共配套设施非公平性表现在 4 个方面：

1. 由于就业对保障群体而言较为刚性，因此交通便利性是影响他们选择居住地的重要因素，交通便利性包含居住地与工作地点距离、通勤方式便利性、交通所需经济成本三个因素，前二者涉及花费通勤时间，后者涉及负担成本，这往往成为一些保障性住房推出后遇冷的关键。

2. 保障性住房边缘化，部分供水、供电、供气尚未完善，同时新建边缘化的保障性住房入住率不高，不成熟的社区环境导致教育医疗设施引入缓慢。

3. 保障性住房使用人群对大型商业设施的消费支撑能力有限，集中布局的大型保障性住房小区配备的大型复合商业设施往往难以盈利，推广不开。

4. 保障性住房的使用人群规模和消费能力无法达到银行、邮局等金融服务机构相应网点设置的最低门槛，因此保障性住房区的配套种类不能满足住户需求，使中低收入群体生活不便，生活成本增加。

2.1.3 保障人群自身非平衡性发展

保障性人群大体来说，分为具有城市户籍的中低收入者和外来务工人员，如果看不到这两类人群的不同特点和需求，忽视保障人群自身的非平衡发展，简单地把这些人群用统一的保障房小区安置，易导致供给与需求部分脱节，政府花大力气提供的保障房并非某些特定中低收入阶层所需。

2.1.3.1 地区和城市社会经济发展水平不同带来的非平衡性

城市不同，其保障人群的人员构成也会有很大不同。城镇化进程中人口迁移数量大，流动性强。超大城市和特大城市及其周边城市群由于其强大的经济体量、就业吸引力内核和较高的经济收入，成为全国各省市外来人口的首选目的地。

以超大城市深圳为例，2014 年全市年末常住人口为 1077.8 万人，其中非本市户籍人口 745.6 万人，占比为 69.2%，近年来深圳已经开始由简单劳动密集型向劳动密集专业化、现代服务业转型，制造业技术化程度越来越高，逐渐升级为高科技行业、高端金融业集聚地，除了传统的农民工，基础服务业和关外工厂，同时也是全国大学毕业生主要就业地之一。而以湖南省株洲市为例，2013 年全市年末常住人口为 398.6 万人，外来务工人员 32.32 万人，其中本地农民工 20.57 万人，外地农民工 11.75 万人。农民工对株洲市城镇化增长贡献率已经超过 30%。外来务工人员成为株洲市第二、三产业发展的主力军，以在劳动力密集型产业如建筑业、基础制造业、餐饮服务业等就业为主，其中建筑业外来务工人员从业人数达 90%，纺织服装业达 60%，普通服务业达 50%[18]。在两个城市外来务工人员中，虽然绝对收入有着明显的不同，但就单个城市相对收入比和城市消费水平看，不论深圳还是株洲，都会有相当比例的务工人员属于保障性住房保障范畴。株洲外来务工人员的构成仍然是以普通农民工为主，其中还包含大量的本地务工人员，而深圳外来务工人员组成已经逐渐发生变化，高技能人员和知识型人才所占比例逐渐提高，几乎都是外地务工人员。保障人群自身非平衡性发展，不同背景和技能的保障者会对其居住条件提出不同需求，这样就会对保障性住房在城市空间中的整体分布和布局要素产生影响。

在北上广深等超大城市中，人员流动性较强，但落户条件及商品房价格较高，大部分的外来务工人员难以以户籍居民身份购买经济适用房，只能住在各类出租房和工棚宿舍内。因此，对于这类城市，可考虑通过详细的务工人员分类比例计算，分层次提供各类保障性住房，其中以公租房为主，例如，园区宿舍——加工制造业；集中公租房公寓——工作较为稳定的服务业人员；城区内点状公租房公寓——收入较高的从业人员；发放补贴——流动性较强的从业人员；可移动式公租房——建筑业从业人员等，点对点地提供其所需（表 2.7）。

在类似株洲市这种内地大城市中，城市往往还处于需要相当数量的外来人口来提升城市生产力，外来人口对本地周边农民工和外地农民工有一定吸引力，但辐射力无法到达全国范围，可以采用不同的策略。这些城市可以考虑针对本地务工者逐步放开落户条件，提供经济适用房或者库存空置房，通过相对平稳的房价，吸引务工者购买，以此作为促进外来人口融入城市生活，推进城镇化的途径；同时依据其他务工者的需求，提供相应的公租房。

深圳和株洲对外来务工人员提供保障房方式的差别　　表 2.7

城市	保障方向	具体措施
深圳	按比例计算人数，分类提供保障	加工制造业:园区宿舍
		服务业:集中公租房公寓
		建筑业:可移动式公租房
		其他:收入较高的从业人员配租城区内点状公租房公寓;向流动性较强的务工人员发放租赁补贴
株洲	逐步开放落户条件，去库存	相对平稳的房价吸引外来务工人员落户；其他务工者配租公租房

2.1.3.2　保障性人群自身特征带来的非平衡性

在同一城市的保障性人群中具有城市户籍的中低收入者和外来务工人员，各自具有不同的社会属性和经济能力。

城市户籍保障性人群的居住状况大致有：

1.最低收入者，低保户，住房条件差，身体残疾或有重病，基本丧失工作能力。

2.最低收入者，住房条件差，身体基本健康或有一定疾病，具备基本的工作能力。

3.低收入者，住房条件较差，有工作，但不稳定。

4.低收入者，住房条件较差，有较稳定工作，目前收入较低，但有成长空间。

户籍保障性人群中最低收入者通常提供廉租房，低收入者提供公租房。但由于城市选址的非均衡性和非公平性，使得广大户籍保障性人群宁愿生活在其原有的城市肌理和社会网络中。尽管其居住环境和条件较差，也不愿接受政府提供的陌生而偏远的保障房，这正是保障房建设中忽视城市户籍保障性人群自身非平衡性的体现。

对于城市固有户籍居民的保障房供给，应研究其自身不同需求，进而提供相应产品。例如，廉租房人群出行的便利性和对基本医疗机构的需求，城市市民社交网络的维系，低收入人群技能提高的培训等，都应该在保障房城市空间布局和配套设施建设中提前考虑。

大城市外来保障性人群的居住状况大致有：

1. 务工者随着工作经验和对城市的熟悉，居住时间长期化，已经有家庭和孩子，举家迁入的比例上升；依赖租赁房屋，获得住房的途径单一，有长期在该城市居住的意愿。

2. 务工者初来城市，从事服务业，工作有一定流动性，具备基本的工作技能，依赖租赁房屋，居住条件较差，并未有长期居住该城市意愿。

3. 务工者从事相关制造业，有固定工厂工作，工厂提供宿舍，基本条件较为完善，是否长期居住受该企业经营状况影响较大。

4. 务工者从事建筑业，属于劳动密集型工作，有一定技能，工作地点随工程进度变化，有较强流动性，以居住在工棚为主，有一定留城意愿。

5. 务工者从事技术型工作，具备一定知识和学历，租赁房屋居住，目前收入偏低，但未来有较强的成长空间。

外来务工人员的保障群体，早期并未被纳入城市保障性住房体系内，随着人们的观念逐渐改变，社会逐渐重视外来务工人员对城市的建设和服务作出的贡献，要求外来务工人员享受相同的市民权利呼声日高，这是社会公平性和公正性的体现，是一种社会进步。自 2010 年公租房制度推出后，逐渐开始为符合条件的外来务工人员提供公租房，尽管设定的条件诸如社会保险缴存年限还比较严格，但也体现了政府为外来务工人员提供住房保障的决心。相比具有户籍的市民保障群体，外来保障人群的构成更复杂，流动性更大，其未来发展的空间也参差不齐，因而其自身的非平衡性更强，这也就对相应的保障房种类及周边的配套提出了不同要求，并且在房地产库存加大的背景下，研究逐步降低保障房对这一群体的准入门槛，已成为各个城市研究的重点。

此外，务工者年龄、家庭、知识技能层次、对未来的愿景、对社会的认知等都有不同，呈现出不平衡性，这种不平衡性在各个城市提供的保障性住房政策、种类、准入门槛、退出机制、租金制定等都应该有不同反映，同时随着城市大规模保障房建设时代的结束和城市发展的不同阶段，呈现出动态、历时性的政策调整，显示出灵活性。

2.2 保障性住房与保障人群生活方式的关系

保障性住房建设的根本目的，是为住房困难的中低收入阶层在居住层面提供一种社会保障。保障房是一种人们居住的物质化空间场所，是安身之所，通过政府和社会各方面的大力推进和建设，是有可能短时间内在数量上接近或达到中低收入阶层需求的，这是物质层面的成果。无法忽视的是，保障性住房终究是属于对中低收入阶层社会保障体系中的一个方面，在社会学层面，保障性住房与保障人群在生活肌理、社区边界，以及人们自身组织行为的生长性等方面都有着深层次的关系，这种关系相比于看得见摸得着的大量保障性住房刚性建设无疑是隐性的，易被忽视的，不加重视将会带来阶层隔离、人群孤立等后果，保障性住房小区有可能演变成城市孤岛。因此从社会学角度研究保障房与城市空间的关系，对促进社会和谐发展、保障人群安居乐业、推进社会公平公正有重要的意义。

2.2.1 生活肌理改变与社会属性的认知

根据皮埃尔·布迪厄的社会资本理论，不同的社会要素之间通过相互连接形成场域，而不同的社会要素在场域中存在于不同的位置，发挥不同的作用。如果把场域看作是一张社会之网，位置就可以被当成是这张网上的节点。这样的社会之网是大家所公认的、熟悉的团体身份，而这样的位置节点正是人与人之间形成关系的前提，各类人群通过占有不同的位置而获取不同的社会资源和权利。保障人群通过复杂的资格审查以经济适用房、廉租房、公租房、安置房、棚户区改造等各种形式，纳入住房保障体系中后，各自面临着不同的生活肌理的改变（图 2.6）。

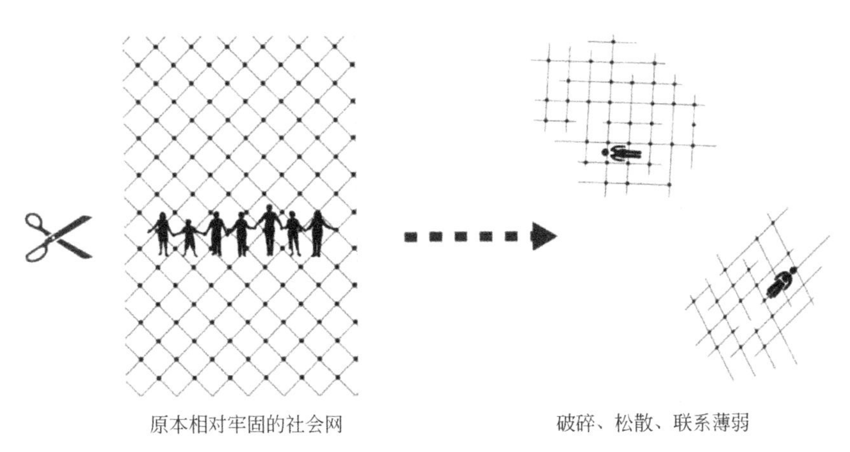

图 2.6　保障性人群生活肌理的改变

保障房居民被迫离开原来所占有的位置，原有的社会关系网络遭到破坏、阻断甚至解体，这种改变需要人重新找到自己在社会生活中的坐标和交际网络，而低收入群体往往缺少新的机会，对外界信息的感知力低下，容易与主流社会思想脱节，人与人之间的位置联结变少，这降低了保障群体获得社会资源的能力，进而影响到其融入整个社会的能力。因此，中低收入阶层一旦必须面临新的生活肌理与社会属性的认知，这种挑战就变得尤为巨大。

2.2.1.1　本地户籍保障群体的生活肌理改变

不同类型保障性住房解决了不同层次的住房困难的中低收入阶层居住问题，本地户籍的保障群体人员构成复杂，包括低保户、低收入市民、下岗市民、刚毕业大学生、城市服务业人员，甚至有犯罪前科人员等，他们依据各自不同的条件分布于经济适用房、廉租房、公租房之中，不同人群对公共资源、环境的需求不同，不同人群在城市原有的肌理也有所不同，这些改变并非每个人都可以接受和适应。

部分学者在北京、上海、广州等城市针对邻里关系的研究表明，城市社区居民邻里关系总体呈现“淡漠化”和“陌生化”的特点，邻里关系淡漠、互动少，经常存在多年邻居不相往来的情况。分析目前国内大部分城市居民生活特点，快节奏的生活，独生子女带来的家庭成员减少，工作压力带来的流动性增加，社会交往的多元化及交流方式的信息化，居住形式从原来低层、多层的集体住宅转向高层单元式住宅，人们工作生活空间范围扩大了，但邻里交流因信息技术普及而减少，人们不再特别在意与传统邻里的交往与关系。同时，交往的频率与密度也与居民年龄和工作性质、个体性格有关。

探讨具有户籍的保障房群体，可分析这部分人群的特征：

1. 收入属于最低收入阶层或低收入阶层，住房困难而申请保障房。

2. 具备本地户籍，因此普遍在城市具有相应的生活肌理和社交网络，普遍具有家庭。

3. 低保户部分群体身体有残疾或重病，生活水平普遍较低。

4. 最低收入阶层有相当一部分缺乏改善生活的能力和技能，需长期依靠社会保障。

5. 低收入阶层中则有不同情况：短期内无法改善生活条件、年轻大学生创业待成长、本地中老年人等。

该人群中老年人、残疾人、家庭主妇、失业者，因为具有本地户籍，邻里关系的维系对他们的生活有十分重要的意义，这种意义体现在经济互助、生活互助、精神交流、自身社会属性认知等各个方面。迁至新的保障房小区后，原有的生活肌理必然会出现大的变化。在新的小区中，他们可能面临：

1. 保障房社区居民规模较大，但邻里间情感认同度较低。邻里间如果在搬迁前有地缘关系，例如回迁安置房，则具备互动基础，否则，因为保障房大多以单元式住宅空间形式出现，人际交往空间需求减弱。共同工作关系和类似兴趣关系则更少，与原生活肌理割裂后，社会关系维系只能局限于朋友亲属探访。

2. 社区建设情况不尽相同。社区服务、周边基础服务设施成熟度，居民收入差异性，教育差异性，职业差异性等，对社交活动影响较大。在多数城市中，具备户籍身份的城市低收入居民往往能够通过语言、城市所共同拥有的市民习惯、城市流行的娱乐活动、城市共同关注的发展事件、城市内公众人物等，重新建立社交网络，构建生活肌理。

3. 当保障房居民包含各种保障群体的时候，例如户籍居民、外来务工人员，小区内提供住房类型包含经济适用房、公租房、廉租房时，内部邻里间有可能出现歧视现象，这种歧视包含户籍居民对外来居民的身份歧视，小区居民内收入较高者对收入低者的歧视，住房面积差异间的歧视，稳定工作者对无业或临时工作者的歧视。有些歧视并非显性，而是体现在邻里互动网络形成过程中，居民互动具有同质性相近特征。

4. 低保户属于生活条件差，收入最低的群体，而且很大比例的低保户身有残疾或疾病，在原有居住地，可以通过多年形成的社交网络获取邻里、亲属互助。而获得保障房后，虽然居住条件可以得到改善，但是很难建立新的社交圈，加之大多数单元式住宅缺乏邻里交流的空间，这部分群体往往得不到需要的帮助。

2.2.1.2 外来务工人员保障群体生活肌理的改变

文化维度的自我认知：外来务工人员来到新的城市，改变自身在农村或乡镇的生活习惯，适应本地习惯、风俗和语言等需要一定时间。越发达的城市，其现代化程度就越高，对各类服务的品质、打工者的行为举止、生活习惯也有更高的要求。

新的社交活动带来新的生活肌理，保障性住房如果能提供较为多元的社交机会与不同阶层人群的接触，则有机会获得自身交往的社交圈和各种改变、提升自身技能的机会，从而使个人具备摆脱贫困、在社会向上流动的动力。从空间的角度而言，要获得这样的机会包含工作地点和性质、居住地点和相关活动。如果居住地居民具备各个层次的混合性，首先就具备了多元社交圈的可能性；其次，如果居住地周边的公共空间和环境，例如商业、广场、公园、功能空间等可以提供积极空间，供各阶层人群交流和活动，则具备了建立新的社交网络的基础；最后，如果社区机构和其他社会组织能够有意识地引导居民交流，组织各种活动，让各阶层人群参与进来，则能逐步为外来务工人员建立新的生活肌理。

反之，如果外来务工人员大量集中居住且居住水平低下，地点在城市边缘地区，同质聚居使得他们与其他阶层在居住空间、公共空间、功能空间、社交活动等方面没有接触的机会，造成融合困难，阻碍阶层间的沟通，中低收入阶层很难向上流动，从而更加难以享受城市各项福利政策。恶性循环后，其身份和行为会更受中高层社会的排斥。前文所述，在城市空间层面会形成“空间洼地”，不仅使人群标签化，而且会使得保障房所在区域标签化，资源和行为潜意识绕开，激发负面效应，促使社会分化。

当保障房居民包含本地户籍居民、外来务工人员时，可能出现本地户籍居民对外来务工人员的身份歧视现象，比如：“城镇居民认为外来人口抢占了本应属于市民的生活资源，自身拥有城镇户籍，理应享有比他们更多的城市资源。”另外本地人也带有城里人天生的“高人一等”的潜在心理，认为外地低收入者的素质低、带有很多农村行为习惯，这种思想会造成本地部分居民对外来务工人员产生排斥心理。外来务工人员为城市建设作出贡献，理应享有同等的城市资源，但他们处于弱势地位，只有通过同乡抱团活动，才有可能形成自身的力量。这种现象有可能形成保障房小区内的人群对立，不利于社区和谐。

空间会对文化属性有引导作用，中低阶层一旦生活在贫困亚文化的氛围中，将从空间上树立一道无形的隔离，外部是主流社会的排斥和避让，内部是中低收入阶层的吸引力和独立性，这种文化传承下去，居住弱势群体出于自我保护意识，躲避社会排斥现象的同时会与来自相同地域出身的群体抱团，形成特定聚居地，如北京丰台大红门地区的浙江村地域网络群体。主动选择居住于特定场所（城中村或城乡接合部），在特定地点形成新的生活肌理和内部秩序，有时会导致贫困代际延续和社会隔离。这种地缘出身的集聚，在保障性住房小区中有时也会朝行业专业化发展，经常在保障性住房周围出现某个地区人群集中经营的某种特定类型商品的市场。

类似于安东尼·吉登斯提出的“精英反叛”，中高收入阶层在住房选择时，必然选择环境等各方面条件更优越的居住地。出于安全或生活习惯、行为方式的因素，更愿意物业实施封闭管理，将中低收入阶层排斥在外。但是由于缺乏表达诉求的渠道和机制，他们只有被动接受较差的居住环境。本地中高收入者和外来中低收入者均主动选择居住隔离，二者之间因为利益关系导致存在矛盾，社会融合度降低。

2.2.2 硬质边界的规划与复合化界面

海德格尔认为“边界不是某种东西的停止，而是某种新东西在此出现”。对于城市中的住宅片区而言，其内在的居住生活、居民行为、住区品质都会在住宅区与城市之间的界面某种程度地呈现出来。与其他住宅区相比，不同社区各自的可识别性及空间特质往往集中在其界面之上。界面的含义不仅仅是一个立面或一个边界，而是界面空间内的一系列元素通过一定相互关系整合而成，各种元素有机复合，与空间相互融合，形成复合界面。复合界面具有连续性、多义性、空间性、渗透性、层次性等多重属性，对于居住区而言，复合界面是小区面貌、生活方式、居民行为与城市之间的过渡性层次，具备界面与空间的共同特性，包含了建筑单体、外部空间、市民发生活动 3 种元素，可以称这种住宅区外界面为“保障性住房的复合界面”。

保障性住房的复合界面的本质属性包括空间性、场所性和功能性。

1.空间性：包含复合空间的过渡性、开放性、互动性、连续性。内部小区空间和外部城市空间之间的转化空间，并与城市形成空间连续、视觉延伸、环境渗透，人的活动可以得到延续，使小区与城市内外空间形成有层次的过渡，城市与住宅区保持柔性联系（图 2.7）。

2.场所性：复合接口强调空间的认同感，在靠近城市开放空间形成的积极空间，使得参与者具备归属感[19]。这种场所性不仅是提供给小区内的居民，还可以通过功能的复合化提供给城市周边及商业人流，成为社交的场所，同时也是保障人群对自我社会属性的一种认同（图 2.8）。

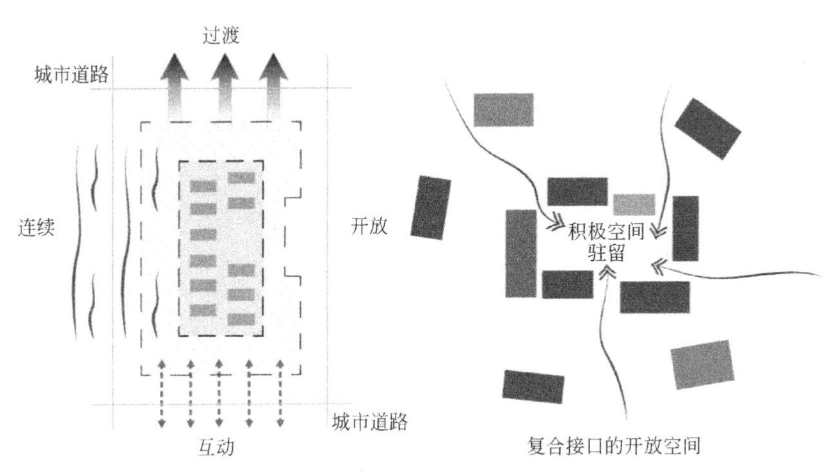

图 2.7 保障性住房复合界面的空间性 图 2.8 保障性住房复合界面的场所性

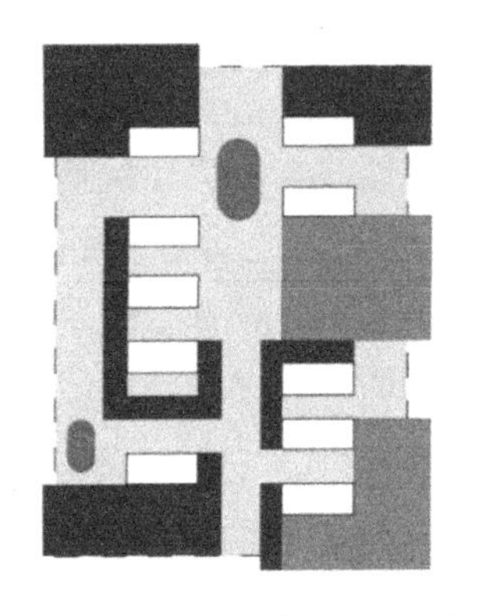

图 2.9 保障性住房复合界面的功能性

3.功能性：复合化界面通过多种元素构成，在保障性住房小区中通常可以利用多元功能性来实现。社区与城市间包含各类服务功能，这种功能性不仅包含对内服务，还需要包含对外服务，以外部人流带动社区活力，形成社交网络和生活肌理。功能性通常由商业、社区服务，教育、公共活动空间，特色景观等组成[20]（图 2.9）。

在中国大规模保障房建设时期，各类保障性住房占地广、规模大、时间紧，往往从规模设定、规划设计、功能构成、周边社区环境等方面，都只能采用快速粗放的方式推进，在未进行认真研究调研的基础上，建设单位与设计单位只能用同质的产品。同质产品在户型设计、配套功能、建筑造型等方面呈均质化，住宅空间行列布局，单体设计粗放化，形成硬质边界。硬质边界的表现形式有：

1.未配套其他功能的小型保障房住宅区，以围墙或围栏作为边界，此时界面失去复合性，呈现出界线的状态，城市与小区间仅存在空间性中的视觉延伸性，场所性和功能性均丧失（图 2.10）。

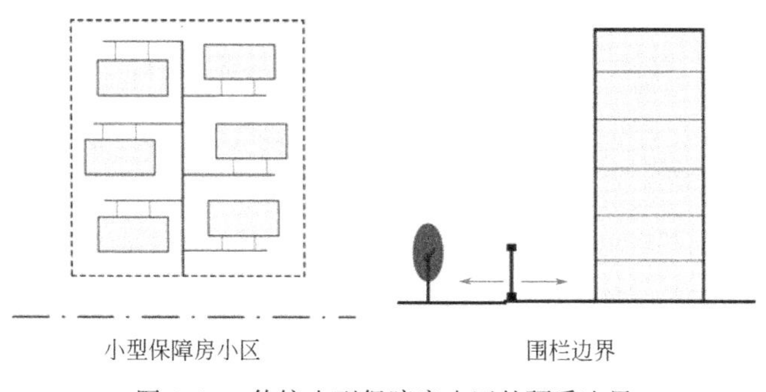

图 2.10　传统小型保障房小区的硬质边界

2.配套少量商业服务功能的保障房住宅区，部分边界以围墙和围栏为边界，部分边界以商业服务型建筑为边界。少量商业服务建筑通常以小型连续商铺的形式存在，这种商业建筑同时成为小区与城市间的硬质边界，不连通内外，实质上与围墙并无太大区别。此时，存在少量空间性的城市延续性，空间积极性较弱；对外具备一定场所识别性，对内则无场所感；具备单薄的功能性，而这种功能性无法起到沟通内外、联系城市生活与居民生活的作用，属于硬质边界。这种边界只能说形成了城市界面，但基本不具备复合性界面的特征（图 2.11）。

3.配套数量较多的具有商业服务功能的大型保障性住宅区。这类社区由于规模较大，配套的功能较多，用地较大，为实现界面复合化创造了条件。在实际案例中，仍然普遍存在着硬质边界问题。大型商业建筑与住区间由围墙分隔，完全是对外服务形态；中小型商业仍然以商铺形态呈现，如同一道界线隔离着小区内和城市；其他社区类服务建筑和幼儿园等教育建筑，大多以各自独立的边界分

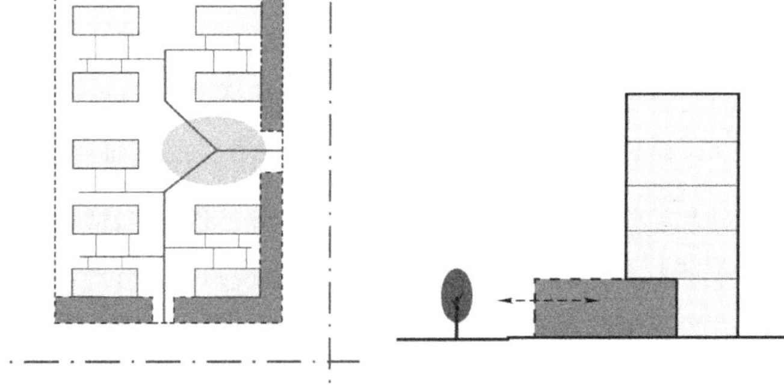

图 2.11　传统中型保障房小区的硬质边界

割基地。公共空间大多各自为政，缺乏整合。此时，虽然能够形成具有连续、视觉延伸性的城市空间，但多数无法具有环境渗透性，界面难以沟通内外；具备一定的内外场所感，居民对所在大型社区的归属感增强；多元的功能性初步构成。这类小区通常具备基本的多层次界面，但在积极空间的构建、激发保障性人群参与交流、创造联系城市外部人口与内部居民的社交网络建立上，仍难免存在偏硬的边界感（图 2.12）。

以上是硬质边界在城市空间层面的影响，而在居民社会心理层面的影响更为重要。保障性人群大多属于中低收入阶层，在经济能力上并无更多可支配收入支撑过多商业服务，硬质边界的规划使得居民更多局限在小区和住宅内生活，小区外的配套商业高额的消费使得他们望而却步，公共空间的缺失或被其他人群强势占有，又使得他们与住宅区外的城市界面格格不入。需要保障性住房的群体，就业与再生能力相对较弱，同质性聚居严重，缺乏与社会各阶层通过复合化界面进行交流，小区内居住者构成过于单一，容易将社会矛盾聚集于社区内，久而久之，内部自发的保护性秩序和矛盾会使整个小区成为“城市洼地”，影响外部商业服务空间的品质，最终有形的硬质边界逐步转化为无形的硬质边界，整个保障性住房小区与城市形成隔离，引发新的社会问题。

在某些拆迁安置房小区中，根据回迁安置规则，在小区建设中考虑了居民回迁后再生产问题，通过每个安置户除居住面积外还配

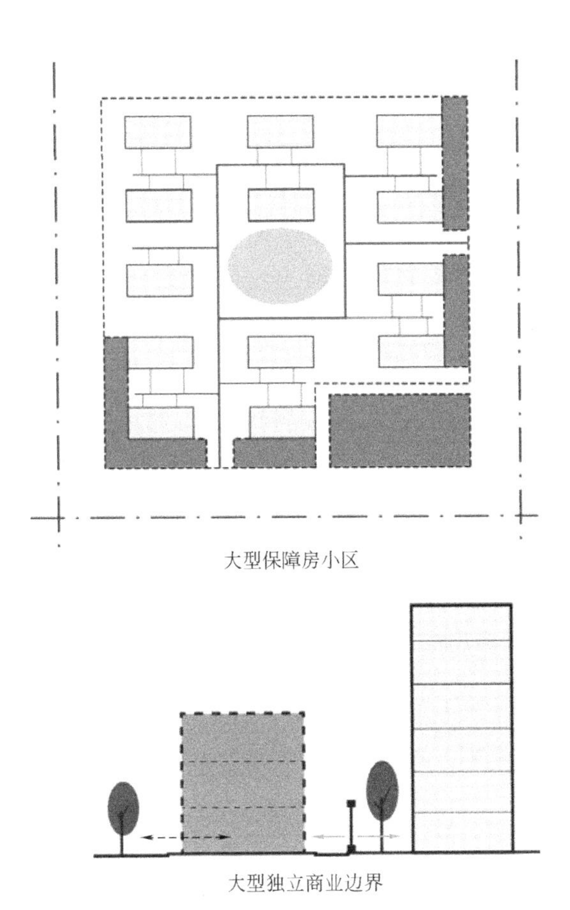

图 2.12 传统大型保障房小区的硬质边界

给一定商业面积，组合商业安置面积提供商业出租房，引入复合化社区生活方式等办法，提供一定的收入来源，利于其稳定的生活与再就业。这种模式对于回迁安置人群建立新的生活肌理，同时将商业空间、公共空间与小区居民之间建立某种经济、空间上的联系，杜绝“一层皮式”的街铺空间，以复合提升品质，是化解硬质边界的一种有益尝试。

2.2.3 自组织行为带来的自生长性

自组织系统是指：在无任何外界特定指令的前提下，通过与外界不断进行信息、物质、能量的交换，并且自主地从无序走向有序、从低序到高序、从一种有序到另一种有序而形成的有结构的系统。自组织理论广泛应用于社会系统和生命科学领域，运用自组织理论可以对保障性住房中很多社会现象开展研究，并解释某些城市规划所无法控制或者管理的居民活动。对于城市和居住区的规划，通常带有某种对未来发展的预测能力，同时也具有某种控制性和强迫性[21]。

根据自组织理论，城市是一种自组织的复杂的空间系统，是一种开放的系统，具有某种不可预测性和不可控制性。这二者之间形成了一种矛盾，即城市规划通常是自上而下的活动，而城市发展却往往呈现自下而上的行为活动。应该看到自组织规划理论逐渐在城市规划和管理中产生了不小的影响。事实上，自组织规划理论中的某些原理在保障性住房建设中也有体现，并且居民的生活方式的某种自组织性对保障房的空间布局产生了影响[22]（表 2.8）。

自组织城市理论　　表 2.8

类型	理论奠基者	模型基础	理论
细胞城市	图灵·纽曼	细胞自动机模型	打造城市系统的可持续性，每一个城市社区的运转基于居民的自发性
协同城市	汉肯	协同理论	一个系统内部各个组成部分相互协同的整合效果
分形城市	曼德布罗	分形几何	城市自组织演化的分形取向暗示城市分形规划的可能
耗散城市	伊里亚·普里戈津	耗散结构理论	城市是典型的远离平衡态的开放系统，交换物质能量以维持新的有序结构
混沌城市	洛伦兹·约克	混沌数学	混沌是有序之源

建成并投入运转的各类保障房中，或多或少存在着自组织理论所能解释的一些社会现象。这里试举一例，在湖南长沙芙蓉区马王堆街道的芙蓉回迁安置小区，是典型的依托中心城区发展的早期保障性住房社区（表 2.9）。

长沙市芙蓉回迁安置小区基本情况　　表 2.9

方面	具体情况
建筑层数	1+6 层
户数	624 户
面积	$50000m^2$
功能构成	底层商业门面+出租+居住
居住人员构成	回迁安置农民、本地公租房居民、外来务工人员
社区运转情况	较好，比较有活力
周边城市环境描述	地处城乡接合部，但城市化程度发展较快，周边多个楼盘与商业逐步建成，有两个中型规模的建材市场相隔 1km 以内

发展过程：社区第一阶段（建成初期），安置户利用底层商业开设副食品小百货、棋牌室等满足内部居民生活和娱乐活动的功能，楼上则自住为主，周围发展缓慢，距离城市中心区较远。整体空间为对内封闭发展（图 2.13）。

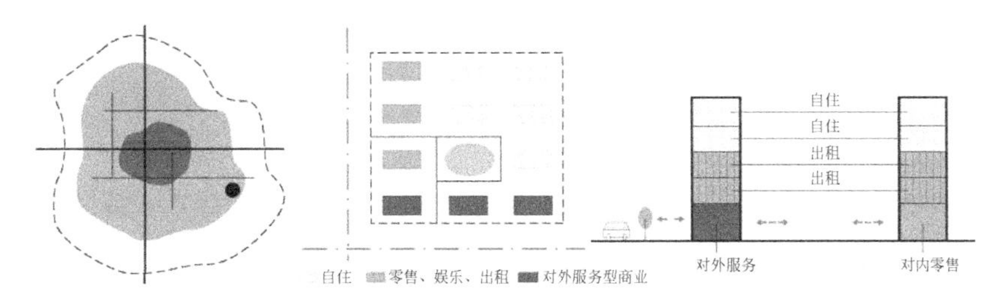

图 2.13　长沙市芙蓉回迁安置小区发展第一阶段

第二阶段，随着城市发展延伸，周边地块的功能逐渐成熟，人口逐渐增加，底层商业的功能开始具备一定的对外服务性，例如网吧、电脑产品、小型餐馆等，楼上除了自住，开始有对外出租户。整体空间呈现出局部对外开放的意向（图 2.14）。

第三阶段，周边楼盘和商业的修建，使得距离不远处的建材市场人气开始提升，外来人口增多，政府公租房政策开始实施，租用部分安置房作为公租房房源。小区功能呈现高度自组织性，开始出现以各类门为主题的门业市场形态，其余商业门面的功能则辅助这

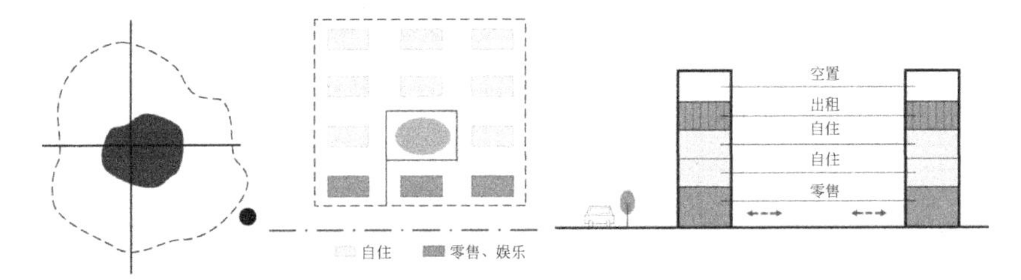

图 2.14　长沙市芙蓉回迁安置小区发展第二阶段

一主导业态，商业与不远处的建材市场建立了紧密的商业联系。居住人员开始复合化，公租房为部分外来务工人员提供了居所，原有安置房业主也提供了租房服务。车流人流贯穿小区，熙熙攘攘，整个空间呈现出极强的复合性与对外开放性，但与原小区规划结构并不符合，小区表现出一定的混乱性（图 2.15）。

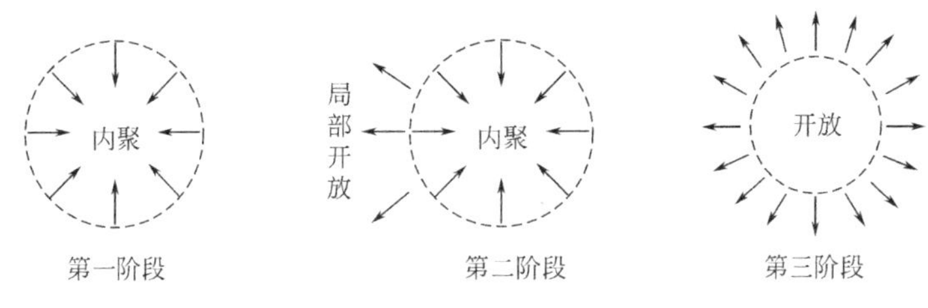

图 2.15　保障性住房小区的自生长过程示意图

这样的初级安置房逐步融入城市发展的案例，在中国很多城市都有。显然第三阶段表现出的现实场景与政府将安置区选址于此及小区规划设计的空间结构初衷大相径庭，这种差别在于居民将小区随着城市外围的发展，开始自组织重构功能与空间。宏观自组织耗散结构理论家普里戈津、微观自组织协同学理论家汉肯等，关注城市的演化过程中自组织系统的概念在宏观层面和微观层面，如何形成有序发展（图 2.16）。

通常城市发展经历着宏观—外部能量介入—微观—要素相互作用—宏观—形成新的秩序的过程（表 2.10）。理解诸如保障性住房这类复杂系统的自组织过程并非易事，通过现象分析其外部能量、内部要素形成的作用机制，可以看到新的秩序对城市空间的影响。

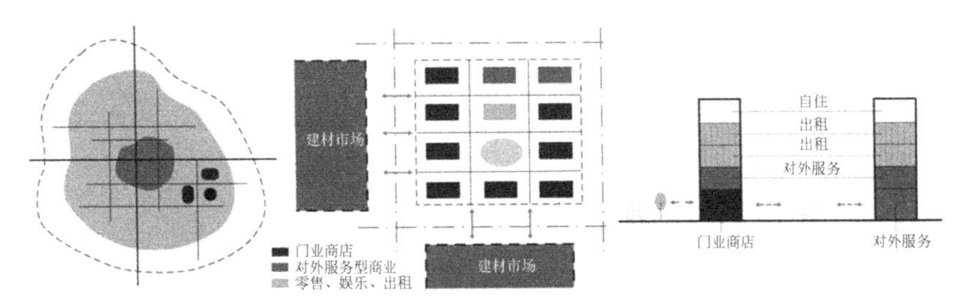

图 2.16　长沙市芙蓉回迁安置小区发展第三阶段

自组织过程的前因后果及其表现层面　　　　表 2.10

因果	前因(条件)	自组织过程	后果(标志)
层次	宏观层面	微观层面	宏观层面
表现	开放与能量输入	要素自发的互相作用	秩序与模型的形成

引导保障房社区自组织行为发生的外部能量，应该是城市整体的发展趋势与方向，周边地块的成熟度以及这种发展带来的人口的流动与活力。正是由于这些外来的驱动能量，社区逐步从单一的封闭模式开始进入复合的开放模式，并引发了一系列的内部要素的相互作用。根据自组织理论，可以把影响保障性住房小区发展的因素划分为受控成分、可预测成分和随机成分三要素，受控成分来自城市规划和城市关于保障性住房空间规划；可预测成分来自选址定位后的外部环境要素和条件；随机成分则来自居民内部的自组织演化。自组织过程在保障房小区的可预测层面和随机层面发生作用，与受控层面的规划选址、小区设计相互影响，具有一定的偶然性。从内部要素分析，中低收入阶层分布、职业技能、文化程度、城市生活方式融合、外来人口风俗习惯、小区年龄结构等是保障性住房小区的内部要素。保障性住房社区内部这些要素，通过小区的复合化功能构成，各主体之间的关系，人员需求的多样性这三方面的作用机制，形成自组织活动，即功能的复合性、主体的制约性与人员的多样性（图 2.17）。

最终形成的新的秩序是：开放空间不仅存在于小区外围和城市的表层，而且贯穿了整个底层空间；交通流线颠覆了原始的车流路

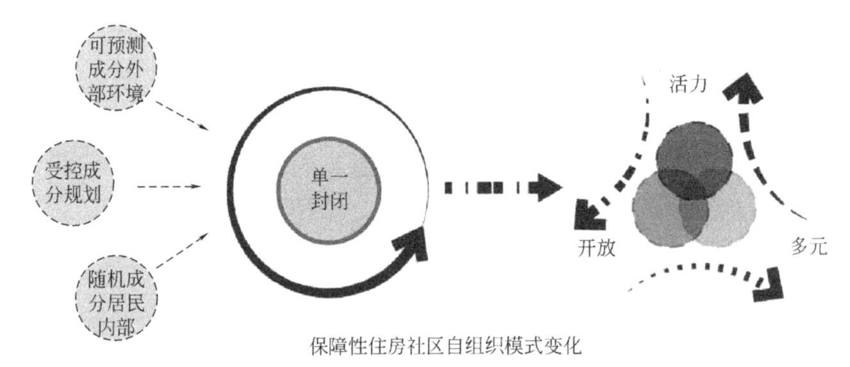

图 2.17　保障性住房小区自组织模式变化示意图

线，遍布小区所有支路；人员构成从单一的安置人员变成集安置户、公租房户、外来租户、商业流动人员在内的复合化构成；一层以上的建筑功能也由单一的住宅变成居住、库房、餐饮、临时对外住宿、办公、娱乐等复合化功能。这种秩序复合而不显单调，粗放而又具备活力。从城市的角度而言，由于这种自组织行为带来的自生长性，引发一系列矛盾，矛盾的一方面是对于城市形象和秩序而言，这种类型的自组织生长小区更多的是视觉无序和混乱，卫生状况和社区环境较差，所从事的主导行业通常是建材、服装、小商品批发等低层次商业业态，人员构成复杂，以及随之而来的不文明行为和潜意识里的标签化影响；矛盾的另一方面是这里能构成城市的复合化街区，具备城市所需要的活力，同时由于其自组织行为带来的内部秩序性，能够提供一个功能平衡、权力共享、自我完善的社区，最为关键的是由于产业带来的就业岗位和包含生产生活的多元行为，可以摆脱中低收入阶层因为工作不稳定、交际面窄、文化水平较低带来的一系列收入、交流、年龄、文化差异的“城市洼地”问题。这种矛盾是城市发展的必由阶段，是城乡接合部地区依托中心城区叠合发展的典型代表，综合而言，这也是自组织城市理论在保障房建设领域的现实体现，通过自组织理论的研究和实践，规避其不文明的元素，保留其活力的源泉，并且提早未雨绸缪地思考其产业升级的可能性和必要性。

2.3 保障性住房建设与运行模式的分析

2.3.1 资本的力量与保障属性的关系

中国保障性住房的建设层面，自 1998 年房改启动以来，大致经历了两个过程：1998—2007 年，这 10 年重点发展经济适用住房，建设模式采用房地产开发企业或者集资建房单位建造，按保本微利原则出售给中低收入阶层，正是由于有房地产开发企业的资金进入，经适房开始真正在全国如火如荼建设起来；2007—2015 年，国家开始重点建设廉租房和公租房；2011—2014 年，全国累计开工建设各种保障性住房超过 3200 万套。这部分住房的投资主体为中央政府及省市区县政府，在 2008 年全球金融危机中，国家利用保障房建设投资拉动国内经济，同时也为广大城镇低收入阶层解决紧缺的保障性住房房源问题。但建设速度仍然缓慢，资金筹集困难较大。自 2014 年来国家经济进入调结构稳增长的新常态阶段，在这样的背景下，不能一味由政府提供保障房建设资金，而可以考虑多渠道筹集保障性住房资金，利用民间资本促进保障房建设，同时把握好资本的力量与保障属性间的关系。

2.3.1.1 传统建设模式的利弊分析

传统模式下，政府全面介入从建设到管理的整个过程，其主要特征是政府为主导，集建设者、管理者和后期服务者等角色于一身，参与保障房财政投入、融资、建设、申报分配、后期物业运营管理等所有环节，承担了住房保障的完全责任。这种模式的优点在于政府作为维护社会公平公正的代言人，能够为中低收入阶层的住房问题提供全过程服务，并由政府自身的公信力保证所提供保障房的资金可靠、建设品质、分配公平、物业服务。但这种模式也存在较多的不足：

1. 运行模式仍是计划经济体制下的思维，与住房改革走向市场化运作的大方向相背离。

2. 各级政府自身经济压力加大，增加政府举债需求。保障房建设由公共财政投入，中央政府投入一定比例，地方政府划拨土地及剩余建设资金，在土地财政作为地方政府重要财政来源的大背景下，保障房用地选址边缘化也是无奈之举。

3.政府职能错位，引发内部不公正行为发生，透支政府信用。政府相对于市场而言，其身份应该是监管者，而非直接参与市场行为主体，又当运动员又当裁判员显然不利于公正的监管。在这个过程中，又涉及自我监督，一旦发生质量不过关或者分配中的渎职行为，会极大透支政府信用。

4.全过程服务会让政府背上持久的经营包袱。建成的保障房小区要提供宜居生活的服务，后期仍然在物业管理、房屋质量后期服务、社区环境营造、居民生活自律等方面有大量工作要做，并需要持续的资金投入。若这些方面发生问题，居民只有找所有服务的提供者——政府来解决，这会使政府疲于应对。

5.全过程服务需要不同专业能力保障。通常的建设模式是由政府人力与社会保障部门、住房保障部门、城市建设投资公司等分别进行资格审查、分配、建设、后期管理等工作，这些工作中涉及资格准入、分配轮候机制、租金高低等制定规则的部分应该由政府承担，而设计、建造、物业管理、租金收取、商业设施运营、后续教育医疗资源引入等服务类工作，则完全可以由市场解决，企业拥有服务的专业人员和力量，通过招标确定最能提供质优价低服务的企业，政府可以更好地承担监管和财务支持的角色[23]。

2.3.1.2 民间资本参与保障房建设的方式

在政府号召和政策支持下，开发商逐渐参与到保障房建设中，早期经济适用房中开发商就在免除相关税费的基础上，保本微利原则下，参与了大量经适房的建设。在需要建设大量公共租赁房的背景下，住房城乡建设部等部门在2012年发布了《关于鼓励民间资本参与保障性安居工程建设有关问题的通知》，通知内有民间资本参与保障房的方式、支持政策。民间资本建设保障房，有以下6项支持政策：

1.金融支持：符合贷款条件的项目，银行业金融机构按商业可持续原则给予支持。

2.平等的政策：民间资本参与棚户区建设，可享受与国企平等的政策。

3.债券支持：在保障房投资额度内，通过发企业债券进行项目融资。

4.税收收费支持：可享受有关税收优惠、免收行政事业性收费、政府性基金。

5.土地和开发政策：适用国家规定的保障房土地供应及开发政策。

6.商业平衡：公共租赁房可配建商业设施，统一经营管理，平衡资金。

在引入民间资本建设保障房过程中，政府给予开发商土地和容积率等优惠，开发商通过以下形式参与建设：直接投资或参股建设，持有、运营公租房；代建廉租住房或公共租赁住房，建成后政府回购；建设经济适用房或限价商品房；在商品房项目中配建保障性住房，移交给政府或由政府回购；参与棚户区改造项目建设等形式[24]。

新常态下，市场机制将在资源配置中发挥更大的作用。传统的政府建设、政府持有、政府管理模式将从大包大揽转变为政府购买公共服务，服务提供方为社会资本，界定清楚提供保障和提供服务之间的关系。国际保障性住房筹资模式有很多种，包括公私伙伴模式，即PPP模式（Public-Private Partnerships）、房地产投资信托模式REITs（Real Estate Investment Trusts，美国较多采用）、住宅金融公库（日本采用的官民结合、政企结合的资金筹集模式）、住房抵押贷款证券化（在美国很普遍）、政府支持的房地产投资信托基金（香港）等形式。在这其中，PPP模式和REITs比较切合中国国情，目前在某些城市已逐步展开[25]。

PPP模式是指：政府与营利性和非营利性企业相联合，基于单个项目形成合作关系的形式。合作各方参与项目时，共担风险和责任，各方达到比单独行动效果更好的结果。1992年英国政府率先提出 PPP 模式，其最大的优势在于可以引入民间资本，缓解政府资金不足，又为项目提供专业化服务。PPP 模式一般存在以下 3 类运作方式（表 2.11）：

PPP 模式的运作方式 **表 2.11**

模式	投资者	运营模式	特点
特许经营类	私人企业与政府共同投资	私人企业与政府签订特许经营合同，私人企业负责整个保障房的投资、建设、运营，收回投资后再将产权转交给政府，政府拥有项目的最终产权	政府与私人企业共同承担风险，可以缓解政府财政压力
私有化类	私人企业	私人企业负责整个项目的投资，并获得全部产权；政府只负责监管	—
外包类	政府	政府全权负责投资，私人企业只负责项目建设的几个或一个阶段	私人企业承担风险小

采取第一类特许经营方式不仅能为财政提供民间资金，又能由政府保障公众利益，兼顾民间资本的盈利和参与动力，因此，在中国这种 PPP 模式发展较快。

在这种 PPP 模式下，社会资本建设并持有保障房租赁物业，提供基本的社区服务和物业管理等，政府购买服务实现住房保障目的。政府则主要进行保障对象资格认定和对社会企业监管等方面。住房保障服务形式可以委托代建、购买存量房等方式增加保障房数量，也可间接购买物业服务或补贴运营企业等方式，拓展保障渠道[26]。

REITs 模式是指：采取公司或基金的形式，发行股票等方式汇集特定投资者的资金，由专门机构进行地产经营管理，将投资收益分配给投资者的基金。分为公司权益型、契约型。美国多为公司权益型，新加坡和香港多为契约型。具体的运作方式如下：由基金管理公司向社会以公募方式筹集资金成立保障性住房 REITs。投资者委托基金管理公司负责 REITs 的投资和运营，委托托管机构负责 REITs 的资产保管。尽管如此，政府依然是保障房建设的主导者，有了政府的高信用作保障，有利于 REITs 的广泛推行（图 2.18）。

REITs 模式通过已建成的保障房资产证券化，盘活存量资产，

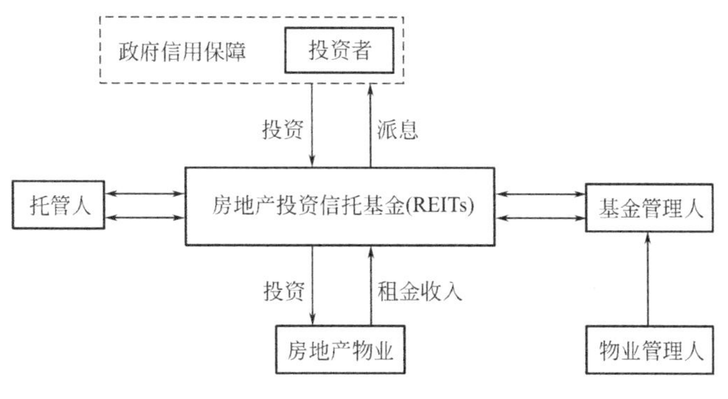

图 2.18　REITs 模式运行示意

提供后续建设资金，也可以使地方政府在保障房建设管理中承担的“无限责任”变为“有限责任”，有效解决租赁型保障房资金短板。2015 年 6 月，住建部及财政部下发《关于运用政府和社会资本合作模式推进公共租赁住房投资建设和运营管理的通知》，支持以未来收益覆盖融资本息的公共租赁住房资产发行房地产投资信托基金，探索建立以市场机制为基础、可持续的公共租赁住房投融资模式。此后，初步确定北京、上海、广州、深圳 4 个特大城市试点公共租赁住房的房地产投资信托基金。

国际上很多国家和地区根据自身国情选择了相应的融资措施。政府逐步从全过程服务提供者的角色转变为监管者和引导者。充分利用民间资本市场筹集建设资金，结合住房公积金的资金，共同拓宽中国保障房资金渠道。

2.3.1.3　资本逐利性与保障公平性间的平衡

引入民间资本能够极大缓解政府建造和运营保障房的资金压力，并能利用企业的专业能力，使政府专门做好监管工作和引导工作。但在这个过程中，不应忽视资本的逐利性，避免资本力量影响甚至部分控制政府的决策，损害保障性住房公平公正的基本社会属性。土地财政导致的资本力量介入，使得土地使用规范偏离社会公平性，无法对拆旧建新的城市进行控制，老城区的社区逐渐解体，进而导致城市空间层面的非平衡性和非公平性，从某种意义上说，这也是城市各类空间和资源向强大的资本力量倾斜的结果[27]。

在实际住宅用地和商住用地的挂牌交易中，出于混合居住的目的，在部分区位较好的土地中，会有保障性住房面积的竞拍条文。如2015年广州市国土委挂牌的一宗土地公告：穗国房挂出告字〔2015〕9号（表2.12）。

2015年广州市国土委挂牌的一宗土地公告　　表2.12

地块位置	天河区广州大道北路920号地
土地用途	二类居住用地(R2)、商业设施用地(B1)、体育用地(A4)、小学用地(R22)
土地出让年限	居住用地70年；教育、科技、文化、卫生、体育用地50年；商业、旅游、娱乐用地40年
宗地面积	92255m²(二类居住用地31891m²，商业设施用地27633m²，体育用地7931m²，小学用地3526m²)
容积率	二类居住用地AT020877地块≤3.0、AT020878地块≤3.2、商业设施用地AT020823地块≤5.0
计算容积率建筑面积	≤238608m²，其中居住建筑面积100023m²(含公建配套面积)，商业建筑面积138585m²
挂牌起始价(万元)	￥381,786；最高限制地价为￥553,590
竞买保证金	77000(人民币) 96000(港币) 12500(美元)
其他要求	当报价达到最高限制地价后，竞买方式转为竞配建拆迁安置房，竞价阶梯为450m² 拆迁安置房(不少于5套)，报出配建面积最大的竞买人为竞得人，拆迁安置房建成后需无偿移交给广州市土地开发中心

开发商拍得土地后，按照竞拍规定配建相应面积和套数的保障房。这原本是促进各收入阶层混合居住，扩大交流面，融合阶层裂痕的举措，往往公告中只规定了保障房套数或者面积，而没有规定与其他住宅、商业的关系和混合形式，出于资本的逐利性，开发商往往对容积率进行内部调配，将保障房单独划分出一个用地区块，往往位于整个地块综合条件较差的位置，并且把该地块容积率提升，在最小的用地内解决保障房指标，这就会带来以下影响：

1. 保障房地块容积率远高于竞拍土地综合容积率，居住环境下降。

2. 保障房地块处于交通、景观不利位置，距离商业、公交车站、幼儿园、医疗点及社区配套较远，使用不便。

3. 相对降低了商业住宅地块的容积率，提高了商品房品质，开发商获利增多。

4. 保障房建筑完全独立于整个地块住宅，未能起到原本配建希望达到的混合居住的目的，阶层之间的隔阂未能消除。

这些影响大多破坏了保障性住房应有的公平属性，背后就是资本的强大逐利性驱使。

2.3.2 混合居住模式

大规模建设专门的保障性住房社区，存在前文所述诸如选址偏远、人员构成单一引发的难以融入社会、入住率不高、贫富互不相融等问题，甚至出现阶层对立。反之，在土地财政背景下，由政府在位置较好的地块投资兴建一定规模保障性小区，对于财政是很大负担。如何实现在地理位置较好的地段修建保障房，同时减轻政府财政负担，并且降低社会隔离的多重目的，成为一个大问题。法国法律规定：城市富人区按一定比例配建社会住宅，打破各阶层居民在选址空间和生活上的隔离；美国很多保障房建在了城市内围区域，实行商品房内配建保障住房，促进贫富人群的融合；英国法律规定新建住宅区中需配建平均约为25%的社会住宅。国外混合社区通常的基本原则是“社区混合，邻里同质”，即商品房和保障性住房既相对独立、又能互助和交流，通常以组团为单位。国内借鉴发达国家这些经验，也开始逐步探索借鉴混合居住模式，例如上海市在2009年发布的《上海市经济适用住房管理试行办法》7.2条中要求，区（县）每年度配建的经济适用住房面积，原则上不低于该行政区域内商品住宅建设项目开发建设住宅总面积的5%。

2.3.2.1 混合居住的概念

混合居住是指在城市居住用地中，不仅仅只靠市场行为和居民自身经济能力，而是依靠政府一定的政策引导和硬性规定，在商品住房居住区内设定一定面积或比例的中低收入阶层住宅，目的是在邻里层面上形成阶层交流融合的社区，避免城市主流社会与低收入阶层隔阂和对立。混合社区从社会学上而言，代表了一种和谐社会的理想，是解决不同收入阶层在居住空间问题上隔阂问题，促进各阶层居民交往的手段，避免教育和医疗等资源分配不公[28]。同时，全部都是中低收入阶层入住的同质住区，缺乏“互补性”就业机会，而混合居住模式则提供了中低收入人群就近就业的机会。例如高档住区可能会有保姆、家政钟点工、维修工、商业服务员、保安等服务需求，中低收入阶层可以就近提供这些服务。

混合居住并非在同一单元住房中简单意义的进行，也并非在每一地块中都配建保障性住房。不同阶层居民的收入水平、生活方式和对居住品质的需求等方面存在差异，生硬混合反而会造成双方的冲突，达不到期望的效果。

2.3.2.2 混合居住的限定条件

混合居住是一种和谐社会的理想模式，这就涉及如何混合居住，通过什么方式可以达到这种理想而规避其带来的潜在问题。

不同国家对于混合居住有不同的实施方案，对于居民家庭收入水平、建筑面积比例、城市不同区位的比例、构成人口、建造主体等都有不同的规定[29]。这些限定条件正是考虑了不同的影响因素（表 2.13）。

1. 收入水平：混合居住家庭收入水平若太低，如在中国达到廉租房收入标准，他们的收入水平与高收入者悬殊太大，由于生活目标不同，会带来对公共设施需求、日常行为习惯、各自阶层属性认知、公共利益诉求等方面巨大的差异，难以弥合。一些学者的建议是将收入分类，进而将保障房与商品房按照收入分类混合，由于中国收入统计还不够精准，类似美国 HUD 规定收入上限和下限的做法恐怕短时期内难以保证准确性，比较可行的做法是规定收入下限，上限则由居民根据自身收入和小区条件等市场因素控制[30]。

国外不同阶层混合居住　　　　表 2.13

国家	理念	具体措施
美国	规划倡导	公共住宅和商品住宅的比例视当地住房市场的状况来定；同一个邻里中公共住宅的比例一般在20%～60%；混合居住的居民家庭收入水平的浮动范围是平均收入水平的50%～200%
德国	福利住房	遍布城市各个区域，分布均匀，房地产商新建的住区中必须有20%的面积建造“福利住房”
荷兰	混合邻里	在城市中心为低收入者提供住宅，强调不同收入家庭混合居住；邻里住区中，保障性住宅所占比例为20%～50%
英国	可支付住宅	可支付住宅在空间上分散，所占居住用地的比例根据不同城市的区位而定，强调提高市中心的可支付住宅比例，增加贫穷行政区中商品房的比例
新加坡	新市镇	保障性住房的供应在80%以上，确保每个新市镇中不同民族的混合；通过住房面积控制，划出新市镇居住用地的5%～20%建设高档私宅
法国	社会混居	住宅建造规划中20%的面积卖给社会福利房管理公司——法国政府低租金住房联合服务公司，再出租或出售给低收入者

2.建筑面积和用地面积：一个商品住宅小区或者一个社区范围内，配建比例不同的保障房也会带来不同的影响。这和地块所处区位和周边房价有一定关联，市中心房价最贵区域，不宜安排过高比例和面积的保障房，参照英国相关做法，这个比例可控制在10%左右；房价相对低，地块不在市中心的地块，则可以考虑适当提高混合比例，这个比例如果采用经适房或共有产权房可以在30%～50%，如果是公租房可以控制在30%以内。

3.构成类型：中国保障房的发展过程中，逐渐出现了经适房、廉租房、公租房、限价房、混合产权房等不同类型的保障房，混合居住的理念应按照保障类型结合不同地块的情况落实到具体项目中。市中心房价最贵区域可考虑配建一定规模的公租房，为中心区提供就业人口，同时体现中心地块的经济价值；普通商品房地块则可考虑配建经适房或共有产权房，利于融合阶层差距，体现混合社区优点；在综合交通区位和附属设施较完善的地块，适当配建少量廉租房，方便了最低收入阶层及老弱病残人士的生活和出行，体现社会公平的保障属性。

4.建造和管理方式：在房地产业发展良好的时期，房产供不应求，政府在出让商品房用地过程中，采用不同方式体现混合居住理念，如按建设保障住房面积给予减免城市基础设施配套费、土地出让金和行政事业性收费等优惠，也可以直接给予容积率的奖励措施，同时开发商提供保障房的数量和品质也可以成为土地竞价的一个条件。在经济新常态时期，房地产业可能陷入供大于求的状态，开发商的房产可能滞销，出现大量库存房，政府可以与开发商协商，以较低的价格和其他方式取得一定数量的保障房，既在位置较好的地段增加了保障房的数量，又能起到激活存量房，盘活经济的作用，而开发企业也能得以生存。管理方式上中国目前可以由开发商承建，住房保障部门审核申请人身份分配房间，未来也可参照国外做法，组建专门社会福利管理公司，负责出租及身份审查等事宜。

2.3.2.3　生活方式与行为习惯对混合居住模式的影响

中低收入阶层由于自身长期经济收入较低，处于收入金字塔的底层，此外，保障群体不仅包含具备户籍的本地低收入者，还包含外来务工人员中的中低收入人群，他们有自己的生活方式与行为习惯。这些生活方式和行为习惯，有些是由于贫困而养成的节俭习惯，有些是农村常见的行为但不符合城市公共场合行为礼仪，还有些则是因贫困形成的陋习。这些生活方式和习惯可分为：

1.不讲究卫生、衣着不整、随地吐痰等行为是最为常见的。当这些行为出现在同一小区或附近时，必然引起其他居民的不满。

2.缺乏公共产权意识，侵占公共资源。随意践踏公共绿地，破坏小区内公共物品，甚至有案例出现铲除小区草坪，改为种菜养鸡，以及随意侵占公共活动空间（如楼梯间或疏散通道）为自己所用，不服从物管人员管理，等等。这些行为有些是有意侵占，有些则是居民并未建立现代城市公共空间和私人空间的权力边界。这些无意识行为更易引起阶层的对立。

3.影响他人的行为习惯。大声说话，易与人争吵，公共空间制造噪声，种菜时肥料的异味，在南方小区内熏制腊味等。在农村可能无伤大雅，在城市高节奏生活中，则需要考虑其他居民的作息习惯。

4.安全隐患。一些保障群体身份特殊（如两劳释放人员），有可能会给其他居民带来心理负面影响，需要妥善安排；饲养鸡鸭有潜在流行病危险；一些居民出于节俭甚至在小区中收集废物买卖，并在公共场合焚烧等，这些都会带来健康或者防火安全隐患。

应该说一些行为并非中低收入阶层所独有，在中高收入者中也有发生，这些行为并非都有严格意义上的对与错，很多是为适应某种生活环境或地域而形成的，而现代化的城市必然有一些需要公众共同遵守的公共行为规则。当中低收入阶层要与他人混合居住，这些行为就会成为影响混合居住的因素。

2.3.3 空置房对保障性住房建设的影响

2.3.3.1 空置房的含义及不良影响

空置房有广义和狭义之分，狭义的空置房仅指竣工一年以上的待售商品房。广义空置房是指房屋竣工一定时期后（通常是一年以上）没有实现销售或交付一定时间后无人入住的房子。本文探讨的主要是广义的空置房，即包含待售空置商品房和居民空置住房两种。国家住建部、发改委、统计局对商品房空置种类分类的通知，从2003年统计年报开始，空置时间1年内的为待销商品房，空置时间在1～3年的为滞销商品房，空置时间超过3年的为积压商品房。

两种空置住房产权属性不同，因而反映的市场状态并不相同。“待售空置商品房”反映的是房地产市场的供求关系情况，空置房量大则代表市场需求不足；空置房量小，表明市场需求旺盛。这一类空置房主要体现的是市场规律，房地产销售较好时，大量资本投入这个行业，大大提升了住房销售量。开发商面对待售商品房，虽然销售压力巨大，但从利润角度又不愿意主动降价，导致房价虚高，价格背离价值，形成泡沫，严重的还会影响整个国家经济运行的安全和社会整体资金的沉淀。根据2015年11月国家统计局公布的数据，2015年12月底，全国整体商品房待售面积则达7.18亿平方米，按照每平方米6千元计算，也沉淀了4万亿资金。

“居民空置住房”反映的是居民居住与投资房产的情况。空置率高意味着居民购房中作为牟利或升值目的比例较高，住房居住属性没有被体现，所有人不住也不出租，完全体现的是投资属性，背后反映的是追求个人福利最大化，潜在的是对社会整体福利的侵害。居民空置住房所有人自己不住，又不出租或其他形式允许他人居住，对土地、材料、设施等资源的浪费，加大了环境和自然资源负荷。根据中国家庭金融调查与研究中心的研报资料，截至2014年6月，中国城镇空置房达4898万套；至2013年8月，空置住房的住房贷款余额为4.2万亿，占全国住房贷款余额46.7%；2013年中国城镇住房空置率为22.4%。空置房中大量投资或投机用房做了抵押，若市场低迷，房价下跌，炒房者就有断供的可能，从而危及金融安全。

从社会公平和福利层面，追求个人资产回报和福利最大化是市场经济的规律，房屋具备居住和投资双重属性。但这两重属性应该在现实生活中都有显示，空置房则明显使得房屋的居住属性缺失，仅体现了投资属性。房屋占有者忽视住房的社会公平和资源占有，投资过热必然导致房价上涨，这就变相提高了中低收入阶层购买住房的价格，造成很多人买不起房，沦为无房户或需要政府提供住房保障的群体，这就损害了社会公平和社会稳定[31]。

从现代法治的基本精神出发，居民个人所有的住房是其合法财产，所有权人对其合法财产依法享有占有、使用、收益和处分的权利，任何人不得随意干涉；另一方面，个人财产权的行使又得受到必要的限制，即不得损害公共利益、社会整体福利和他人的正当权益。

国外对居民空置住房的处理多种多样：荷兰的法律允许人们直接入住闲置一年以上的空房；瑞典政府将空置住房征用作为廉租房，甚至将长期无人居住的住房推倒，因此荷兰和瑞典是欧盟住房空置率最低的国家。韩国政府通过重税抑制多套房投机和买卖，对转卖二手房，将交易税由原来的9%～36%提高到50%，变相通过收取房屋资源多占税来控制空置房。英国政府和法国政府通过建设廉租住宅，变相的降低住宅投机价值，同时对空置房收取逐年提高的罚金。丹麦则在20世纪50年代就开始对空置6周以上的房屋进行罚款。美国也有多个州针对房屋空置进行罚款、推倒等措施。这些国家的做法都是打击投机，鼓励居住的理念[32]。

2.3.3.2 保障性住房与空置房的关系

保障性住房建设从房屋性质上来说，政府陆续提供过经济适用房、廉租房、公租房、合并概念后的公共租赁房、限价房、共有产权房、回迁安置房等多种类型。每种类型都是在相应的建设时期、经济周期、政治环境下，有对应的保障群体，并且是一个动态调整的过程。看待保障房的建设不能仅仅拘泥于保障房自身的数量、类型、区位，而应该与国家大的经济、政治环境结合起来研究。

经历了自1998年房改制度拉开帷幕不断发展的20余年后，中国房地产市场在2014年开始进入新常态，即市场增长趋于停滞，大量空置房出现，导致2015年中央经济会议提出的2016年5大任务之一就是去库存。同时，国家经历了“十二五”期间建设3600万套保障性住房的高潮后，也面临着新一个五年计划如何继续保障性住房建设与管理的问题。数据显示，截至2010年底，中国城镇保障性住房覆盖率为7%左右。加上“十二五”期间的3600万套，至2015年末，全国保障性住房（包含棚改房）共计5000万套左右。在这种背景下，针对中低收入阶层的保障房建设与大量空置房的去库存任务之间产生了关系。

一方面，国家保障性住房仍然面临着数量不足，因选址偏远及配套不齐使得入住率有待提高，大量外来务工人员仍然居住在城中村或条件极差的居住环境中，准入门槛过高和宣传不够使得惠及的人群面偏窄；另一方面，待售空置商品房和居民空置住房面积巨大，所在位置及配套设施普遍优于政府前期修建的集中保障房，价格偏高而导致大量刚需人员买不起房。保障房的需求与空置房的供给之间存在着一定的互补性。政府土地财政问题短期内无法更改，与其花巨资再修建数量巨大、位置偏远的保障房，考虑激活空置房也许是一个将“补砖头”变为“补人头”的思路。

要实现将部分空置房变为保障性住房，需要分析待售空置商品房和居民空置住房的不同情况。下面将从产权角度、产品角度分析二者的特点。

待售空置商品房

1. 产权角度：其产权仍在开发商名下，对于开发商而言实现理想价格的销售，回笼资金赚取利润是最理想的途径。而大量空置房沉淀了房地产公司巨大的资金，带来了巨大的财务压力，严重的甚至引起资金链断裂危及公司生存。从国家房地产宏观角度看，超大城市如北京、上海、深圳的住房销售始终处于火热状态，在限购的条件下房价仍然不断上涨，待售空置房有限（图 2.19）。而众多三、四线大中城市，则是空置房存量的主力，甚至出现房比人多的情况，供求严重失衡。在这些城市中仍然有部分两限房和经适房待售，逐步放开这些住宅对外来务工人员的购买限制值得考虑。销售出这些待售房，将是开发商的目的。

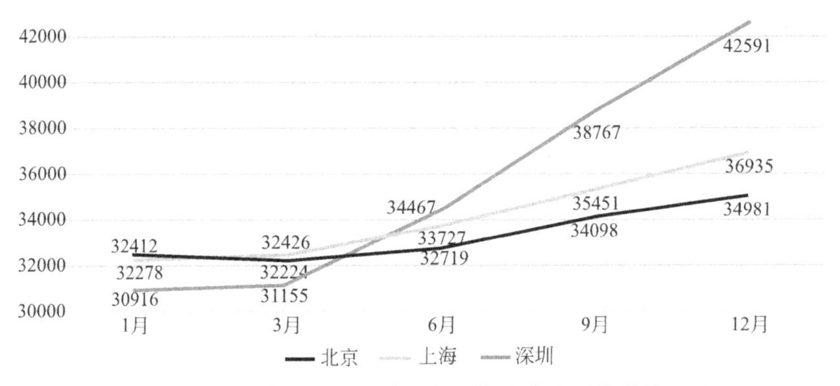

图 2.19　2015 年北京、上海、深圳新房住宅平均价格（元）

图片来源：根据指数研究院 2015 年数据绘制

2. 产品角度：在待售商品房中，房地产企业在供给侧也存在结构比例问题，空置房分为高端产品、中端改善产品和基本居住产品，高端、中端产品通常面积较大，价格较高，对于中低收入阶层而言短时间内还难以购买，只有其中小户型基本居住产品适合考虑转化为带产权的保障性住房。大中户型不宜直接转化为属于安置户自身产权的住房，应考虑由政府或相关机构持有。

居民空置住房

1.产权角度：这类空置房已经实现销售，产权属于自然人或机构。其目的和房地产公司手中的空置房就有本质上的不同，空置房大部分带有明显的投资目的，也有少部分属于外地工作的人在家乡购买住宅想待退休后居住，而导致的空置。并未将房产出租就说明这个群体更看重的是房产保值的投资价值，带有期盼增值的愿望，并非以收取租金为目的。对于他们而言，如果无法实现获利或者个人没有财务紧张问题，一般不会交易房产。在这种情况下，政府或保障群体想通过购买获得这部分空置房产权，就必然代价很大或难以实现。

2.产品角度：居民空置房同样分为高、中、基本居住产品，对于基本居住产品，其面积区间和公租房套型面积较为接近，可以实现转化。对于大中户型产品，则可考虑分隔面积出租给不同租户。

以上分析可见，要实现待售空置商品房变为保障性住房，最大的矛盾在于房地产企业回笼资金。而居民空置住房最大的矛盾在于如何让这类产权人愿意将空置房拿出来出售或提供出房产的使用权，盘活空置房。

2.3.3.3 盘活空置房的策略

要想实现空置房转化为保障性住房，可以从租赁、交易、税收等方面采取措施。

1.发展住房租赁市场。政府可以制定政策鼓励机构成立以住房租赁为主营业务的专业化企业购买库存商品房，成为租赁市场的房源提供者。机构资金的来源可以多样化，提供服务对象可以包含各类租户，只是政府审核通过后的保障性群体，可以从政府那里得到租房补贴。房地产商自身也可以从简单的销售商转化为租赁市场房源提供者，因为其目的是实现资金回笼，在销售不畅的环境下，通过政府促进公租房发展的相关政策引导，变销售为出租也是一种发展思路。

2. 房地产企业降价销售。正是由于投资需求和资本利益的多重驱动，导致了局部供过于求的局面，对于开发商而言，如果还想着囤地，通过各种融资渠道等待库存销售完毕是存在风险的。转变观念、顺应房地产市场发展趋势，及时顺应非城镇户籍人口的刚性住房需求，作出降价等调整。尤其在空置率较高的三、四线城市，房屋价格一旦下降到一个合理的价位，就有部分中低收入阶层可以通过公积金贷款等方式购买住房。

3. 推进税费改革，倒逼居民减少空置住房。对于居民空置住房，保值升值是居民购买初衷，增加其持有的成本，尤其对空置房增加惩罚措施，可以倒逼产权人将空置房出售或利用起来。例如房地产税一旦开征，拥有多套住房的房主就将缴纳较多税金，一旦税金数额较大，不符合他们持有房产保值增值的预期，甚至成为经济上的某种负担，就会促进部分空置房进入二手房交易市场，增加市场供给量就会带来价格下降，有利于中低收入阶层购买。同时，可以利用国外发达国家经验，对于空置超过一定期限的房屋收取罚金，这样也会有大量空置住房进入租房市场，增加整个租房市场的供给。专业化租赁房屋企业可以将部分符合保障房政策的房源纳入公租房，让中低收入阶层享受到位置更好，配套更齐全的住所。房地产税的开征是一件非常复杂的系统工程，对于空置房收取罚金也是一件较难操作的工作，这些都有赖于中国对于居民信息登记逐步完善，但这些对减少空置房都是很有效的措施。

4. 降低保障房准入门槛，扩大保障面。以上基本属于扩大公租房供给的措施。应该看到，中国目前保障房建设中一个很大的问题就是在城镇人口中，因户籍影响、社会保险缴纳年限、就业合同等诸多因素，需要住房保障的人口数量远大于住房保障部门审核通过的人数，这些人住不起市场租赁房，又不符合各类保障房准入标准，只好以“蚁族”形式聚居在城中村、地下室、工棚、棚户区等条件很差的地方。如果实现农民工市民化，进行户籍制度改革，允许农业人口在就业地落户，降低保障房准入门槛，则将大大增加符合条件的保障人群数量，从而增加公租房需求[33]。供给和需求结合起来，就能把空置房去库存和增加保障房数量二者很好地匹配起来。

2.4 本章小结

本章属于基于问题导向的研究，即从政治经济学、社会学、城乡规划、建筑学、行为学等多个学科，探讨影响中国保障性住房建设存在的政治、经济、空间等问题，试图从多个层面找出这些问题的影响因素并分析之。在中国很多学者的研究中，提到了保障性住房建设中的问题，例如边缘化郊区化明显、大型化趋势、分布不均衡性、住区人群密度高、社会公共服务设施相对缺乏、给城市形象和社会治安带来负面影响等。这些问题是保障房建设呈现出的显性问题，传统研究方法一般是从城市选址和规划层面分析，但得出的结论类似并且停留于表面。本研究在众多问题中，基于保障房与城市关联性视角，提炼了保障性住房与城市空间、保障人群生活方式，以及保障性住房建设与运行模式之间这三个彼此关联的本体间存在的问题，这些本体之间的关系对保障房在城市空间中规划、建设、分配、运转等会有深层次的影响，形成了保障性住房与相应城市空间的关联性。

具体来说，保障性住房与城市空间的关系重点从经济学和规划角度切入，包含城市非平衡性、城市间及城市自身非公平性、保障人群自身非平衡性发展三个方面。土地财政经济利益影响下的非平衡性、传统观念驱使下的不平衡性，共同形成了城市空间非平衡性，这会对社会阶层分异产生影响。地区间基本公共服务差异、城乡间基本公共服务非公平性、基础设施背后公共利益的非公平性共同构成了城市间及自身的非公平性，这种非公平性会导致基础设施不完善、居住偏远等显性问题出现，保障性人群自身特征带来非平衡性发展，也会对保障性住房选址和建设、分配带来一系列影响。

保障性住房与保障人群生活方式的关系则重点从社会学、行为学、建筑学角度切入，包含生活肌理改变与社会属性的认知、硬质边界的规划与复合化界面、自组织行为带来的自生长性三方面。本地户籍、外来务工人员等保障群体住进新的居住环境后，其生活肌理的改变，他们的适应性和需求与一般城市居民搬家会有不同，这也会影响保障房未来的运行和规划设计。人的行为受周边环境的影响，在住区中，周边环境则包含小区内环境与小区与外界城市的界面，一般意义上的硬质边界会造成保障对象行为孤立与隔离等问题。保障房中居民的自组织行为，会随着小区的发展和周边城市的成熟度，对住区这一有机体产生有益或无益的影响。

在保障性住房建设与运行模式的分析上，是从政治经济学、建筑学和行政体系角度切入，包含资本的力量与保障属性的关系、混合居住模式和空置房三个方面的研究。应该重视民间资本的力量在保障房建设中的重要作用，研究其参与保障房建设的方式，资本的力量需要用机制和规范约束它，这就需要掌握资本逐利性与保障公平性间的平衡。混合居住是目前较为提倡的一种保障模式，在中国起步不久，因此研究其限定条件和居民生活方式与行为习惯对混合居住模式的影响十分有必要。空置房对住房保障工作会产生影响，这种影响既包含去库存等政策因素，也包含通过保障房盘活空置房的各种策略。

3

保障性住房与城市关联度的形态构成分析

就城市自身而言，不同类型和级别的城市、不同经济社会发展条件的城市、不同城市发展特点和定位衍生出的城市规划、处于不同地域和气候区的城市、具有不同文化历史背景的城市，构成了城市自身的复杂性和多元性。从保障性住房而言，不同的保障对象、不同的保障性住房类型、不同时代背景下的保障性住房小区、各个保障性住房小区不同的定位和设计风格，使研究者既拥有了大量的住房案例，也使得如何开展保障性住房小区的形态研究成为难点。

通过对大量基础调研数据的整理和分析，以及第二章对各种影响因素的分析发现，在众多特色各异的城市和小区及纷繁复杂的研究对象彼此关系中，保障性住房与城市关联度的密切程度，或者说保障性住房小区与城市整体空间的联系区别明显。这些联系包含居民生活安置与再就业生产、开发与保障、保障性住房小区与城市之间的关系、保障对象享受社会资源与城市供给的情况等。这些因素的不同关联度使保障房小区与城市之间形成了不同的形态构成类型。

分析保障性住房与城市关联度的空间形态类型，需要结合城市空间层面的总体设计，探讨不同城市社会保障性住房空间形态模式，实现中低收入家庭居住、生产、出行、使用配套服务等基本生活行为的合理安排，促进社会高效、和谐有序、可持续发展。

3.1 保障性住房与城市关联的形态构成：三大类型和六大子型

不同时代的保障性住房小区具有不同的特点，与城市之间关联度的形态类型可分为三大类型：自我完善型、城市叠加型、斑块融入型。这三大类型各自具备不同特点，通过进一步分析三大类型的存在要素，结合不同城市、不同小区的背景，又可以将三大类型细分为六大子型，分别是自我完善类型下的依托超大城市发展的子型和依托企业及园区的子型，城市叠加类型下的自身带动城市发展的子型和依托中心城区叠合发展的子型，斑块融入类型下的有机更新融入城市的子型和城区地块新建融入的子型。

3.1.1 自我完善型：依托超大城市发展子型和依托企业及园区子型

从和城市关联度的角度分析，如果一个保障性住房小区或者社区和城市中心城区有一定距离，通过一段时间的发展和完善，能够独立于城市主体城区，仅依靠自身各类配套，就基本能够满足居民全部的生活需求，实现居民安居乐业，小区良性运转，这种类型的小区或社区就可以称为自我完善型。需要强调的是，本文提出的自我完善和满足居民全部生活需求，是指该社区基本以封闭的形态完成，即基本不需要借助中心城区的生活配套资源，但保持与中心城区之间的交通联系（图 3.1）。

自我完善型的大量案例表明，通常有两类小区能够达到逐步的自我完善，一类是超大型城市周边的规模超大的社区级居住区，这些居住区依靠与超大型城市的密切关联和超大的人口规模，实现着小区各类配套的良性运转，因此可定义为依托超大城市交通及就业条件下的自我完善型，即依托超大城市发展子型。

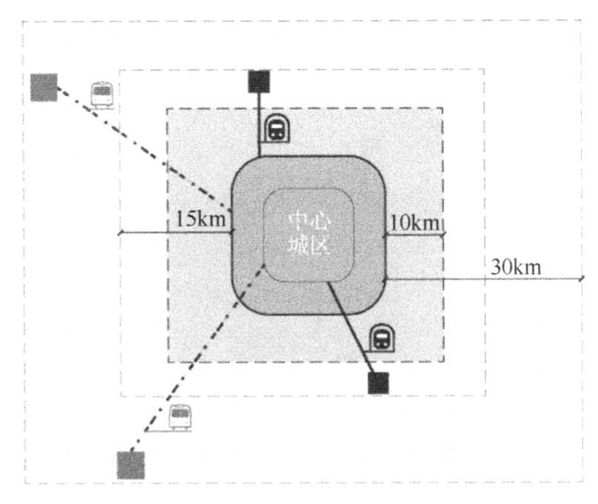

图 3.1　自我完善型保障房小区与城市空间关联模式图

另一类则不一定出现在超大城市周边，在特大城市，大、中城市中也有出现并能实现自我完善，那就是在部分大型企业和比较成功的企业园、工业区、高新技术开发区等园区周边，依靠企业和园区巨大的用工需求，实现较大的人口规模，从而带动其他生活配套设施的逐步齐备，最终实现居住社区的自我完善。因此可以定义为依托大企业和企业园区的巨大用工需求下的自我完善型，即依托企业和园区子型。

3.1.2　城市叠加型：自身带动城市发展子型和依托中心城区叠合发展子型

从和城市关联度的角度分析，如果一个保障性住房小区位于城市中心城区以外，在日常运转过程中，除了自身具备的各类生活和服务配套设施外，还需要部分依托中心城区的配套服务，才能满足居民全部的生活需求，小区自身和城市之间从功能和空间上存在一定的叠合关系，二者有较为密切的关联度，这种类型的保障性住房小区可以称之为城市叠加型（图 3.2）。

这种叠加从功能和空间叠加密切程度上看可以分为两类。一类是从城市规划的层面，保障性住房小区在定位之初，就被视作未来带动周边地块的引擎，希望由其较大的规模和迅速汇集的人口，以

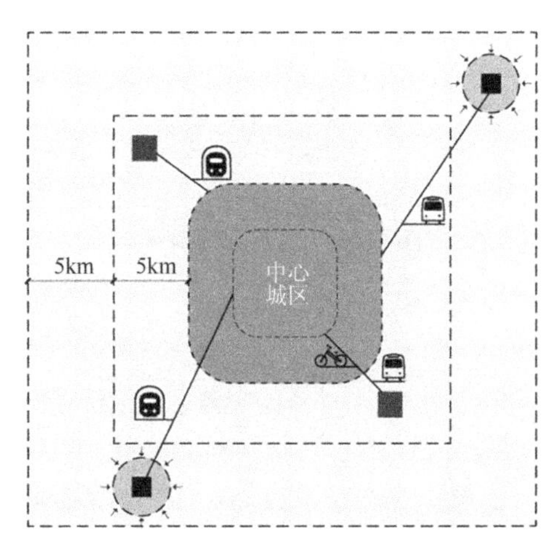

图 3.2　城市叠加型保障房小区与城市空间关联模式图

及由居民生活带来的各种生活需求，带动自身配套设施和周围城市相关设施的发展。因此，可以定义为自身带动城市发展子型。在保障性住房小区和城市之间，小区具有更重要的输出作用，从政府和规划的层面，最理想的结果是通过建设该居住区，带动周围更广大地区的发展，城市则提供小区自身难以提供的部分生活配套设施，如医院、公园等大型配套功能。

另一类则更具普遍性，这类保障性住房小区通常规模并不大，分布在中心城区周边，从规划布局的角度，是以满足一个城市保障性人群居住为目的，其自身仅配备了基本的生活配套，更多的生活需求需要由周边城市配套提供，保障性小区和城市之间存在叠合关系，因此，可以定义为依托中心城区叠合发展子型。这类小区一般会兼顾布点的均衡性，通常都在中心城区以外，城市各区都会有选址布局。在保障性小区和城市之间的叠合关系中，城市具有更重要的输出作用，小区对城市则是辅助的输出。

3.1.3　斑块融入型：有机更新融入城市子型和城区地块新建融入子型

从和城市关联度的角度分析，如果一个保障性住房小区本身就处于城市中心城区以内，如同斑块一样分布与生长，大多数生活需求不来自于小区自身配套，而由周边城市配套提供，其行为方式和生活模式与城市生活高度融合，保障性住房小区与城市中心城区之间拥有极为密切的关联度，这种类型的保障性住房小区可以称之为斑块融入型（图 3.3）。

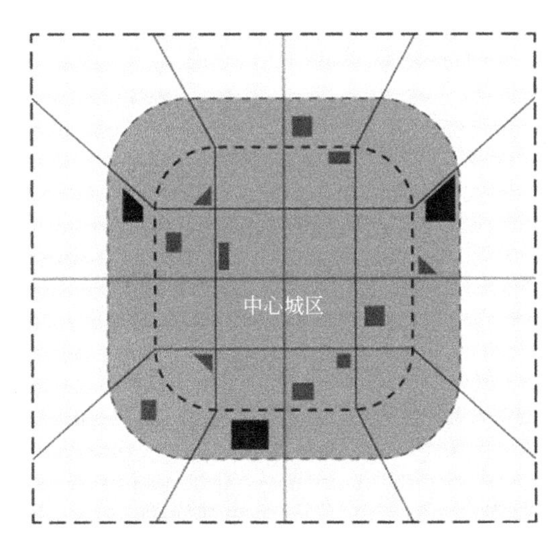

图 3.3　斑块融入型保障房小区与城市空间关联模式图

从案例分析中可以看到，斑块融入型保障性小区也可以分为两类。一类是在早期计划经济体制下住房全保障时期修建的保障性住房，随着城市扩张和发展，该小区逐渐被融入中心城区内，通过建筑功能和空间的更新，有机融入城市，成为这个有机体内良性运转的一个部分，可以称之为有机更新融入城市子型。这种类型的小区往往具备历时性，其原设计功能构成、小区空间模式、交通方式、生活模式都与现在城市的发展、居民生活的节奏、空间需求的多样性不相匹配，如想良性运转，有机融入中心城区，需要进行多方面的有机更新，避免街区衰败而成为都市生活的消极区域。

另一类则是在中心城区内，有少量政府控制下的土地，由政府确定为保障性住房用地进行建设，这类小区自身已经与在中心城区内作为商业开发的住宅区有高度相似度，具备空间立体化、功能复合化、生活多元化的特点，因此建成后与城市周边能够快速融合，可以称之为城区地块新建融入子型。研究这种类型的小区，重点关注其保障性住房的性质与商业开发住宅区的区别，探讨其开发建设的特点和规划设计的要素。这类保障性住房有的是因为地块较小，区位不处于中心城区中心区域；有的是因为城市开展其他地块的综合开发，回迁安置群体的安置房；还有的是由于历史原因某些项目成为烂尾工程，政府回收二次开发，避免其成为城市伤疤而确定为保障性住房性质。不论是哪种特殊情况，这类新建住房必然需要融入城市，成为城市良性有机体。

3.2 六大形态子型的特征分析

3.2.1 依托超大城市发展子型的存在条件和基本特点

依托超大城市发展子型的空间模式分析图如下（图 3.4）：

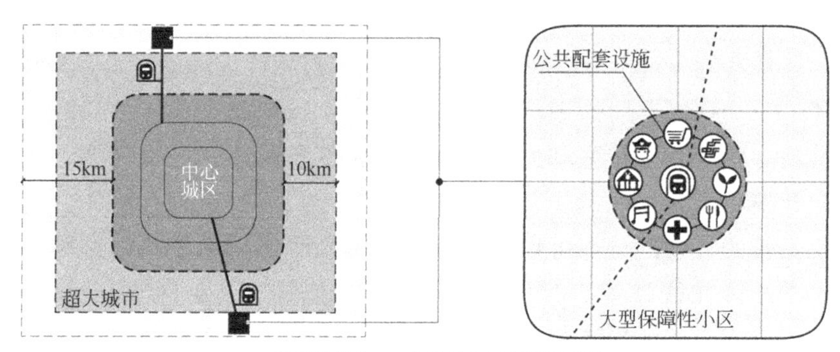

自我完善型——依托超大城市发展子型

图 3.4 依托超大城市发展子型空间模式图

3.2.1.1 存在条件

根据国务院 2014 年 10 月印发的《关于调整城市规模划分标准的通知》，城区常住人口 50 万以下的城市为小城市；50 万以上 100 万以下的城市为中等城市；100 万以上 500 万以下的城市为大城市；500 万以上 1000 万以下的城市为特大城市；1000 万以上的城市为超大城市。《国家新型城镇化规划（2014—2020年）》中公布的超大城市有6个，别是北京、上海、天津、重庆、广州、深圳。

通过对超大城市中大型保障性住房小区基本情况的分析，可以首先看出超大城市对这类大型保障性住房小区运行的重要作用[34]。（表3.1～表3.3）

超大城市中大型保障型住房小区基本情况1　　表3.1

城市	小区	城市级别	与中心城区交通联系	小区情况	建成时间
北京	回龙观	超大城市	地铁13号线、8号线	正常运转	2000年
北京	天通苑	超大城市	地铁13号线、8号线	正常运转	1999年
上海	新桥社区	超大城市	地铁5号线沪昆高速	逐步提升	2010年
上海	松江南站社区	超大城市	地铁9号线	逐步提升	2014年
广州	龙归城	超大城市	地铁3号线	正常运转	2011年
深圳	龙跃居	超大城市	环中线、龙华线	正常运转	2010年
天津	双清新家园	超大城市	地铁1号线、11号线	正常运转	2012年
重庆	城南家园	超大城市	地铁6号线、8号线	正常运转	2012年

超大城市大型保障性住房小区运行情况2　　表3.2

城市	小区	小区性质	与中心城区距离（km）		小区规模（万平方米）	小区人口（万人）
			边缘	中心		
北京	回龙观	经适房、商品房	16.87	24.5	850	22
北京	天通苑	经适房、商品房	15.1	21.3	775	30
上海	新桥社区	安置房、商品房	10	18	740	20
上海	松江南站社区	安置房、商品房	20	29	671	21
广州	龙归城	公租房、限价房	10.2	19.5	105	6
深圳	龙跃居	经适房、公租房	7.2	10.3	82	6
天津	双清新家园	经适房、商品房	8	19.2	375	10
重庆	城南家园	公租房、商品房	8	10	198	10

超大城市中心城区及图示　　表 3.3

城市	中心城区
北京	东城区、西城区、海淀区、朝阳区、石景山区、丰台区（五环内）
上海	黄浦区、卢湾区、虹口区、闸北区、杨浦区、静安区、普陀区、长宁区、徐汇区、浦东新区（外环线内）
广州	荔湾区、越秀区、天河区、海珠区、白云五区及流溪河以南
深圳	罗湖区、福田区、南山区

1. 便利、网络化的轨道交通系统

超大型城市由于具备地铁、轻轨、快速路等多种交通方式实现中低收入居民与中心城区之间的往来，这对于平衡居民的工作与生活至关重要。地铁、轻轨等交通方式的特点是：

高效：轨道交通的一大特点就是高效率，轨道交通在专用行车道上行驶，不受其他交通工具干扰，基本没有线路堵塞现象，受气候影响极小，车次能按运行图运行，准时性很高，并且换乘方式简洁迅速，这都为保障房居民工作、生活提供了可靠的保证，节约了时间成本（表 3.4）。

依托超大城市发展子型保障性住房小区与中心城区交通联系情况　　表 3.4

城市	住房小区名称	与中心城区交通联系方式	至中心城区的时间		费用
			边缘	中心	
北京	回龙观社区	地铁 13 号线、8 号线	30 分钟	60 分钟	2 元
北京	天通苑社区	地铁 13 号线、5 号线	30 分钟	60 分钟	2 元
上海	新桥社区	地铁 5 号线	30 分钟	40 分钟	4 元
广州	龙归城	地铁 3 号线	50 分钟	80 分钟	3～4 元
深圳	龙跃居	环中线龙华线	30 分钟	50 分钟	3～4 元
上海	松江南站大社区	地铁 9 号线	50 分钟	90 分钟	4 元

高速：地铁列车在地下隧道内行进，行驶的时速可超过 100km/h；通常城区站间距约 0.5～2km 之间，郊区站间距 4～6km 之间，非高峰时段，平均约 2～3 分钟一站，因此当所在小区与中心城区距离 15～20km 时，从居住地能较快地达到中心城区工作地。

运量大：地铁的运输能力要比常规公共汽车大 7～10 倍，地铁线在高峰时单向运输能力可达到每小时 3 万～7 万人次，轻轨的运力达 0.6 万～2 万人次，具备如此大的运输能力能够保证大量保障性住房的居民实现居住地与中心城区的顺利往返。

经济：不同城市轨道交通的价格各不相同，由于轨道交通关系整个城市市民的出行问题，通常城市会针对轨道交通进行财政补贴，因此整体而言轨道交通的费用较为经济。北京回龙观至中关村轨道交通费用为 4～5 元（约 20km），上海花木社区至火车站轨道交通费用为 4 元（约 13km）。

通达性好：大量中低收入居民生活在城市周边保障性住房小区中，工作在中心城区内，而大城市中心城区范围较广，甚至包含多个城市副中心，到达中心城区与进入中心城区后如何快速便捷达到实际工作区域还有很大不同。超大城市的轨道交通通过若干年建设，基本形成网络，通达性好，可以便利地到达城市各个中心节点，省去了大量公交车换乘、拥堵的时间（表 3.5，表 3.6）。

国内各主要大城市轨道交通建设情况 1（截至 2016 年） 表 3.5

城市	轨道交通线路数	运营总里程(km)	运营车站数	单日最大客运量(万人次)
北京	18	527	318	1178.7
上海	14	548	337	1034.3
广州	9	260	164	861.3
深圳	5	178	131	394.3

国内主要城市轨道交通建设情况 2（截至 2016 年） 表 3.6

城市	轨道交通线路数	运营总里程(km)	日客运(万人次)	是否形成网络
北京	18	527	1178.7	是
上海	14	548	1034.3	是
广州	9	260	861.3	是
深圳	5	178	394.3	是
重庆	5	142.6	110	是
天津	5	140	102	是
武汉	3	73	100	否

续表

城市	轨道交通线路数	运营总里程(km)	日客运(万人次)	是否形成网络
南京	2	87	150	否
成都	2	70	75	否
西安	2	45.9	50	否
沈阳	2	50	80	否
苏州	2	46.8	45	否
昆明	2	40.1	3	否
杭州	1	48	30	否
哈尔滨	1	27.3	10	否
佛山	1	14.8	13	否

这一点对某些大、中型城市也有启示，一些案例显示，在国内二线大城市郊区也有建设自我完善型保障性住房小区，满足与中心城区相对分离和配套完善的特征，也满足轨道交通实现快速人员运输的条件，可是居民到达贯穿中心城区的站点后，由于轨道交通还无法形成具有一定密度的网络，因此轨道交通站点到工作地点只能采用公交车，由于城市早高峰交通的拥堵，在中心城区内的交通反而要花费更多时间，这一点往往是某些大中城市将大型保障性住房小区规划在郊区，却仍然无法自我完善、良性运转的原因之一。

2.超大城市巨大的就业吸引内核

由于超大城市拥有巨大的城市内核吸引力，各种工作岗位有大量需求，满足人员就业，再加上相对完善、成体系的轨道交通网络，因此能支撑规模较大的保障性住房小区与中心城区之间呈相对分离的空间形态，迅速形成相应人口规模。人口规模包含人口总量和人口密度两个方面。

人口总量：是大型社区能够以自我完善型空间形态良性运行的前提。与中心城区相对分离的新城或相关的大型社区需要有相当的规模，才能支撑和维持商业和大型交通设施的运营，集聚发展所需的势能。从国内某些大、中型城市的规划建设中，能够找到这样的案例，即建设了同样巨大规模的保障性住房小区，可是由于城市自身发展的阶段和级别不够，缺乏强大的就业集聚能力，无法聚集规划设想中的人口。而人口总数低，会导致小区自我完善时间长、效率低，从而使服务设施和配套商业处于空停状态，又反过来影响人口聚集，因为宜居社区基本的要求就是具备完善的配套功能。人口总量迁入不足与配套服务供应不足如果形成互为因果的循环，则会严重影响该大型社区的自我完善。

人口密度：同时，与中心城区相对分离的新城或相关的大型社区还需要一定的人口密度，很多文化活动和商业行为需要通过量的积累而发生，进行相关活动的场所到居住地的距离也有相应的适宜距离，超过了适宜的距离，就会抑制人前往该处活动的意愿。而多数人的行为距离反映在居住区设计层面，对应的概念就是人口密度。人口密度低，则同等人数距离固定点相对较远，人口密度高，同等人数距离固定点的距离较近。提高大型社区的人口密度，使之达到中等城市的不平是可能且必要的。

例如，上海市通过调研，浦西内环以内的人口密度约 4.2 万人/平方千米，内外环之间的人口密度约为 1.6 万人/平方千米。因此《上海市保障性住房建设导则（试行）》将大型社区平均人口密度参考值定为 1.8 万人/平方千米，其中中心街区约 1.8 万～2 万人/平方千米，一般街区约 1.5 万～1.8 万人/平方千米[35]。人口密度确定后，相应的开发强度、容积率、住宅套密度都可以通过计算获得，可以有效控制相应的人口集聚度。

3.2.1.2 基本特点

总结依托超大城市发展子型的基本特点，包含以下几个方面：

1. 依托超大型城市（少数特大型城市）

依托超大城市发展，既是这类保障性住房的存在条件，同时也是其基本特点。

2. 以轨道交通为主，距离中心城区边缘约 10～15km

便利的轨道交通是这一类型的存在条件，正是由于超大城市通常都具备完善的网络化的轨道交通系统，因而可以支撑大量的保障性住房居民每天往返中心城区和住所[36]。分析国内部分依托超大城市发展子型的保障性住房小区距离中心城区边缘及中心的距离（表3.7，表3.8）可以看出，大部分运行良好的社区，距离中心城区的距离大约在10～20km范围内，这也与轨道交通一般线路的长度相符合[37]。

依托超大城市发展子型的保障性住房小区距离中心城区边缘及中心距离 **表3.7**

城市	住房小区名称	主城边缘站	距离(km)	城中心站	距离(km)
北京	回龙观	奥林匹克森林公园	12	天安门	25
北京	天通苑	奥林匹克森林公园	6	天安门	21
上海	新桥社区	莘庄	12	人民广场	28
广州	龙归城	联边公园	10	海珠广场	22
深圳	龙跃居	莲花北	7	会展中心	10
上海	松江南站社区	上海南站	36	人民广场	40

国内超大城市轨道交通 **表3.8**

城市	线路名称	长度(km)	中心城区外长度(km)
北京	地铁13号线	40.85	22.4
	地铁8号线	18.5	13.5
上海	地铁7号线	44.3	11.3
	地铁2号线	64	35.1
	地铁9号线	52	36.4
广州	地铁6号线	24.5	6.8
深圳	龙华线	20.5	14.6

距离变长，则轨道交通建设成本激增，效益降低；居民消耗在工作路途上的时间增加，同中心城区的联系进一步弱化，也可能超出超大城市核心集聚力的范围，这不利于此类社区的形成和自我完善的达成。距离太近，则用地成本激增，并且相关配套设施与中心城区内的服务相叠合，形成竞争关系，可能导致部分配套空转，反而影响自我完善的过程。实际上，距离更近的小区，通常都属于城市叠加型。

3.完善的生活配套

相对分离的空间形态使得保障性住房所在地的相关配套设施是

否能够良性激活变得尤为重要。因为居住地距离中心城区相对较远，居民无法大量借助中心城区内完善的生活资源，必须得在居住地解决宜居生活的各项生活需求，因此保障性住房自身必须具备自我完善能力。分析国内部分依托超大城市发展子型空间形态的保障性住房小区相关数据，可以罗列出它们包含的配套服务设施（表 3.9）：

依托超大城市发展子型保障性住房小区配套服务设施　表 3.9

	商业			教育			医疗	
	大卖场	便利店	商场	幼儿园	小学	中学	医院	药店
回龙观社区	√	√	√	√	√	√	√	√
天通苑社区	√	√	√	×	√	√	√	√
新桥社区	√	√	√	√	√	√	√	√
龙归城	×	√	√	√	√	√	√	√
龙跃居	×	√	√	√	√	×	√	√

	生活娱乐			公共空间		文化设施	
	餐饮	KTV	电影院	公园	广场	图书馆	科技馆
回龙观社区	√	√	√	√	√	√	×
天通苑社区	√	√	√	√	√	√	×
新桥社区	√	√	√	√	√	√	√
龙归城	√	√	×	√	√	√	×
龙跃居	√	×	×	×	√	√	×

从空间营造的角度，则如同一个小型县城或者大型居住社区的规划，需要相应的划分居住用地、生产用地、文化用地、社区用地、休闲用地等不同用地属性，设计相应的空间分布区域。在功能、空间层面，则需要在生活区域周围设置医疗（医院、社区医疗点、小型诊所）、教育（中学、小学、幼儿园）、购物餐饮（大型超市、小型零售店、蔬菜食材购买点）、文化娱乐（适合不同年龄、不同收入结构人群的不同需求）、休憩（大中型绿地、公园、居住区级别绿地）、集会活动（广场、开放空间）、学习培训（老年培训、幼儿培训、青年技能培训）、区域内交通等一系列配套功能。

4. 居住人口约 10 万～20 万人

对于依托超大城市发展子型，根据其存在的条件，一定规模的人口是必需的。分析国内部分依托超大城市发展子型空间形态的保障性住房小区包含的人口规模，可以看出，一般这类社区的基本人口都在10万人左右，远超通常意义上的集镇（2万人以下）规模，接近部分县城规模。按照国务院《关于调整城市规模划分标准的通知》，城区常住人口20万以下的城市为Ⅱ型小城市，也就是说这类社区如果结合相关产业布局及流动租住人口，可以达到小城市级别，或者成为超大城市周边的卫星城。

体育馆、县级综合性医院、大型超市、大型市场等功能设施因为与主城分离，无法吸引主城内消费者，如果保障性住房社区人口低于5万人，则无法支撑其良性运营。

人口上限的研究还需要更进一步的分析，根据轨道交通的运力，A型大容量列车在6节编组的情况下，载客量达到2580人，如果是8节编组，载客量达3300人以上，而高峰时段地铁发车时间间隔可达2～3分钟一班，由此计算出一小时内最多可以满载5万～8万人。根据部分调研数据，一个20万人的保障性社区，劳动人口约占60%，劳动人口中进入中心城区工作的约占60%，即7.2万人，基本达到地铁运输能力上限，超过这个规模，则一条地铁线将无法满足高峰时段的运力需求，影响小区良性运行。因此，可以视作依托超大型城市发展子型人口规模上限（如经过社区轨道线路超过一条，则可适当提高人口规模）。

5.内部具有相当的工作岗位需求，提供就业造血能力

区域内达到功能完善的种种需求，同时带给了自身相当数量的工作岗位需求，这对于大型保障性住房小区意义重大。多数保障性住房小区的劳动人口的就业岗位在中心城区内，仍然需要每日往返于中心城区，但当小区规模达到一定级别后，小区自身就具备了自我完善的内部动因，带来一定数量的就业：教育文化、修理、家政服务、快递物流、餐饮服务、废品回收、装修装饰、生鲜售卖、安全保卫、基本建设等相应行业。这些行业的特点是：

1）保障现代社会居民基本的生活需求，需求量大；

2）不要求具备高级技能或极其专业的知识，就业门槛低；

3）不需要大量的资金投入，中低收入阶层也可以进入。

这些岗位需求不仅体现在消化中低收入居民的劳动力人口上，而且对构建和谐的社会关系、缓解居民异化、建立社会脉络有重要意义，岗位需求使得保障性住房小区不仅是对中心城区的纯劳动力输出，同时自身也具备了就业造血能力，甚至由于其具备完善的大中型服务设施和数量可观的居住人口，对中心城区的大型服务行业还有吸纳性[38]。

在整体规划阶段，可以考虑在这类大型社区周边规划生产用地，就地消化部分劳动力人口，减小对中心城区交通的钟摆式冲击。这类功能可以是：企业小型生产基地、特色行业市场、城区生鲜加工基地等，有利于吸纳中低收入就业人口，实现自我完善。

3.2.2 依托企业及园区子型的存在条件和基本特点

3.2.2.1 存在条件

依托企业及园区子型的空间模式分析图如下（图3.5）：

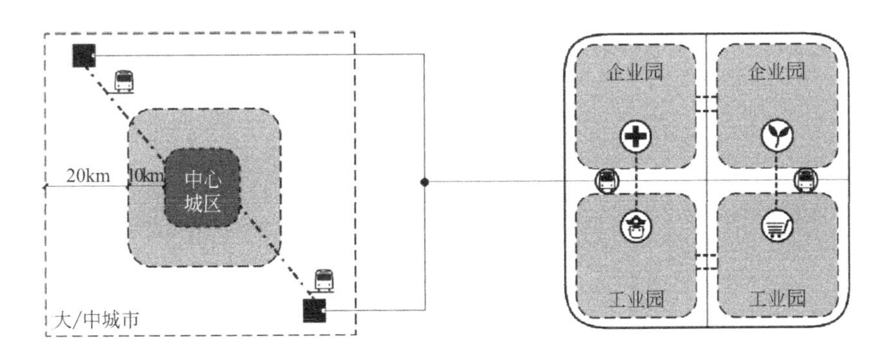

自我完善型——依托大企业或企业园区子型

图3.5 依托企业和园区子型空间模式图

1.大型企业或企业园区的就业需求

在大、中型城市周边的分离型大型保障性住房社区与城市间不具有特别高效、完善的轨道交通联系，所在城市也并非超大型城市。由于城市自身规模有限，不具备强大的产业吸收能力，因此与上一类依靠超大城市自我完善的保障房社区不同。

这种类型的保障性住房社区的成因分为两类，第一类是来源于中国计划经济体制时期，由于国家层面各行业的产业布局规划，在不同省份、不同地理区位、不同级别的城市开展的一线、二线、三线建设，使得国内东、中、西部各个地区都有一批工业企业，由于历史较长、规模较大，大量的就业岗位带来了就业人口，在生产企业周边形成了相应的生活区，许多的厂矿单位里医院、商店、学校设施一应俱全，成为一个封闭的社会，在这样的企业内逐步实现了居住社区的自我完善，形成了特大保障性住房社区。部分企业甚至完全不依托城市，由于企业规模大，自身形成了一个中小城市（表 3.10）。

1964—1980 年三线地区新建、扩建的主要城市、城镇表（不完全统计）　　表 3.10

<table>
<tr><th colspan="2">类型</th><th>数量</th><th>城市（省区、建市时间）</th><th>城市发展模式</th></tr>
<tr><td colspan="2">新建城市</td><td>4</td><td>渡口（四川，1965 年）、六盘水（贵州，1978 年）
十堰（湖北，1969 年）、金昌（甘肃，1981 年）</td><td>在非城市地区集中新建</td></tr>
<tr><td rowspan="2">扩建城市</td><td>新兴工业城市</td><td>55</td><td>四川：德阳、绵阳、广元、自贡、泸州、内江、乐山、雅安、西昌、遂宁、南充、华蓥、达县、涪陵、万县
贵州：遵义、安顺、凯里
云南：个旧、东川、曲靖
陕西：宝鸡、咸阳、汉中、铜川
甘肃：玉门、嘉峪关、酒泉、白银、天水
青海：格尔木
宁夏：石嘴山、吴忠、青铜峡
河南：洛阳、焦作、三门峡、平顶山、南阳、鹤壁
湖北：襄樊、宜昌、沙市、荆门、丹江口
湖南：怀化、娄底、冷水江、洪江、常德、邵阳、吉首
山西：侯马、榆次、临汾</td><td>依托老城扩建</td></tr>
<tr><td>中心城市</td><td>9</td><td>重庆、成都、贵阳、昆明、西安、兰州、西宁、银川、太原</td><td>依托老城扩建</td></tr>
<tr><td colspan="2">新兴工业城市</td><td>百余个</td><td>在三线建设中，仅四川省就建成了新兴工业城市 60 余个，典型城镇如绵竹县汉旺镇、德阳县罗江镇等，在此不作详细统计</td><td>主要依托老城扩建</td></tr>
</table>

另一类则是近20年来，遍布国内城市郊区的各类开发区、产业园、工业园、制造基地、港口枢纽、大型交通港等，带有特定的产业背景及多个企业集中于园区生产加工，由于中国经济近年来的高速增长，随之各类加工企业带来的巨大用工需求，使得这类园区同样聚集了较大规模的人口。企业员工居住的各类宿舍分布在生产用地周边，逐步发展形成打工者的保障性住房社区。这类园区由于产业变迁及其他原因，未能形成良性运转而最终逐渐衰败，本文研究的是其中经营较好，人口规模较大的园区以及相关的保障性住房（表3.11）。

部分城市具有代表性的企业园区及保障性住房　　表3.11

保障房小区名称	类型	所在城市	规模	企业背景	企业类别
机车工厂住宅楼	企业	洛阳	—	中国南车集团洛阳机车厂，国有大型一类企业，多品种机车检修基地	机车
中铁十二局集团第二局职工保障住宅楼	企业	中原	年施工值50亿元以上	企业拥有铁路、公路、市政、房建4个施工总承包一级资质；隧道、桥梁、公路路基、水工隧洞、铁路铺轨架梁5个专业承包一级资质	铁路
中国石化长岭炼油总厂生活区	企业	岳阳	原油加工能力1000万吨/年	中国中南地区的特大型炼油化工生产企业	石油石化
八一三东区家属院	企业	汉中	年产总量2933万吨	金属钙是目前国内行业内唯一使用电解工艺生产线制备出的产品，多年来一直位列汉中市出口创汇前列	特种材料
怡庐苑	园区	九江	年收入200亿元	汽车工业园是国家级九江经济技术开发区四大平台之一	汽车工业园
菁英公寓社区	园区	苏州	总产值2000亿元	苏州工业园区是中国和新加坡两国政府间的重要合作项目，综合发展指数位居国家级开发区第二位，在国家级高新区排名居江苏省第一位	苏州工业园

续表

保障房小区名称	类型	所在城市	规模	企业背景	企业类别
聚祥园	园区	铜川	总量25亿吨矿产资源	含各类企业43家，其中国有企业10家，民营企业33家，是铜川四个市级工业园区之一	陕西黄堡工业园
人居锦尚天华	园区	成都	总产值3042亿元	成都高新区已经成为中国中西部高端产业最集中、创新资源最富集、对区域经济拉动最强劲的园区之一	高新区
富士康(深圳龙华)宿舍	园区	深圳	年营业额612.4亿美元	全球最大的电子产业专业制造商	开发区、产业园区
宝山钢铁宿舍	企业	上海	销售收入29.1亿元	宝钢已成为中国现代化程度最高、最具竞争力的钢铁联合企业	钢铁工厂
大庆油田有限责任公司员工宿舍	企业	大庆	稳产4000万吨/年	全国最大的石油生产基地	石油天然气勘探开发、油田化工
东风汽车公司宿舍	企业	武汉	年营业额4000亿元	中国四大汽车集团之一，中国品牌500强，总部位于武汉	商乘用车及零部件

这种类型的保障性住房无论是依托大型企业还是企业园区，其存在的先决条件就是以生产带动生活，以轻工业或重工业加工聚集就业人口，在生产用地周边形成生活区。

2.人口规模带动小社会形成

对于自我完善型的保障性住房而言，人口规模是其存在的先决条件，在依托企业和园区的这个子型中，因为工厂通常都建设于城市郊区和边缘，通过人口聚集带来的各类生活需求，逐步发展，最终形成自我完善型保障性住房社区。这类社区由于是依托大型企业和园区企业发展而来，社区中不仅存在各类生活配套，而且居民之间有企业作为联系的纽带，彼此的关系除了基本的居民关系还有企业内部的层级关系和人事关系。配套方面，这类社区某些功能会由企业以相应的部门提供服务，例如，集体食堂对应餐饮业，后勤公司对应维修、物业管理，生活服务公司对应部分休闲娱乐业，房管部门对应社会地产开发企业等，企业自身代行了很多城市管理的职能，因此通常具备“小社会”的社会关系形态（表3.12）。

企业和园区部门公共服务职能　　表3.12

企业或园区部门	部门	职能	城市职能
后勤服务公司	房产科	—	房产公司
	维修科	餐饮	物业公司
	生活服务部门	服务	娱乐业
生活服务公司	食堂	—	餐饮业
	招待所	—	旅馆酒店业
	俱乐部	—	娱乐业

这类居民自身并非完全是中低收入阶层，可能还有部分高级管理人员属于高收入阶层。部分企业由于生产效益好，甚至员工的平均收入还高于周边城市的居民平均收入，因而从相应的居住区配套而言，有能力实现较好、较齐全的生活设施配套（表3.13）。从本研究的范畴而言，是广义的保障性住房研究，即在早期社会住房福利化阶段，这类依托大企业的居住社区全保障住房也属于研究对象。

人居锦尚天华配套服务设施　　表3.13

	配套	数量(个)	与集中住宅区的距离(m)
休闲	餐饮	>100	密集分布
	KTV	7	800～1000
	电影院	2	600～850
	酒吧	6	100～900
教育	幼儿园	5	70～800
	小学	2	150～800
	中学	1	600
商业	超市	24	130～900
	便利店	19	700～900
	商场	3	550～700

续表

	配套	数量(个)	与集中住宅区的距离(m)
医疗	药店	10	120～830
	诊所	16	150～1000
	医院	2	900

3.2.2.2 基本特点

总结依托企业和园区发展子型的基本特点，包含以下几个方面：

1. 可在特大、大、中型城市存在

由于此类型的成因，一类来源于计划经济体制下的国家对工业基地的布局规划，因此与规划配套的保障性住房社区均匀分布于国家各级城市周边，而且由于某些特定历史时期的需要，在中西部城市也存在。另一类更是由于国内各种开发区的竞相上马以至其保障性住房社区广泛存在于国内各级城市之中。因此，依托企业和园区发展子型的保障性住房社区的分布范围是不限于超大城市的，而是在各级城市周边都存在（表 3.14）。

企业园区概况　　表 3.14

保障房小区名称	企业类别	城市	城市级别	人口规模(职工)
机车工厂住宅楼	机车工厂	洛阳	大型城市	—
中铁十二局第二局职工保障住宅楼	中铁局	中原	中型城市	1 万余人
长岭炼油厂小区	长岭炼油厂	岳阳	大型城市	2 万人
杭州嘉园	塑料制品厂	寿光	中型城市	8000 余人
怡庐苑	汽车工业园	九江	大型城市	7000 余人
菁英公寓社区	苏州工业园	苏州	特大城市	8000 余人
聚祥园	陕西黄堡工业园	铜川	中型城市	5000 余人
人居锦尚天华	高新区	成都	特大城市	5000 余人
富士康(深圳龙华)宿舍	开发区、产业园区	深圳	超大城市	60 万余人
宝山钢铁宿舍	钢铁厂	上海	超大城市	13 万余人
大庆油田有限责任公司员工宿舍	石油天然气勘探开发、油田化工	大庆	大型城市	22 万余人
东风汽车公司宿舍	商乘用车及零部件	武汉	特大城市	12.4 万人

2. 依托大型企业或企业园区

依托大型企业和园区发展，既是这类保障性住房的存在条件，也是其基本特点。

3. 离中心城区约 10～30km 的距离

考虑到这类园区由于自身就是居民就业的所在地，居民的生产与生活基本实现了在同一地点，因而不存在大量的人员频繁往返两地，通常只需要内部通勤车辆甚至非机动车来解决出行，所以这类社区与所在城市的关联性弱于依托超大城市发展子型，更容易实现自我完善（表 3.15）。关联性减弱反映在距离中心城区的距离上，也较上一子类更远，不受轨道交通运力的限制。

依托企业及园区发展子型的保障性住房小区与中心城区交通联系情况　　表 3.15

保障房小区名称	距中心城区距离	交通路级别	交通工具	城市
机车工厂住宅楼	11.7km	城市道路	公交车	洛阳
中铁十二局集团第二局职工保障住宅楼	11.5km(1 小时)	城市道路	公交车	太原
青海齿轮厂家属院	12.7km（1 小时 20 分钟）	绕城高速、省道	公交车	西宁
长岭炼油厂小区	30km(1 小时)	国道、省道	私家车、班车	岳阳
杭州嘉园	6.5km(50 分钟)	城市道路	公交车	寿光
怡庐苑	5.8km(50 分钟)	城市道路	公交车	九江
菁英公寓社区	18.9km（1 小时 10 分钟）	城市道路、地铁	公交车、地铁	苏州
聚祥园	18.6km（1 小时 20 分钟）	国道	公交车、私家车	铜川
龙山雅居	7.2km(50 分钟)	城市道路	公交车	宝鸡
人居锦尚天华	8.7km(50 分钟)	城市干道、地铁	公交车、地铁	成都
富士康（深圳龙华）宿舍	22.4km(47 分钟)	珠三角环线高速公路、清平高速公路、环中线	私家车、大巴车	深圳
宝山钢铁宿舍	22.3～28km（30 分钟～1 小时）	郊环线、上海绕城高速公路、逸仙高架路	私家车、大巴车	上海

续表

保障房小区名称	距中心城区距离	交通路级别	交通工具	城市
大庆油田有限责任公司员工宿舍	15km(18 分钟～1 小时)	城市干道、城市快线	私家车、大巴车	大庆
东风汽车公司宿舍	23km(28 分钟～1 小时 20 分钟)	龙阳大道高架路、二环线	私家车、大巴车	武汉

比较以上园区可以看出，10～30km 距离的案例都有。与城市的交通联系则以公路为主，包含高速公路、国道、省道、城市快速路等，交通工具以各类汽车为主，花费时间一般在一小时以内，如果去城市办理普通事宜，半天之内可以往返，从心理上仍然有城市归属感，不至于产生出差远行的跨城市心理。距离如果再远，则居民生活与城市的关联会减弱甚至趋于消失，虽然并不是完全没有这样的企业园区存在，但随着社会经济的发展，要么这类企业能够以自身超大的规模和产业的可持续良性发展继续增强自身的吸附能力而逐步形成小城市（从国内情况看，曾经的大企业基本都在剥离附属服务功能，转向社会化经营，核心生产功能也在减员增效，因此这种情况会越来越少），要么就会逐渐走向衰败。

4. 完善的生活配套

“小社会”关系带来的生活配套必然是齐备的，甚至某些功能的配置还超过了一般城市的基本配置（表 3.16）。

依托企业及园区子型的保障性住房

小区配套服务设施　　表 3.16

项目名称	休闲				教育			商业			医疗		
	餐饮	KTV	电影院	酒吧	幼儿园	小学	中学	超市	便利店	商场	药店	医疗点	医院
机车工厂住宅楼	√	√	—	—	√	—	—	√	√	—	2	1	2
中铁十二局第二局职工保障住宅楼	√	√	—	—	√	√	√	√	√	√	√	√	√
粮油加工厂家属楼	√	√	—	—	√	√	√	√	√	√	√	√	√

续表

项目名称	休闲				教育			商业			医疗		
	餐饮	KTV	电影院	酒吧	幼儿园	小学	中学	超市	便利店	商场	药店	医疗点	医院
长岭炼油厂小区	√	√	√	√	√	√	√	√	√	√	√	√	√
杭州嘉园	√	—	2	√	√	√	√	√	√	√	√	√	√
813 东区家属院	√	—	—	—	√	—	—	√	√	—	√	√	√
怡庐苑	√	—	—	—	√	√	—	√	√	—	√	—	√
菁英公寓社区	√	√	—	√	√	√	√	√	√	√	√	√	—
聚祥园	√	—	—	√	√	√	—	√	√	—	√	√	√
龙山雅居	√	√	—	√	√	√	√	√	√	—	√	√	√
人居锦尚天华	√	√	√	√	√	√	√	√	√	√	√	√	√
富士康(深圳龙华)宿舍	√	√	√	√	√	√	—	√	√	√	√	√	√
宝山钢铁宿舍	√	√	√	—	√	√	√	√	√	√	√	√	√
大庆油田有限责任公司员工宿舍	√	√	√	—	√	√	√	√	√	√	√	√	√
东风汽车公司宿舍	√	√	√	—	√	√	√	√	√	√	√	√	√

5. 居住人口不少于 2 万人

根据调研数据，这类园区的人口基本都在 2 万人以上（含就业人口和随行家属），接近部分县城规模。中型体育馆、县级综合性医院、中型超市等功能设施也需要这个级别的人口作为最低运营支撑。

人口上限则较难界定，有些企业因规划定位时生产规模大，光职工人数就达 10 万人以上，经过若干年的发展，加上随行家属及后代使得居民达到数十万，基本就是一个小型城市的规模，社会的复杂性和完整性都愈发明显。而有些现代企业园区，由于本身定位是全球商品代工厂，采用劳动密集型加工模式，用工人数也达十数万人。

6. 分配模式为主，市场化模式为辅

这类园区因为有企业作为就业的来源，因此住房也就更多地具有早期全保障阶段的一些特点，即分配模式为主，市场化模式为辅。

对于国有大型企业，经过中国住房体制改革后，早期全保障住房也逐步取消了分配，通过房改房阶段转为市场化购买，但由于企业生活区大都位于城市郊区，原有社区住房的置换更新比较缓慢，因而社区内的住房大多由分配而来。

对于工业园区等新型企业的住宅区，由于用工量大，人员集中，在数年内就会聚集大量人口，因此企业往往在规划生产同时也考虑了生活配套用房，大多数以各种级别的宿舍形式出现，根据用工者相应的级别，分配相应的住宅。这类住宅的特点是人员流动较大，生活设施配备较简单，早期产品对人员的生活条件考虑较少，出现了较多违反住宅设计规范和宿舍设计规范的产品，随着社会发展和国家对建筑品质要求的提高，开始逐步提升日照、绿地、通风采光、建筑间距等方面的要求。当然也允许部分高级管理人员自行购买商品房，或配建一些高端住宅产品作为吸引管理人才的房源。

3.2.3 自身带动城市发展子型的基本特点

城市叠加型保障性住房广泛分布于各级城市中心城区之外，大多数保障性住房都是这种类型，因而没有特定的存在条件。由保障性住房带动片区发展，是指区域发展起步阶段，由大型保障性住房建设为契机，迅速汇聚人口，带动周边城市基础设施建设和相关服务配套设施建设，从而实现该区域的快速发展。自身带动城市发展子型的空间模式如图（图 3.6）。

总结自身带动城市发展子型的基本特点，包含以下几个方面：

1. 可在各级城市发展，是新建保障房主力

保障房建设一方面是改善中低收入阶层居住条件的社会问题，另一方面也可以通过大型保障性住房的建设，推动某一区域的基础设施建设和片区城市生活的形成，促进该区域的发展。这种情况下保障性住房建设已经具备了以投资带动经济发展和城市建设的属性。因此，在政府主导下的城市规划中，各级城市依据自身城市发展的脉络和未来发展方向，在中心城区周边结合未来潜在的发展区域，

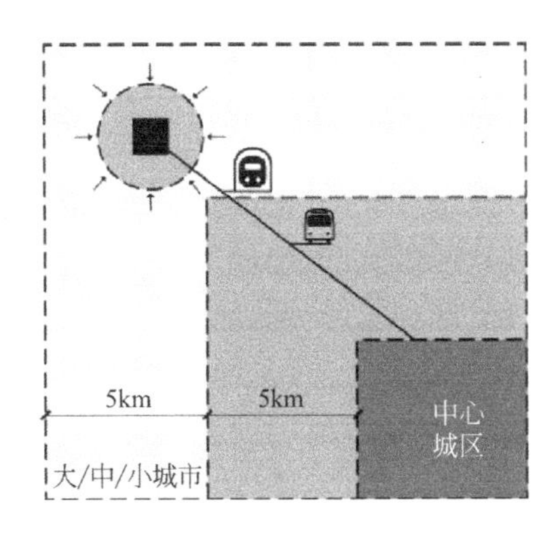

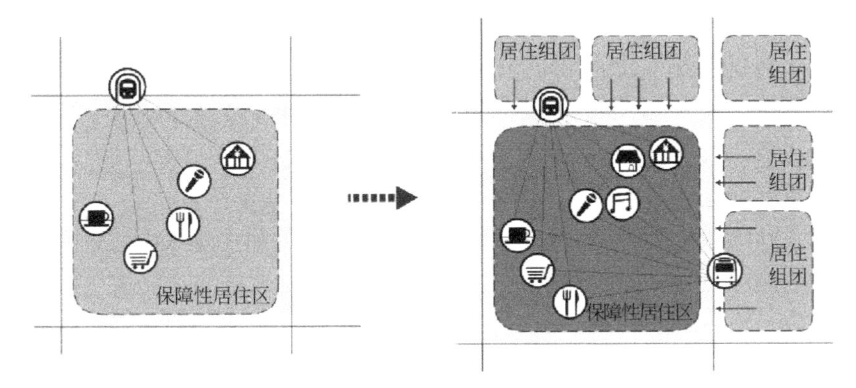

城市叠加型——自身带动城市发展子型

图 3.6　自身带动城市发展子型保障性住房小区模式图

规划大型保障性住房社区。

2. 居住人口约为 2 万～5 万人，属于大型居住区

要起到带动城市区域发展的核心作用，先期启动较为完善的配套设施，都离不开一定的人口规模（表 3.17）。人口规模过小，只是普通居住小区，安置中低收入的人数较少，对相关商业配套和生活配套的需求较弱，起不到带动周边发展的龙头作用，不符合城市规划对这类保障性住房的定位。

通过案例的指标分析可以看出，这类子型的居住人口通常在 2 万～5 万人，约 0.6 万～1.5 万户，属于大型居住区，基本符合《城市居住区规划设计规范》中关于居住区的定位和描述。特大城市中一般约 3 万人起步，大中型城市则可以下限至 2 万人起步。

自身带动城市发展子型保障性住房小区的性质和规模　表 3.17

城市	住房小区名称	小区性质	小区规模（万平方米）	小区户数	小区人口
太原	西华苑	经适房	87.2	8089	25800
杭州	北景园	经适房	96	12000	32000
合肥	包河花园小区	农民安置住区	86	8636	27600
武汉	东方雅园	经适房、廉租房	70	11413	40000
长沙	八方小区	公租房、经适房	85	12000	38400
呼和浩特	新西蓝蓝爵小区	经适房	42.8	7130	22860

人口规模的上限则取决于交通设施的状况。因为新建这类子型的保障性住房居住区是政府作为主体启动的，考虑土地成本和启动经费等因素，通常还是居于城市中心城区以外，规模过大，如果没有完善的轨道交通和公交网络，则难以保证居民出行和工作。一个 3 万～5 万人的保障性社区，劳动人口约占 60%，劳动人口中进入中心城区工作的约占 60%，即 1 万～1.8 万人，如果有轨道交通设施，前文已有计算，高峰期一小时可满载 5 万～8 万人，基本可以满足高峰时段的运力需求。但轨道交通毕竟只在部分超大、特大型城市才有，如果仅依靠公交系统，情况则有不同。根据《机动车运行安全技术条件》国家标准规定，公交车每平方米载客不超过 8 人，通常一辆公交车载客人数不超过 100 人，高峰时段发车间隔约 4～5 分钟（平时约 10～15 分钟），一小时一条线路最多约能提供 1500 人的运力（考虑为始发站），考虑到不同公交线路数量和运行方向，此规模也会给公交系统带来巨大压力，从而影响保障性群体居民上班时间和便利程度，进而影响这类住区的人口聚集和良性运转。因此，在具备轨道交通的城市和区域，可按照 3 万～5 万人控制这类型保障性住房的人口规模；不具备轨道交通的城市和区域，则宜按照 2 万人控制人口规模。

3. 距离中心城区边缘约 5～10km

这类保障性住房因为属于带动新区域发展类型，在规划阶段应考虑区域发展的历时性，预留发展的空间与配套成熟的时间。同时，这类住区需具有较大的规模才能起到带动区域发展的作用，而开发如此规模的项目，土地成本以及投资回报等因素显得愈发重要，距离中心城区过近，商品房开发可以消化较高的土地成本，而保障性住房建设因为其保障属性而无法以商品房的价格进行售卖，会背负较大的资金压力。综合以上两点，这类住房应距离中心城区有一定距离（表3.18）。

城市规划中通常城市次中心及片区中心距离城市中心边缘，不小于5km，过近则难以形成新的区域中心，双方叠合过多，资源互相吸引，逐渐融为一体，起不到开发新区的作用。参考这个数据，则本类型保障性住房及其带动发展的区域距离中心城区边缘的最小距离定义为5km。

自身带动城市发展子型保障性住房小区与中心城区交通联系情况

表3.18

城市名	住房小区名称	与中心城区交通联系方式	与主城区的距离(km)		至主城区的时间	
			中心	边缘	中心	边缘
太原	西华苑	10条公交线	11	6.7	70分钟	40分钟
杭州	北景园	12条公交线或公交转地铁	14.3	6.8	90分钟	50分钟
合肥	包河花园小区	5条公交线	10	5.8	60分钟	40分钟
武汉	东方雅园	6条公交线或地铁4号线	12	6.5	90分钟	50分钟
长沙	八方小区	6条公交线路	10.5	6.5	60分钟	40分钟
呼和浩特	新西蓝蓝爵小区	3条公交线路	10.1	5.5	70分钟	30分钟

而距离上限则更多考虑交通联系的时间成本。这种类型是以保障性住房建设为契机，因此起步阶段的居民大多是中低收入阶层，待片区其他商业楼盘发展成熟后，逐步形成包含各阶层的居民。中低收入阶层联系中心城区的主要交通方式是公交车，部分超大、特大城市会有轨道交通。公交车的运行特点如下表（表3.19）。

部分城市公交车平均速度 **表3.19**

城市	西安	青岛	厦门	上海	成都	北京	广州	深圳
公交车平均速度(km/h)	10	10	15	15	20	17	20	20

当距离中心城区边缘为10km时（公交车时速约20km/h），居

民需用时约30～45分钟，至中心城区边缘后还要继续行驶或换乘到达城市各个区域，中心城区内的交通更加拥堵（公交车时速约10～15km/h），根据调研数据，通常又需用时30分钟以上，因此合计约60～75分钟。根据对部分保障性住房居民的调研，每天工作路途用时90分钟是大部分人的上限（图3.7），超过这个时间，大部分中低收入居民会认为所花费的时间成本太高（图3.8），影响正常生活作息而考虑在离城市更近的区域居住，以求得时间成本与经济成本的平衡，即便郊区保障房租金低廉而城区公租房或商业出租房租金更贵。

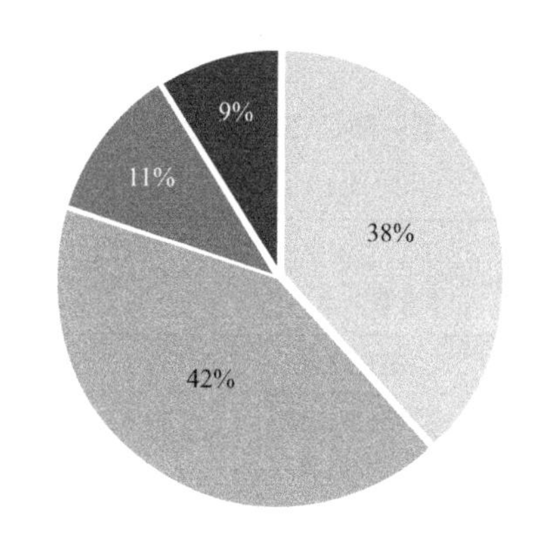

图3.7　居民对上班所花时间的满意度分析图

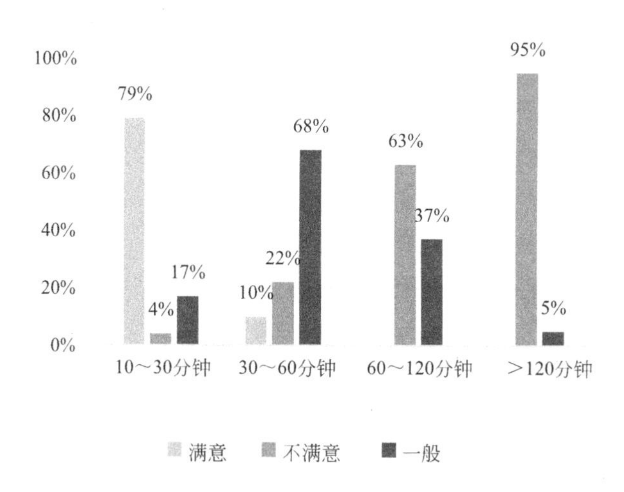

图3.8　居民对上班所花时间的满意度分析图

4.较完善的生活配套，部分叠合中心城区功能

要起到带动城市新区域发展的作用，必须在建设伊始就配置较为完善的生活配套，开展商业引进和其他配套进驻工作，使得该保障性住房小区对中低收入市民和相关商家有足够的吸引力，快速汇聚人口，提供相关配套服务，从而起到对片区的拉动作用。

由于与中心城区的距离较之自我完善型近，部分配套功能与中心城区有叠加，通常是与周边其余商业楼盘或居民共享部分资源。但由于这类片区是以大型保障性住房为发展起点，因此该小区自身的规划设计中需要提供较多的生活配套，基本满足居民生活各个方面的需求，只有超过该小区人口规模和面积范围外的部分功能，才在小区范围之外统一规划，或借助交通工具去往城市其他地区使用。自身具备较为完善的配套设施是这类型住区的显著特点，而其叠合城市功能的程度也是判别小区属于自身带动城市新发展还是依托中心城区叠合发展型的重要依据。

通过表3.20可以看到，这类小区生活配套设施较为完善。大中型商业（包含中型超市、商场、中型主力店、小型零售店、各类餐饮、数家银行网点）、文化娱乐（网吧）、休憩（小区级绿地）、集散活动（小区内广场）、学习培训（小区配套空间内的各类培训机构）、教育（幼儿园、小学）、医疗（社区医疗点、小型诊所）、外出交通服务等基本能够满足居民日常的生活需求。

自身带动城市发展子型保障性住房小区配套服务设施 表3.20

	商业			教育			医疗	
	大卖场	便利店	商场	幼儿园	小学	中学	医院	药店
西华苑	√	√	√	√	√	×	×	√
北景园	√	√	√	×	√	√	×	√
包河花园小区	√	√	√	√	√	√	×	√
东方雅园	×	√	√	√	√	√	×	√
八方小区	√	√	√	√	√	×	×	√
新西蓝蓝爵小区	×	√	√	√	√	×	×	√

续表

	生活娱乐			公共空间	
	餐饮	电影院	KTV	公园	广场
西华苑	√	√	√	√	√
北景园	√	√	√	√	√
包河花园小区	√	√	√	√	√
东方雅园	√	×	√	√	√
八方小区	√	√	√	√	√
新西蓝蓝爵小区	√	√	√	×	√

由于叠合发展的类型属性，这类小区也不可避免地有一部分配套设施需要城市提供，这些功能包含医疗（医院）、教育（中学、小学）、大型商业（大型购物中心、大型超市）、休憩（公园、较大型的公共绿地）、集会活动（大型广场、体育馆）等。这些功能的缺失一方面是由于小区自身规模没有达到自我完善型的级别，没有足够支撑部分设施运营的人口，例如大型商业、中学、医院、体育馆等，这类配套通常都涵盖了更大范围，覆盖了更多人口。但在规划带动城市新区域发展子型的保障性住房小区时，考虑城市现有的医疗、教育、交通等配套基础条件，在条件较好的区域选址建设这类型小区，有利于快速启动和聚集人口，带动区域发展。另一方面在于某些配套设施的公益属性，例如公园和大型广场等休憩活动场所，具备城市公共属性，占用土地面积大，基础投资高。这类设施在自我完善型的社区中，由于社区规模大、人口多，具备了建设这些配套的需求和承载力，因此可以建设。而在本子型中，一个规模较大的拉动型小区，从土地供应、基础投入、内部居民规模，都无法支撑这类配套设施，需要叠合城市基础设施，由自身带动城市新区域发展后，和周边配套的商品住房小区共享这些配套资源，形成良性发展。

同时，由于距离城市中心城区的距离较自我完善型更近，能够利用城市内稀缺资源的便利性大大增加，例如超大型购物中心、大型主题娱乐园、大型体育设施、城市交通枢纽、城市古迹和核心景观等，因此这种类型的生活便利性、生活品质和对城市资源的获取都比自我完善型更有优势。

5. 多样的交通方式是小区繁荣的必要条件

自身带动城市发展子型的居住区因其能解决大量保障性群体居住问题，同时带动周边区域发展，具有社会、经济、就业、稳定等多方面意义，因此广泛存在于各级别的城市，也是各个城市住房建设规划的重点。规划本类型的保障性住房居住区，要结合所在城市的特点和所在区域的基础设施情况进行选址。这些基础设施中，交通是影响项目运行的关键因素。

通过案例分析，从交通出行方式来看，超大城市和拥有轨道交通的特大城市通常在轨道线路周边规划这类居住区。其中超大城市以轨道交通为主，快速公交系统（BRT 系统）和普通公交车为辅。特大城市因其轨道交通基本处于建设期，还未形成有效的网络，会加大公交车的运行比例，以公交系统为主，轨道交通为辅。未拥有轨道交通的特大城市和大中城市，则以快速公交系统和普通公交车为主。值得注意的是，由于中低收入群体从事工作的行业多样，有些工作没有固定的工作地点或经常变换工作地点，例如装修、家政服务、快递服务等，部分居民出行依靠的是电动自行车或自行车等非机动车，这就需要在城市道路设计中考虑非机动车道宽度和适用的设施，处理好非机动车与公交站台的关系，避免大量非机动车影响机动车行驶。

3.2.4 依托中心城区叠合发展子型的基本特点

城市叠加型保障性住房中，很大一部分是依托中心城区叠合发展子型（图 3.9）。这种类型是指根据城市自身发展特点和城市住宅建设规划，在中心城区以外的区域布置保障性住房小区，小区配建满足该区居民基本的生活所需的公共服务设施，还有部分公共服务设施则需要借助城市其他区域提供，叠合发展。

总结依托中心城区叠合发展子型的基本特点，包含以下几个方面：

1. 可在各级城市发展，是新建保障房主力

自我完善型和自身带动片区发展子型是以其规模大、安置人数多成为各个城市保障房建设主力的，构成城市保障房布局的骨架，但这

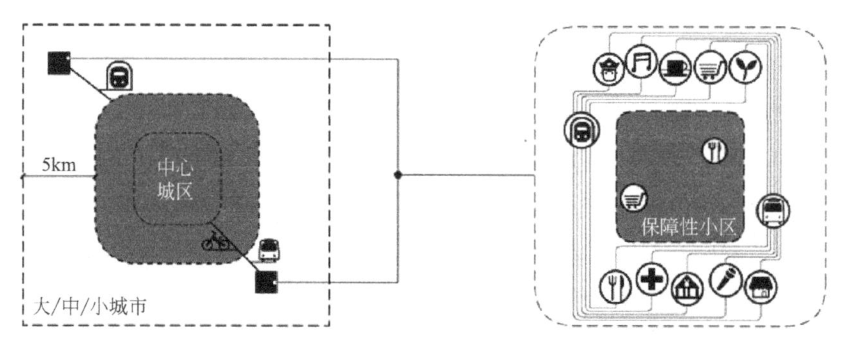

城市叠加型——依托中心城区叠合发展子型

图 3.9 依托中心城区叠合发展子型保障房小区模式图

两类保障性住房类型都对城市基础设施和交通设施提出了较高要求，要结合城市产业、未来发展方向、轨道交通建设、土地市场成熟度等因素，因而在选择建设地点上有诸多限制。保障房建设量大面广，要综合考虑城市各个方向和区划单位的均匀分布，保障房建设的任务最终落实是在区一级政府，各区往往根据自身条件，整合零散土地，建设一批规模不大，但分布广泛的中小规模的保障性住房小区，这类小区基本属于依托中心城区叠合发展子型，是城市叠加型的主力。

这类小区的优点是分布均匀，与中心城区在各个方向都有对接，便于中低收入群体根据自己工作的位置就近申请保障房源，政府财政投入可承受。缺点在于，因保障房与商品房性质不同，通常把交通、配套较好的土地出让进行商品房开发，很多保障房小区建设在周边基础设施尚不完善的位置，影响了居民使用，甚至出现建成无法入住的案例。

2. 居住人口约为 0.8 万～1.5 万人，属于居住小区

保障房建设中很重要的前提就是土地供应。虽然近年来随着保障房类型的多样化和建设的多元化，出现了与房地产企业合作建设、青年公寓、收购商品房转公租房等新的方式，但政府及其下属城投公司仍然是保障房建设的主体。划拨土地进行保障房建设在中国目前土地财政大背景下，区级政府很难拿出面积非常大的整块土地进行建设，更多的是整合零散土地，建设一些中小规模的保障房居住小区。

通过表 3.21 的指标分析可以看出，这类子型的居住人口通常在

0.8万～1.5万人，约0.25万～0.5万户，属于居住小区，基本符合《城市居住区规划设计规范》中关于居住小区的定位和描述。

依托中心城区叠合发展子型保障性住房小区的性质和规模

表3.21

城市名	住房小区名称	小区性质	小区规模（万平方米）	小区户数（户）	小区人口（人）
北京	金顶阳光	经适房、廉租房	21	4400	14000
北京	南庭新苑	经适房	14	2300	7360
长沙	鄱阳小区	经适房	18.3	4000	12800
长沙	东岸梅园	安置房	28	2836	9100
广州	大沙东	经适房	15.4	2120	7000
广州	郭村小区	经适房	8	1586	5000
成都	东锦瑞苑	公租房	14	2463	8000

注：小区居住人数以3.2人/户计算。

3.距离中心城区边缘5km内

由于这类保障性住房是各级政府因地制宜，结合所在区域实际情况进行规划建设的，因此距离中心城区边缘距离差别较大（表3.22）。虽然土地价值的影响因素与用地性质、商业区位、交通道路、基础设施、环境状况、地形地质等多种微观因素有关，但整体而言，距离中心城区近则土地价值较高，远则土地价值较低。价值背景决定了越靠近中心城区则土地的稀缺性越强，价值越高，进行保障房建设难度越大。本类型规模不大，自身只能提供基本的配套，其叠加的属性决定了需要借助较多的城市生活配套，如果距离中心城区过远，居民很难享受城市资源，影响居住品质。因此这一子型通常不会紧邻中心城区，但又不宜距离中心城区过远。

依托中心城区叠合发展子型保障性住房小区与中心城区交通联系情况

表3.22

城市名	小区名称	与中心城区交通联系方式	与中心城区的距离(km)		至中心城区的时间	
			中心	边缘	中心	边缘
北京	金顶阳光	12条公交线、地铁1号线	20	4	100分钟	40分钟

续表

城市名	小区名称	与中心城区交通联系方式	与中心城区的距离(km)		至中心城区的时间	
			中心	边缘	中心	边缘
北京	南庭新苑	7 条公交线	20	2.9	60 分钟	40 分钟
长沙	鄱阳小区	3 条公交线	11.6	2.1	80 分钟	20 分钟
长沙	东岸梅园	5 条公交线	8	3.8	60 分钟	30 分钟
广州	大沙东	25 条公交线	14	4.2	80 分钟	40 分钟
广州	郭村小区	3 条公交线、地铁 5 号线	6.3	2.7	50 分钟	20 分钟
成都	东锦瑞苑	6 条公交线、地铁 4 号线	11	4.8	70 分钟	40 分钟

通过表中案例指标可以看出，城市级别不同，中心城区形式不同，对尺度的概念相差也比较大，因此距离远近差别较大：对某些超大和特大城市的尺度，距离 8～10km 并不算偏远，对某些中等城市，核心中心城区面积较小，只有 3～5km。但公交车的速度和人对消耗在上的时间的忍耐度是类似的，从这两个因素结合来看，还是可以得出一个大致的数值范围。前文已有数据，中心城区内交通拥堵，公交车时速约 10～15km/h，根据调研数据，在特大城市中心城区内早高峰耗时约 30 分钟，大中城市约 20 分钟。公交车在中心城区外时，速度约为 20km/h，通常取 45～60 分钟为通勤时间上限，可以反推出该子型距离中心城区距离约 5～8km。但距离较远而基础设施不佳的小区往往运行状况较差，不受保障群体欢迎，很多失败的案例就是由于只顾完成保障房建设套数指标，单纯考虑距离时间尚可接受，而忽略了城市配套设施完善度和公交车网络及发车密度这些重要因素，使居民花费的时间远超 45 分钟，造成保障房遇冷的尴尬。因此，综合数据和案例分析，这类需要叠合较多城市配套的小区，建议在距离中心城区 5km 范围内为宜。

4. 具有基本的生活配套，需大量叠合中心城区配套

依托中心城区叠合发展子型的配建应满足该区居民基本生活所需，还有部分公共服务设施则需要借助城市其他区域提供，叠合发展。

由于配套功能的面积有限，通常这类小区都能较快实现商业引

进和其他配套进驻工作，为保障性住房小区提供服务。也有部分回迁安置保障房，为每位回迁户提供一定面积的商业作为生产回报，商业面积只用于出租，而不用于销售。

依托中心城区叠合发展子型保障性住房小区配套服务设施　　表 3.23

		商业			教育			医疗	
		大卖场	便利店	商场	幼儿园	小学	中学	医院	药店
金顶阳光	小区内	×	√	×	×	×	×	×	√
	小区外	√	√	√	√	√	√	√	√
鄱阳小区	小区内	√	√	√	×	×	√	×	√
	小区外	√	√	×	√	√	√	√	√
郭村小区	小区内	×	√	√	√	×	×	×	×
	小区外	√	√	√	√	√	√	√	√
东锦瑞苑	小区内	×	√	√	√	√	√	×	√
	小区外	√	√	√	√	√	√	√	√
东岸梅园	小区内	×	√	×	√	×	×	×	√
	小区外	√	√	√	√	√	√	√	√

		生活娱乐			公共空间	
		餐饮	KTV	电影院	公园	广场
金顶阳光	小区内	√	×	×	×	×
	小区外	√	√	√	√	√
鄱阳小区	小区内	√	√	×	√	√
	小区外	√	√	×	√	×
郭村小区	小区内	√	√	×	×	×
	小区外	√	√	√	√	√
东锦瑞苑	小区内	√	√	×	×	×
	小区外	√	√	√	√	√
东岸梅园	小区内	√	×	×	×	√
	小区外	√	√	√	√	√

表 3.23 中，小区生活配套设施较为简单：中小型商业（包含小型超市、小商场、小型零售店、中小型餐饮、少数银行网点）、文化娱乐（网吧）、休憩（小区级绿地）、集散活动（小区内广场）、学习

培训（儿童培训机构）、教育（基本只包含幼儿园）、医疗（部分有社区医疗点）、外出交通服务等，只能满足居民日常基本的生活需求。还有很大一部分配套设施需要城市提供，这些功能包含：医疗（医院）、教育（中学、小学）、文化娱乐（图书馆、文化宫等）、其他商业（大型购物中心、大中型超市、多数银行网点、邮局）、休憩（公园、较大型的公共绿地）、集会活动（大型广场、体育馆）等。正因为其借助城市资源的种类更多，因此距离城市距离不宜过远，出行交通要相对完善。

从配套角度，由于距离城市中心城区较近，能非常便利地利用城市内各类资源，因此这种类型保障性住房小区的生活品质和对城市资源的获取都比自我完善型更有优势，已经比较接近中心城区的商品小区了。

5.依靠中心城区部分资源互动发展

依托中心城区叠合发展子型与带动城市新区发展子型最大的区别在于小区与城市叠合的程度。由于本类型小区规模较小，小区自身只能提供中小型商业和生活配套，商业吸附能力较弱，更多地需要借助城市资源叠合发展。而带动发展型则不同，由于其规模较大、人口较多，自身能解决大多数配套服务，商业吸附力较强，仅少数大型公共服务依托城市资源。

6.交通方式以城市公交系统为主

通过案例分析，从交通出行方式来看，超大城市和拥有轨道交通的特大城市会根据轨道线路运行，在沿线周边规划部分这类居住区，但由于这类居住小区在城市中数量较多，难以保证都和轨道交通关联，因此也有很大一部分是以公交车和快速公交系统解决。整体而言，这种类型小区是以公交系统为主，轨道交通为辅。未拥有轨道交通的特大城市和大中城市，则以普通公交车和快速公交系统为主，非机动车为辅。

3.2.5 有机更新融入城市子型的基本特点

有机更新融入城市子型（图 3.10）是在早期计划经济体制下，

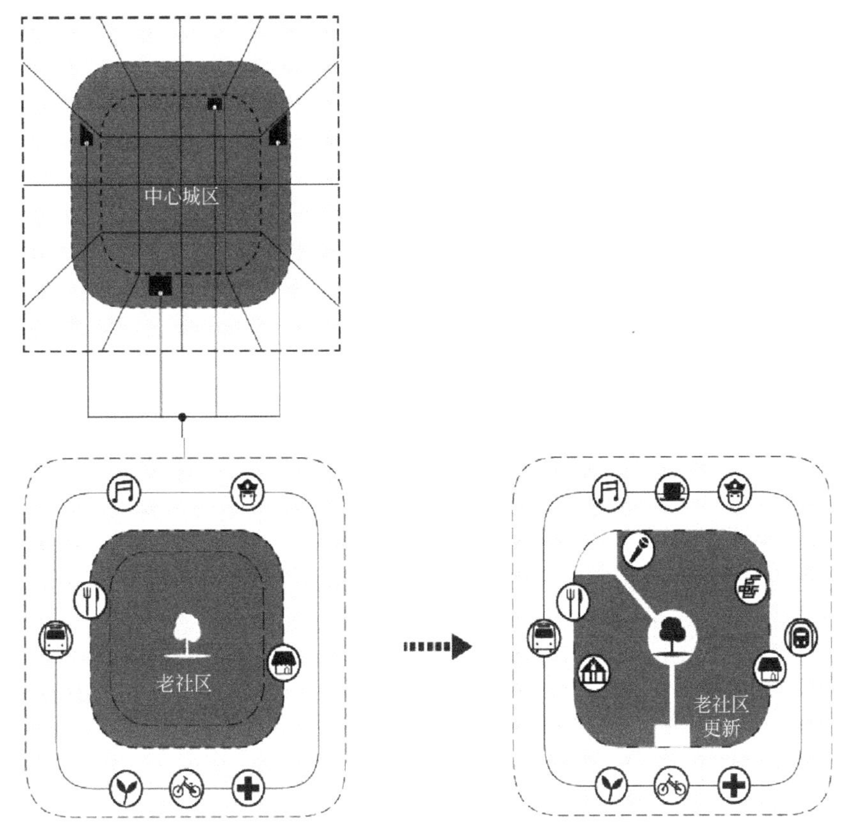

斑块融入型——有机更新融入城市子型

图 3.10　有机更新融入城市子型保障性住房小区空间模式图

住房全保障时期修建的保障性住房，这类保障性住房小区要在城市中存在，一般需要具备以下基本特点：

1. 由于城区扩张，逐步融入城市

1978—2014 年，中国城镇化率从 17.9%提升到 54.77%，年均提高 1.02%，经历了快速城镇化阶段。截至 2014 年末，中国城镇常住人口 7.4916 亿人，比上年末增加 1805 万人，城镇化率达到 54.77%。国务院在 2014 年提出，着重解决好现有“三个 1 亿人”问题，其中第二个 1 亿人中，城镇棚户区就包含部分这类保障性住房小区。

计划经济时期采用的是社会全保障住房政策，那时城市普遍规模不大，其核心城区较小。城市规划通常按照生产、生活混合布局，在单位附近修建住宅，成斑块状分布于城市和郊区之中。随着社会经济发展，城镇化率逐年提高，城市逐年扩张，很多城市郊区和周边农村，都逐渐归入城区范围或成为城中村。

这些保障性小区逐渐融入城市主体范围内，成为中心城区的一部分。在某些超大城市，由于城市扩张速度较快，早期保障性住房所在区位甚至还逐渐成为城市中心城区。

2.具备历时性，经历培育期

随着城市化进程加快带来的城市扩张，有机更新融入城市子型保障房社区逐步融入城市，其自身带有历时性特点。这类小区通常都已经存在20年以上，成为老社区。历时性与新建居住区有很多差异，最重要的一点就是新的居住区是市场化机制，居民来源、生活方式都随着城市新的发展节奏而变化，还没有形成自身的社区文脉关系；而老社区经过长时间培育，形成了每个社区独有的社区组织脉络、文化脉络、人际关系脉络，在社会服务、商业经营、居民活动、安全防护、医疗救助等方面具备真正社区意义上的自治[39]。这就是历时性保障房社区最大的特点。

经历了培育期的社区从城市视角看具有特定的社会价值，虽然其并非是历史保护街区或文化特色街区，不包含文物价值和过多的文化背景，但事实上具有几十年历史的街区已经是有一定社会价值和文化价值的城市有机组成部分了，包含建筑形象、高大树木、熟悉的路径、居民的记忆、在城市中的定位、自身特色和活动等，这些属性与城市息息相关，这类小区如同斑块散布在城市各个区位，正是城市特色和真正城市生活的反映。

3.居民置换形成新的产权关系，带来新的社区生态

老社区大多依托单位，这里的居住者住房由分配而来，随着时间推移，在国家房地产改革历程中，历经了企业发展变化、房屋产权改革、房改房、产权交易、城市更新等阶段，原有居民大批置换，从而形成新的产权关系。早期所有房屋都属于全保障住房，通过单位参与房改，形成房改房，变为半私人产权，再通过一定时间的限

制和补缴土地差价款，逐渐形成个人产权。产权虽然属于个人，但房屋起到的仍然是保障作用，属于保障房范畴。房产发生交易则产权发生变化，原有居民置换成新居民。原住民随着时间推移，会有不同的居住选择，有些随子女移居其他地点居住，有些购买新居搬家，有些会在新居与旧居间轮流居住，还有些和后代继续居住原地。新居民的来源有些是原居民后代继承居住，有些是新的租客。

老社区变迁对比　　**表 3.24**

时代	社区基本情况
20 世纪 50 年代	小区道路弯曲，绿地开敞，到处都是林荫道； 道路顺河流走向，建筑顺道路呈扇形打开，小区很好地顺应了自然环境； 运用“邻里单元”理念，至少 10%的社区用地为公共开放空间，每隔三栋至少有一处开放空间； 房屋楼栋间距超出城市现行日照间距
现在	建筑老化、规格不一、人口密度过高； 现居民老龄化严重，但社区缺乏适老化设施； 城市化以后，高密度条件使得小区很多基础设施超载

通过表 3.24 看到，居民置换还对社区生态带来新的影响，一方面，居民置换会改变社区脉络关系，会有新人、新的活动试图改变原有秩序。新的居民在城市更新的背景下，甚至会改变部分居住小区的功能属性。另一方面，新旧居民经历了磨合、协调后，又会逐步形成新的平衡，并且带来新的活力，形成新的社区生态。

4. 小区周边配套完善，生活便利

由于这一子型属于斑块融入型，基本位于中心城区或紧邻中心城区，因此其特点中不包含与中心城区的距离。这类小区由于规划建设时间早，按照当时的规划理念和社会经济发展状况，通常是以居住为主，辅以生活服务网点，如理发店、菜市场、小吃店、水果店等（图 3.11），社区服务如社区医院、公园、街道办事处等（图 3.12），配套服务设施的规模不大，多以网点形式存在于社区中，考虑居民使用距离，布点通常比较均匀（图 3.13）。由于当时社区的开放性，外来人员也可以较为便利地进入小区，因而配套设施在小区四周和内部都有存在。

图 3.11　曹杨农贸市场

图 3.12　兰溪青年公园

随着社会发展，城市逐渐形成了新的生活方式，各种生活服务由单位提供变为市场化行为，例如影剧院、大型超市、体育设施等。这些需求与小区原规划和建筑属性不符，小区自身通常也只能提供适合小开间、小进深的网点服务；但由于其位于城市中心城区，周边能够提供各种生活配套，并不限定由小区自我提供，因此生活非常便利，生活模式完全融入城市，这是斑块融入型的优势及特点。

5. 功能、形象均与城市发展不符，急需有机更新

有机融入城市子型保障性住房社区情况各不相同，有运行良好的，也有逐渐衰败的（图 3.14）。衰败的原因通常有以下几点：

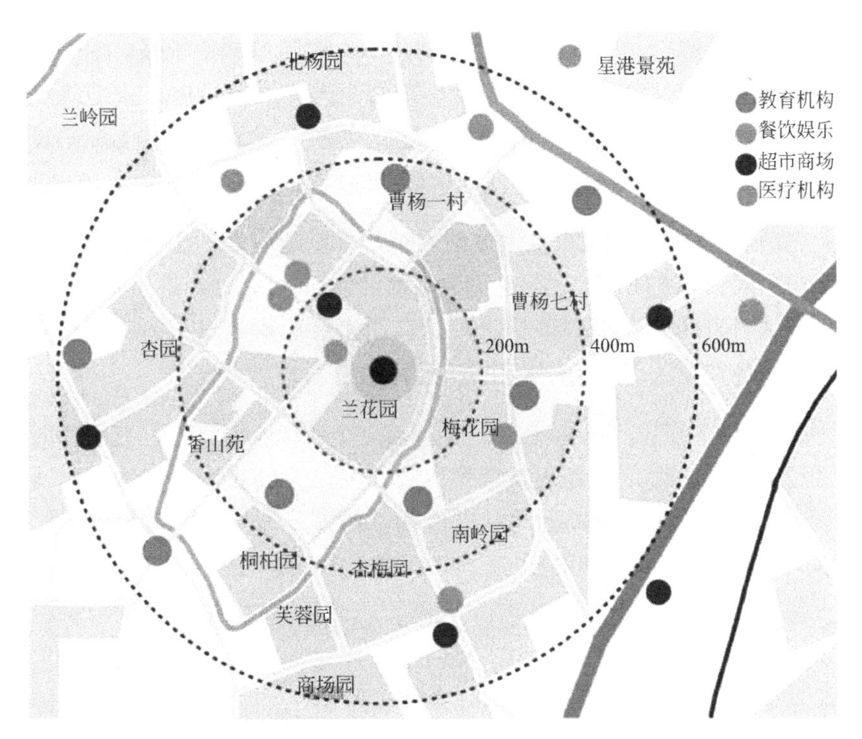

图 3.13　曹杨新村主要配套服务设施分布图

图 3.14　彭浦新村倒闭的沿街商铺

1）小区建设伊始缺乏整体规划指导，而随着城市发展，老社区规划布局、建筑间距、消防安全、道路交通、供水供电、户型等逐渐无法满足现行规范和人们的基本生活需求，更无法满足无障碍设计、采光日照、绿色建筑、绿地率等新的居住要求。

2）小区功能与城市发展逐渐不符，难以适应新的生活节奏和满足居民对住区的期望。虽然可以大量借助城市内的各类生活配套，但小区自身如果存在服务过于单一，例如最基本的出行、就餐、生活环境等都无法保证，则存在衰败的可能。

3）小区形象与城市定位不符。老的社区普遍为多层，有的当时经过了规划设计，还有的以自我生长为主，经过几十年的发展，逐渐形成了复杂的交通路径与社区空间，而其逐渐老旧的建筑形象与多数城市日新月异的面貌出现矛盾，成为“都市伤疤”。

4）小区经历了人口置换后，由于其相对老社区的属性，置换后的部分居民也是中低收入者，部分出租房内存在一些不法行为，很多该类小区为全开放边界，物业管理难度极大，在社会治安、社区安全等方面存在很大隐患，引发整个社区的衰败。

对于有可能衰败的老社区，就存在有机更新的需求。通常意义上城市更新是对城市中某些衰落的区域开展拆迁、改造建设，以新的功能替换已经衰败的空间，使之重新发展。一般包括两个内容：一是对建筑物等硬件的改造；二是对生态、空间、文化、视觉、游憩等环境的改造与延续，包括邻里间社会网络结构、情感依恋等软件的延续与更新。

6.借助城市强大交通体系，交通便利

有机更新融入城市子型的小区，由于已经处于城市中心城区或邻近中心城区，借助城市各种交通方式出行，十分便利。中心城区公交线网密度可达 3～4km/km^2，而由于其有历时性特点，经过多年发展，周边公交线路众多，超大城市往往还有轨道交通及快速公交线路，交通十分发达，可以完全融入城市生活，如上海曹杨新村（表 3.25）。

曹杨新村公共交通设施分布情况　　表 3.25

	站名	线路	位置
公交	文化馆	63、94、319、858、948	曹杨一村内
	兰溪路梅岭北路	63、948、44、94	曹杨五村和七村之间
	兰溪路花溪路	837、876	曹杨五村和七村之间
	梅岭北路枫桥路	63、319、948	曹杨一村、二村和七村之间
	兰溪路梅岭南路	319	曹杨五村和七村之间
	枣阳路杏山路	44、94、837、858、876	曹杨四村和周边新公寓之间
	普陀医院	63、319、858、948	曹杨二村和三村之间
	曹杨五村	44、94、837、876	曹杨五村旁
地铁	枫桥路	11 号线	距离曹杨新村 400m
	曹杨路	11 号线、3 号线、4 号线	距离曹杨新村 1.0km
	金沙江路	13 号线、3 号线、4 号线	距离曹杨新村 1.0km
	真如	11 号线	距离曹杨新村 1.1km
	大渡河路	13 号线	距离曹杨新村 1.4km
	隆德路	11 号线、13 号线	距离曹杨新村 1.8km

3.2.6 城区地块新建融入子型的基本特点

在中心城区中还有一种类型的保障性住房，即新建保障性住房小区，虽然数量不多，但仍是值得关注的一类（图 3.15），其具备以下特点：

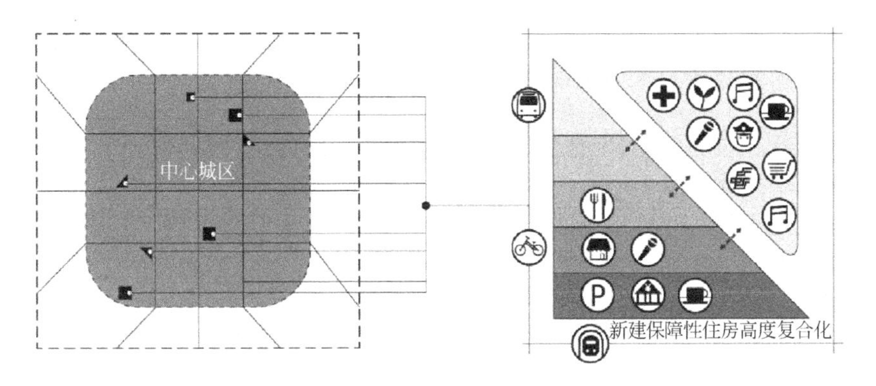

图 3.15　城区地块新建融入子型保障性住房小区空间模式图

1.用地稀缺，高层为主

中心城区通常是一个城市基础设施最为完善、道路交通网络最为密集、经济发展最为活跃的地区，土地供应本就稀缺，即便难得有土地出让，通常也进行商业开发，发挥土地效益。但仍然有少量土地可用于保障性住房建设，通常有以下原因：

1）大多数城市都有规定，旧城区和城中村改造项目，应在扣除拆迁安置用房后，按不低于规划面积的一定比例配建保障性住房，这一比例通常是5%。

2）中心城区也有核心地区和非核心地区，当对核心地区开展城市更新和拆迁开发时，政府提供多种拆迁模式选择，在中心城区非核心地区进行面积补偿的安置房，也属于住房保障范畴。

3）限价商品房也是保障性住房中的一种，为防止居住分异现象，开展混合居住试点，多包含在开发企业拿地的招拍挂附加条件中，这一类型在中心城区新建的保障性住房中占多数。

4）各国有企事业单位在中心城区的储备用地，如进行住宅建设，一般需配建一定比例的保障性住房。

这些保障性住宅多以配建的形式出现在中心城区，由于用地稀缺，在大型以上城市中，通常中心城区商业和住宅用地的规划容积率都较高，反映到建筑上就是这类建筑基本都以高层为主，在中等及小城市，出现部分小高层和多层建筑。由于其房源稀缺，并且是新建住宅，往往能够达到商品房同样的条件，有较高的品质[40]。

2.城市中心城区内配套齐全，自身定位明确

由于其属于斑块融入型，基本就位于中心城区或紧邻中心城区，新建保障房大多为配建形式，因此其生活配套取决于所在小区的整体配套，这其中既有所在小区规模较大，一应俱全的，例如影剧院、大型超市、百货商场等，也有所在小区配套并不完善的。但无论哪种，由于其斑块融入的特性，周边城市区域能提供各种生活配套，包含教育，医疗，运动休闲，交通出行，各种商业、文化设施等，因此具备非常便利的生活条件。

3.立体化、复合化的生活模式

中心城区新建小区具备功能复合化特征，即居住、商业、社区服务、停车等[41]，其住宅内也包含大户型高端住宅、改善型住宅、经济性小户型住宅和保障性住宅，住宅用途则包含居住、出租、小型公司、私家厨房等，生活模式高度融入城市，复合化、立体化的特征明显，而身处其中的保障性住房同样也具有这些特征，这一点是城区地块新建融入子型的优势。

社区功能构成复合化：在商业功能区中尝试导入差异化消费(中高端或时尚化商业业态)，能够引入社会其他阶层人士发生商业活动，寻求解决社区人口构成单一的相关问题。商业引入及公寓租赁，可以部分解决保障性住房使用者收入低及再生能力弱的问题，生产安置与生活安置相结合的复合化社区模式，是解决社会问题的一种途径。

社区城市界面复合化：由城市道路——小区外部公共空间——商业空间——小区内部公共空间——住宅构成的界面层次，对于城市而言，单一表皮转换为复合化表皮，由商业精品街、中型超市、复合化内街、社区活动用房等功能，在城市与住区之间形成一个充满活力的复合界面，无论在使用功能上还是景观节点上都可以起到沟通内外、促进融合的作用，弱化小区的边界线，形成复合而不混合的居住状态。

4.保障对象的界定：安置与公租房

这类保障性住房由于自身处于中心城区新建住宅区内，拥有极佳的地理位置和基础设施条件，以商品房来看都属于稀缺资源，作为保障性住房针对的保障对象则较为特殊。一般包含两类：

一类是异地拆迁的回迁安置房。政府基于规划对某一片区进行大规模更新计划，里面涉及大量的拆迁和安置工作。安置户一部分以货币拆迁方式解决，另一部分则会由政府以面积安置方式解决，这部分居民有可能仍能享受居住在中心城区的便利条件。

另一类是由政府新建保障性住房后，采用公共租赁房的形式对外出租，提供给中低收入群体，只租不售。用低于市场价或承租者经济能力可承受的价格，向新就业人员出租（包括一些新就业大学毕业生，还有一些从外地迁移到城市工作的群体）。部分地方规定的公共租赁住房供应群体则更加广泛，如上海将公共租赁住房供应对象由户籍人口扩大为常住人口，并且不设收入限制。

5. 借助城市强大交通体系，交通便利

城区地块新建融入子型的小区，已经处于城市中心城区内，借助城市各种交通方式（轨道、普通公交车、快速公交、非机动车）出行，周边公交线路众多，交通十分便利。中心城区公交线网密度可达 3～4km/km^2，可以完全融入城市生活。

3.3 影响三大形态类型的保障性住房发展的因素和潜在问题

3.3.1 自我完善型面临的问题

自我完善型最大的特点是与城市处于分离状态，因而面临的主要问题也就是与城市的关系。依托超大城市发展子型和依托企业及园区发展子型各自具有不同的背景，如果要建成和谐可持续发展的社区，面临着不同的挑战。

3.3.1.1 依托超大城市发展子型的问题

由于超大城市对工作岗位需求巨大，使得在这种类型社区居住的居民需要每天往返于中心城区与居住地，这类社区超大城市关系非常密切，其面临以下一些问题：

1. “低端住区”标签化的负面影响

社区通常由政府按照大型保障性住房社区统一规划定位，在社区内各个小区的建设过程中也会不断宣传其保障性住房属性。保障性住房本身就是提供给中低收入阶层的社会性住宅。由于资金投入较低、对保障住房概念的内涵外延的理解不足、完成保障房数量建设任务的紧迫性等原因，在早期保障性住房中建造了一批外立面低端、配套不够齐全、整体环境较差的小区；因入住居民的复杂性和多元性，又出现了居民文化素质较低、社区不文明现象较多、流动人员复杂等问题，甚至出现私搭乱建这样的违法行为。从物质化的建筑实体和环境，到小区口碑、社会生活、居民阶层等各方面，这类型保障房小区都被贴上了“低端住区”的标签（图 3.16，图 3.17）。

图 3.16　低端保障性小区违章乱建现象

图 3.17　低端保障性小区整体环境较差

低端标签的负面影响会损害弱势群体的利益，其收入增长速度、公共品消费水平和人力资本积累速度都会更低，进一步扩大收入差距，降低社会流动性，甚至在代际之间也会有影响。在城市中出现比较明显的贫富阶层空间分异，并且可能造成空间剥夺、居住隔离、公共空间漠视和阶层矛盾等负面的社会经济效应，加剧社会不公平，引发严重的社会问题。

依托超大城市发展子型因其规模巨大，通常以社区的形式存在，包含若干不同的小区。往往早期建设的小区档次较低，其低端化标签一旦建立，会在城市各个阶层中形成对整个社区错误的固化印象，从而影响社区的人口聚集和自我完善进程，也会影响社区中其他保障性住房小区和商品房小区的建设，影响中高端商业和社会资源的引入。通过中国目前一些这种类型社区的案例，各个城市都通过提高后期建设的保障性住房小区品质、提升公共服务水平、引进中高端商业和教育资源、开展绿色可持续社区建设等方法，改变“低端居住区”的标签符号，实现社区的自我完善。

2. 钟摆式生活带来的问题

每日大量居民往返于城市和分离型保障房小区，城市出行高峰期的钟摆式交通在本类型的保障性住房中体现得尤为明显。轨道交通是保证大型保障小区生活的基础，依据前文已述轨道交通线的最大运输能力，高峰期短时间内大量人员对轨道交通的冲击明显，并且容易引发群体性安全事故，同时也降低了居民生活质量。钟摆式交通还会对城市早晚交通高峰带来较大的冲击。

3. 中低收入人群居住与就业在空间层面的分离

超大型保障性住房社区的建设，其功能定位通常是以居住、市民消费、普通商品住房为主，强调居住和生活配套。但由于其人口众多规模巨大，如果仅把中心城区作为唯一的就业目的地，不仅带来上下班高峰期的钟摆式交通问题，人员流动单一，社区生活模式单调，还从形态上导致社区中心集中在交通核附近，中心与边缘的居住条件异化明显，以致整个社区的完善集中在某几个点上，难以起到以线状串联带动整个社区均衡发展的作用。同时，在社区营建的过程中，人员也会逐渐复杂，除了青壮年劳动力，还会有随行家属、老人、小孩等，这其中有些人员具备一定生产能力，但每日往返中心城区不现实，就近就业显得尤为重要。

4.城市发展（扩张）的影响

城市的发展是动态的，不是一成不变的。在一个城市的总体规划和保障性住房规划编制过程中，要结合城市各个中心、次中心、产业方向、人员流动模拟、交通规划等方面，对本类型的超大型社区的选址和未来的发展进行科学的预测，避免出现南辕北辙，城市未来发展方向与特大型保障性住房在城市空间、功能定位、产业支撑、人员流动等方面“空间失配”的局面。一个自我完善型的社区从规划建设到良性运转，可能需要10年以上的时间，这就要对城市发展的预期有长远的判断，把超大型保障性住房社区作为整个城市的一个有机组成部分来看待。

上海市新的大型居住社区建设提出的选址原则中就包含：新城聚集，即依托某些城镇既有的产业布局条件，周边建设大型保障房社区，促进人口汇聚，带动周边发展，力争做到保障房住区与城市空间发展的“空间适配”。

3.3.1.2　依托企业及园区子型的问题

1.企业发展的可持续性

企业和园区对工作岗位的需求，是这种类型社区能聚集人口的根本原因。企业自身受发展的周期性、经营的风险性、产业自身有无可持续性等多种因素影响。一个企业如果在行业大环境较好，管理经营较成功的情况下，具备可持续发展的潜力，那么其居住区即提供保障的社区也能得到人口和资金的支持，继续自我完善。反之，如果企业所在行业逐步夕阳化，如资源型企业面临资源枯竭、经营管理不善、产业技术升级等问题，导致企业自身发展不具备可持续性，那么其居住区也必然面临人员流失，缺乏资金支持，逐渐衰落的局面。因此，企业发展的可持续性对依托其发展的自我完善型保障性住房社区具有决定意义。

这一点在中国很多计划经济下的资源型企业中表现得较为明显，这些企业在三线建设时期刻意没有依托城市，而是选择在城市周围几十公里，甚至山区中建设，当市场经济代替计划经济后，交通的劣势逐渐明显，因而这类企业很可能面临衰败。而几乎所有国内大中城市都遍布各类产业园区，在某一个经济发展阶段是能够建立依托园区发展子型社区的，但经济周期的变化和企业自身经营的风险，常常导致很多园区逐渐荒废，由此这种建立在企业和园区内的住宅区，也就具有不能持续发展的风险。

2.居民更替引发的居住地点选择

依托企业和园区的住宅区，由于企业的发展和对人才需求的变化，必然带来居民的更替。对于老的国有企业，居民更替主要体现在老工人退休、新工人上岗、与周边城市居民的融合，在住宅所有权问题上就会出现继承、交易购买，进而出现住宅拆除、新建、改建更新等新的需求。对于园区内的企业，人员流动主要体现在务工人员及管理人员上，在住宅区的更新上主要是面临务工人员年龄和生活方式的变化，由此带来的对社区功能和空间的新需求。

由于近年来园区与城市间交通条件的改善，机动车购买率的上升，很多员工会考虑选择企业所依托的城市作为居住点，从而享受城市所拥有的更为完备的配套服务和资源，导致原有社区衰败。

3.居民对居住品质的要求导致的社区更新

随着社会发展，居民对住宅居住品质的要求越来越高，这一点从居住区规范和住宅设计规范的不断更新中可以看出。这些要求包含环境、景观、绿色建筑、日照、通风、节能、间距、停车、休闲、户型、外观、层高、房间面积规定等方面，新建建筑可以按照新标准满足这些要求，而老社区由于具有历时性，很多建造时候的规范和标准都大大低于现行要求。依托大企业的社区往往具有工业企业的背景，很多重工业企业还存在较为严重的环境污染因素，生产基地的空气、水质、粉尘、噪声等方面有一定隐患，居住区又混杂于生产区周围，降低了居住品质。这些因素会影响企业员工是否选择老的社区作为生活地点，进而影响传统自我完善型小区的可持续发展。

从建筑结构角度，早期兴建的企业住宅楼大多为多层砖混结构，使用已超过20年，结构开裂、渗水等问题司空见惯；从建筑设备角度，水电负荷严重落后于现代生活要求，需要一次次增容改造，使得建筑外立面满布各类管线，既不安全也影响居住环境美观；从建筑功能布局角度，早期的户型存在暗厕、暗厅、开敞楼梯间、厨卫面积小、楼梯间宽度不足等问题；从建筑造型角度，这些住宅经过较长时间使用，无论建造时使用的是面砖、干粘石、涂料等哪种材料，限于工艺精度和时间因素，大多呈现出老旧的面貌，需要对外立面进行重新装饰。以上这些不足，涉及结构和户型的较难变动，涉及管网和立面的需要资金投入，都成为提升老社区居住品质的难题。

4.社区功能单一，完善配套

依托企业园区发展的保障性住房社区有个鲜明的特点，就是依托企业形成相对封闭的小社会，这一点与依托超大城市的社区不同。由于人口和企业资金的支持，其功能配置较为完善，但相比于真正的城市，在整体功能的配套上还是较为单一，这一点从前文所述两种社区功能配套表中可以看出。一些大型超市、家具市场、建材市场、电脑城等在企业型社区中较为少见，因为规模和需求无法支撑这些商业设施，而大型文化馆、高级中学、大型医院等公共服务设施，随着人口组成变化和企业经营情况变化，经常出现难以良性维系的状况。

公共服务设施整体需要较大的资金投入，文化类场馆需要有不断更新的文化资源或展品、演出等支撑，企业效益好的年份可以投入资金购买文化资源，但按照目前现代企业发展的趋势，越来越强调财务核算资金流向，很难再有这类专项资金支持，寄希望剥离这些功能交给社会经营，而脱离大型企业后这些配套对社会资源的吸引力显然较弱。同理，学校、医院等，一旦被剥离企业，自身生存是很大问题。

商业配套具有周期性、灵活性，人口支撑极为重要。很多商业模式需要资金、收益快速流动，商业空间的功能也经常变化，这些在城市中可以消化，而在企业型社区中就存在较大风险，因此企业型社区往往具有保障生活基本需求的商业类型，对空间要求较高的高投入商业类型较少，而这些业态又对很多居民具有较大吸引力。

3.3.2 城市叠加型面临的问题

1.“低端居住”标签化

城市叠加型保障性住房小区同样面临“低端居住区”的标签化影响，会在城市各个阶层中形成对整个社区错误的固化印象，影响社区中其他商品房小区的建设，功能配套上影响中高端商业和社会资源的引入。事实上，保障性住房小区同样是居住区的一种，与商品住宅区并无实质不同，同样是容纳居民的居住社区，只是由于其保障属性具有几点特殊性：居民为中低收入阶层，由于经济能力差别导致的部分行为习惯的差别；居民来源于各类保障群体，小区居民组成不同于普通小区，老年人和残障人士比例相对略高于商品小区；小区容积率、住宅户数、套面积上限的特殊性，使小区空间较为局促，小区密度较大；大部分由政府投资，规定了具体的造价，投入有限，使得建筑材料和建造细节有别于商品小区，从而导致整体外形观感品质不高。

低端居住区的标签化，带来的负面影响是巨大的。从社会发展层面，容易形成居住分异再到社会分异，影响社会和谐；在城市发展层面，容易形成城市形象、治安、景观、空间的消极区域，甚至波及周边较大范围，影响整个片区的发展；在居住区层面，由于周边市民对居住区有低端化印象，本质上导致了各种不平等，小区内会形成自我封闭的防御意识，从而减少与城市的良性互动和交流。

2.交通联系便利的考验

由于这类居住小区在城市中数量多，在有轨道交通的城市，通常以公交系统为主，轨道交通为辅。未拥有轨道交通的特大城市和大中城市，以普通公交车和快速公交系统为主。

运送能力和距离是交通便利性的两个重要方面。运送能力不足会影响小区居民工作出行，距离过远则会使居民在往返路途上消耗大量时间和精力。保障房摇号和分配遇冷的事件时有发生，政府投入大量资金建设了环境良好、租金低廉的新房，提升中低收入人群的居住品质，按理应该供不应求。从调研分析中看到，居民大多数感觉距离太远，交通不便利，宁可领取资金补助，蜗居在中心城区棚户区内，接受房租高、面积小、居住环境老旧的居住条件。正因为是中低收入阶层，更会从实际交通、精力投入的效率上评判小区对生活品质是否有实质提高。

3.城市叠加配套功能的完善过程

城市叠加型必然存在部分功能配套需要借助城市资源以满足居民各方面的需求。由于土地财政和城市基础设施建设滞后等原因，很多这类保障性住房小区都选址在较为偏远的城市地段，周边公共社会资源配置不足，例如，学校、医院、文化设施、公园等，面对偏远区域的商业导入，如大型超市、餐饮娱乐、银行邮局、教育培训等必然有滞后性，综合看来，就会出现保障性住房小区仅能提供居住与附属少量的生活配套，满足不了居民各类生活需求，从而导致叠加部分出现问题。

4.就业与再生产机会提供

居住用地布局需方便生活和工作，而目前很多小区出现的问题就是只考虑提供住宅，而没有把居住和就业联系起来。中低收入阶层工作的稳定性不足，变换工作地点与再就业的频率较高，容易出现居住与就业地距离过远、回迁安置居民缺乏二次就业机会、就业提供区域过度集中于城市中心区等问题。

5.一次性建设与可持续发展之间的关系

中国保障性住房建设是由中央制定年度计划，逐级分解到省、市、区，在计划落实的过程中，由于各级政府的监督和督查，大干快上地完成年度指标是根本任务，通常一次性建设是工作重点，缺乏区一级基层关于数量、质量、配套、可持续发展等的中长期规划，而小区建设和投用又是一个历时性变化过程，通常需要3～5年，忽视规划、建设、交通、配套、入住、再就业、周边开发等阶段的衔接，容易导致叠加型小区自我完善的时间加长。

同时，用地一次性规划设计完毕，缺乏分期实施的调整空间。往往前一期住户入住后回访，发现布局、公共空间、户型、配套等存在一些问题，在后续建设中无法修改，造成实际居住品质降低。

6.叠加部位的城市界面问题

既然是城市叠加型，叠加的部位是以怎样的空间形态存在就是不容回避的问题。因为功能的叠加是使用层面的，实现功能是在空间层面上的。中国近年来城市叠加型的保障房小区通常有两种形态，早期的一种是以围墙和围栏作为地块分隔的边界，将保障房小区直接“置入城市”，而不是“植入城市”。后来开始强调公共建筑的商业价值，又出现以商业店面作为分隔界面的小区设计。这两种做法都存在一个问题，就是把保障性住房小区与城市空间、城市市民的活动以硬质界面分开，其不利之处在于阻断了本就存在阶层差异的保障对象与普通市民的交流，隔离了内外两重空间。

3.3.3 斑块融入型面临的问题

1.资本力量与保障房的博弈

无论哪种类型的斑块融入型保障房，都处于中心城区，在中心城区建设就必然面临土地价值及其开发背后的利益选择问题。对于政府、开发商、保障对象三方之间的关系而言，如果说其余两类保障房小区的建设在这三方之间还处于一种互相制约和平衡的状态，那么斑块融入型则很容易使政府和开发商的利益趋于一致，在中心城区的土地开发中利用资本的力量，将利益最大化。政府取得巨额土地出让金，开发商得到开发利益。原有的棚户区保障对象则面临着强制拆迁或者拆迁后低价的补偿，得到的拆迁补偿和保障补贴若无法使他们获得改善居住条件的住房，利益便会受损。

棚户区改造通常有“以面换面”的操作方法，即在原址还等量面积住房给原有居民，开发商的利益主要通过容积率的提高获得面积。近年来随着棚改措施的逐渐成熟，开发商渐渐放弃了原址换面的方式，提倡异地安置、资金安置等方式，既可以促成棚户区的改造，又可以起到去库存的作用。但这种方式最终必然导致原住民（其中包含很多保障对象）被驱离中心城区，逐渐边缘化。这和美国芝加哥学派的同心圆理论类似，但不同之处在于中低收入阶层得到的不是便利的城市资源，而是远离中心，迁往配套并不完善的周边地区。所以，需要警惕的是通过建设斑块融入型保障性住房，损害保障对象的利益。

2. 历时性老居住区的文脉断裂

有机更新融入子型中的很多原有小区，都在中心城区存在了多年，虽然老旧不堪，设施不全，消防隐患较多，但不可否认的是社区自身拥有了独特的空间关系、人际交往肌理、与城市的空间交往关系，甚至有的老社区内部还存在街巷的文化基因和一些值得保护的留存物。这些无形的价值往往随着城市更新而一铲了之，原有的老城市、老街道、老房子、老邻居、老情怀、老味道全部消失殆尽。例如，在长沙西长街西侧的地块有机更新中，就曾经在地下开挖到古长沙千年城墙遗址，这本是城市最宝贵的文化遗产和文物，也是一个古城最大的骄傲，但在各方利益的交锋后，仍然被大部分损毁，盖了摩天大楼，只留存了一小段 20m 长的老墙体，不能不说是一种遗憾。

3. 地块稀缺下的非平衡性思维

保障性住房的对象是城市中低收入阶层，他们对片区商业的拉动能力较低，从人员素质角度看也存在素质偏低的情况，包含较多的农村拆迁户、外来流动人口、城市低保户等。保障性住房地块边缘化形成的不平衡性，造成优质地块显然不能用来建保障房的思维定式。这不仅会形成社会资源不公平，更重要的是从城市整体空间角度考虑，保障房分布的不均衡会带来职住分离，居住分异现象。因此，加强在中心城区保障房房源的布点是解决空间非平衡性的重要方法。

4. 保障对象的选择和退出机制

毫无疑问，位于中心城区内的保障性住房资源是十分稀缺的，分配给什么样的保障对象也值得研究。保障对象的范围在近些年已经越来越广，从早期的户籍人口中的低保户、低收入住房困难家庭，到城市中低收入阶层，再到新就业职工和外来务工人员，甚至在某些城市把引进人才也列入保障对象之中。可见，住房保障体系本来就是一个不断发展变化的体系，相应的保障对象的范围也是随着国家和城市的实力逐步扩大。这些保障对象中有些对租金价格很敏感，其需求是低廉的租金，相应地付出一些交通和时间成本是可以接受的。而有些保障对象则对租金不那么敏感，例如新就业大学生，其收入未来会呈现增长趋势，他们可能对时间成本更为在意，宁愿付出相对多一点的租金，而选择城市配套齐全、生活便利或与工作地接近的房源。因此，政府可以通过区位、配套、价格杠杆等多种手段，选择居住在中心城区的保障对象。

正因为中心城区的保障房房源紧张，对于租赁型保障房，更应该关注退出机制的建立。不能让某些不符合条件的人长期占用宝贵的房源，对于中心城区的房源，可以考虑限定期限的租赁合同，建立轮换机制。同时，还应该加强督查监督机制。面对这种稀缺资源，很容易出现利用得到的公租房转租牟利的情况，必须予以避免。

3.4 本章小结

通过对基础调研数据的整理和分析，发现居民生活安置与再就业生产之间的关系、开发与保障之间的关系、保障性住房小区与城市之间的关系、保障对象享受社会资源与城市供给的关系等，都可以汇集到——保障性住房与城市关联度的密切程度上。具有不同关联度的保障性住房小区与城市之间形成了不同的形态构成类型，本章将这些形态构成划分为三大类型和 6 种子型。

自我完善型：从和城市关联度的角度分析，一个保障性住房小区或者社区，能够仅依靠自身各类配套，就基本满足居民的生活需求，可以称为自我完善型。这种类型一般出现在超大城市周边及一些大型企业的生活区或大型工业园区周边，这些特殊的存在条件形成了这一大类自我完善型保障性住房住区，包含依托超大城市发展子型和依托企业及园区子型两种。

城市叠加型：如果保障性住房小区位于城市中心城区以外，除了自身具备的各类配套设施外，还要依托中心城区的服务，才能满足全部生活需求，这种类型的保障性住房小区可以称之为城市叠加型。这种类型是各个城市里最多的一种保障房小区，广泛分布于城市中心城区边缘及周边，具有自身的特点。由于自身规模大小和对城市的关联程度不同，可以划分为自身带动城市发展子型和依托中心城区叠合发展子型。

斑块融入型：从和城市关联度的角度分析，如果保障性住房小区本身处于城市中心城区，如同斑块一样分布，大多数生活需求由周边城市配套提供，居民的生活行为和生活模式与城市生活高度融合，小区与城市间有极密切的关联度，那么可称之为斑块融入型。这类小区数量不多，但这种类型十分重要，而且越来越多的城市面临这样的需求和项目。这种类型对于化解诸多选址难题背后的空间非平衡性问题，解决某些特定保障对象的居住问题很有意义。可以从改建还是新建、与城市的关联度来划分为有机更新融入城市子型和城区地块新建融入子型。

在以上定义的基础上，分析了不同子型的保障性住房小区的基本特点，有的特殊类型还分析了其存在条件。这些特点涵盖了存在基础、大致规模、与中心城区距离和关联程度、配套设施完善度、就业岗位特点、交通方式和便利度等方面，基本能够对不同类型的保障房住区有定性和定量的描述。

最后提出各个子型未来发展面临的主要问题，包含低端标签化的非公平性、钟摆式生活的影响、居住分异现象、可持续性、居民更替引发的社区更新、居民再就业与生产用地、保障对象区分下的租金策略等，这些问题既是挑战，也是解决一系列城市空间分布问题的契机，笔者将在后续章节的研究中尝试解决。

4

保障性住房制度建构的宏观策略

保障性住房建设包含宏观、中观、微观三个层面的工作，三个方面各有侧重，也都有其必要性（图 4.1），宏观策略包含准入、建设、运营、退出等制度层面，中观层面策略主要是保障房与城市空间关联度的形态构成，微观层面策略则包括保障房与城市空间界面、公共空间营造与住宅设计等方面。法律规范制度层面的策略，是保障房建设的依据和保证，搭建了在中国政治制度、经济和社会发展水平下的主体建设框架，从前文的分析中可以看出，中国保障房建设发展过程中很多弊病和障碍都是宏观政策层面的策略滞后或者失误引起的，因此制度层面的建设非常重要；保障房与城市空间关联度的形态构成则影响着制度和政策在城市层面的落地问题，制度再合理、建筑再实用，位置偏远、配套不足、交通不便，这些周边环境因素，均不利于保障房良性运转，也很难为中低收入阶层提供合适的住宅；微观层面的居住区设计、建筑设计、公共空间营造等则

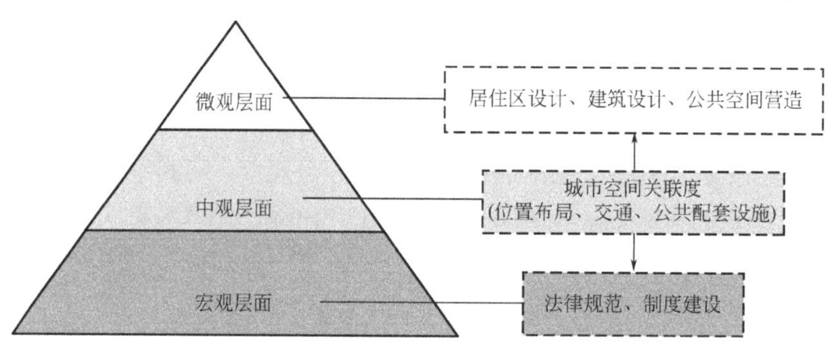

图 4.1　保障性住房制度建构模式图

与人的具体生活紧密相关，是所有保障性住房建设的物化结果，中低收入阶层是在保障房中安居乐业还是怨声载道，很大程度上是由最终提供的住宅来体现。由此可见，保障性住房的宏观、中观、微观三者的研究缺一不可。

笔者通过分析保障性住房建设中城市空间、保障性人群的生活方式变化、保障房的建设与运行模式等影响因素，从城市空间关联性的角度切入，总结出自我完善型、城市叠加型、斑块融入型等三大类型及细分的六大子型各自的空间构成要素和特点，本章将尝试在中国住房改革制度发展历程的大背景下，对保障性住房制度建构的宏观策略进行研究总结。

保障性住房在宏观层面，包含立法和制度两个方面。立法是保障房建设实施的保证和依据。住房保障作为社会保障的重要内容之一，其政策各环节涉及社会公平、各个主体间的利益博弈，必须从法律上确定一些根本的内容，才能保证实施的有效性和长期稳定性，法律体现的是原则性。同时，诸如保障对象的准入条件、建设主体及资金来源方式、保障房管理的模式、保障人退出机制监管、信息公开与跟踪等具体事务，应随着社会经济发展和各个地方的非平衡发展，灵活调整与因地制宜，这些需要具体的规章制度来运行。规章制度不能违背法律设定的原则，不能超过法律设定的边界。随着制度的成熟，可以逐步过渡成法律或提起法律条文的修订。因此法律的原则性结合各类规章制度的灵活性，是宏观层面互相补充的两个方面。

4.1 住房保障法规和制度的属性

建立长期稳定的保障性住房法规体系十分重要，是一切建设和管理的依据。发达国家和地区的保障房立法通常包含三个方面：

1.明确国家（地区）作为保障主体，规定住房保障专门机构，如新加坡的建屋发展局、日本的建设省住宅局、中国香港房委会和房屋署、美国的联邦住房建设局等。

2.立法保证财政资金的稳定性，立法明确固定比例的财政资金用于建设保障房。同时引导其他主体出资建设保障房，为保障房供给整体目标服务，如美国通过私人资源开展住房保障。

3.保证保障房制度的公正性。在保障房申请资格、分配方式等信息上公开透明。

2009年6月，国内首部保障房地方法规《厦门市保障性住房管理条例》实施。该条例对损毁和改变结构、配套设施的行为，提出了收回房屋并处2000元至1万元不等罚款。之后，重庆和上海等地也出台了关于保障房的地方法规。随着中国“十二五”期间3600万套保障房建成，国家层面的住房保障法律仍然没有制定出来，这也成为当务之急。

参照国外保障性住房相关法律尽快出台中国住房保障法，可以明确政府的主体责任，还可以规范保障房分配、管理、退出等环节。尤其可以对虚假申报、转租转售、闲置保障房开展法律意义上的惩罚，让管理有法可依，同时改变中国保障房概念混乱、政策突变的弊端。重点包含以下方面：

1.在法律层面上明确中国保障性住房属性、目标、主体、原则，明确中央政府和各省、市级政府的职责、分工等。

2.构建中国住房保障体系，明确保障对象、保障类型、保障标准等；对各个类型的标准、申请程序、退出程序予以明确，并做好和相应法规的衔接。

3.明确资金来源和筹集渠道，尤其是要以法律形式明确各级政府每年在公共财政开支中为保障性住房提供资金的占比。

4.法律层面确定保障对象信息的准确性和严肃性，对于提供虚假材料、违规使用、破坏保障房、利用保障房违法牟利、拒不退出等行为，设定法律意义上的惩罚措施。

应该注意到中国目前还处于经济和社会快速发展的阶段，从国家经济实力、各阶层关系等方面，受政治、经济周期、收入变化、城镇化发展等因素的影响较大，居民的收入水平、居住条件还没有达到国外发达国家较稳定的状态，处于发展和变化中。因此，法律层面的规定既需要保证把原来一些比较模糊的原则问题确定下来，如性质、对象、资金来源、处罚等，也需要在某些方面保持灵活性，如申报条件、保障标准、退出条件、补贴标准、其他渠道筹集资金的范围等，根据一定时期的政治、经济、社会发展阶段，以规章制度的形式调整，待成熟后修订为法律条文。

确定这些具体的条文和规定前，要把握中国住房保障法律法规建构的一些基本属性，包含社会公平性、保障适度性、长期动态性、地区非平衡性等。

4.1.1 社会公平性

公平性原则包含自由平等和机会均等两个原则。自由平等原则：社会中的所有成员都有能平等享受社会发展成果和社会公共服务的权利，这里既包含新生代农民工也包含城镇居民。机会均等原则：政府需要为所有公民创造促进自身发展的公平机会，尤其是新生代外来务工人员。社会成员在获取公共服务产品方面具有均等的权利。其中公共服务的公平性主要包括公共安全、公共事业、基本民生、公益性服务 4 个方面。这些公共服务如就业、医疗、养老、教育等，影响个人收入高低、居住保障、个人发展机会等。社会成员越能公平地享受基本公共服务，社会就越稳定，社会公平与正义的价值观才能逐步确立。

住房保障体系按照对保障对象的保障力度可以划分为三个层次：高强度全保障、中强度部分保障、低强度税费保障（图 4.2）。高强度全保障是政府对无法解决住房问题的低收入群体的几乎免租金的保障；中强度部分保障是对有一定经济能力，但不足以直接支付房款和租金的低收入人群的保障；低强度税费保障是以住房公积金、减免税费等方式对中低收入阶层的住房支持[42]。至于中等以上收入阶层，按照中国住房改革总体方针，就不再依靠住房保障体系，而是依靠公积金系统，通过商品房市场的购买或租赁解决居住问题。

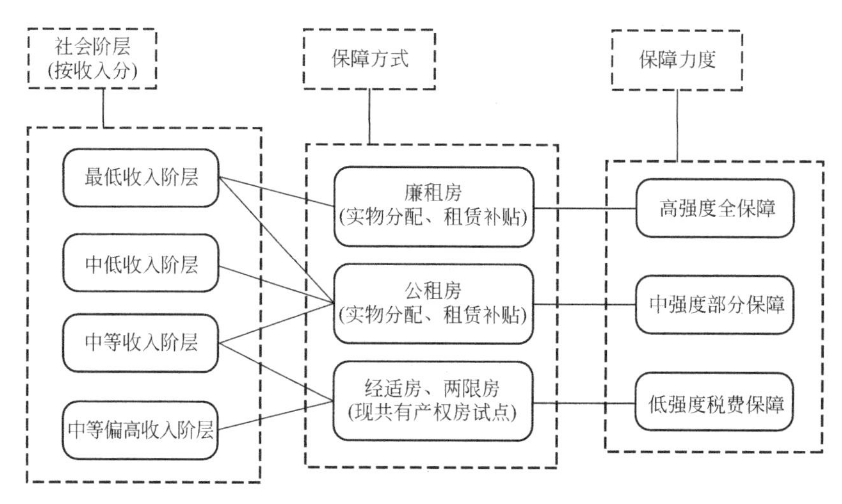

图 4.2 中国保障性住房体系的层次分类

住房保障属于国家福利政策，必须体现社会公平，因此法律和制度设计应突出公平原则。保障不足与保障过度都是不公平的。保障不足的弊端显而易见，保障过度则易被忽视，不仅浪费了本就不多的保障资源，还带来了一系列社会问题。比如产权型保障房的获得和产权交易就需要特别核算，因为城市非保障对象的劳动者只能通过商品房市场获得住房，同样需要辛苦奋斗，花费数年甚至数十年，如果因为保障人群的贫穷反而可以轻易坐享房屋产权，这就是另外一种社会不公平。又如经济适用房户型超标，就是另一种变相的保障过度。还有经适房上市交易政策，在产权交易中保障对象将获得的利益远超于他们补交的土地税费，因此助长了很多不良风气。一方面成为各个阶层中得到保障房的人获取财富的手段，另一方面也使安置居民产生不思进取的心态。

住房保障制度本身纯粹是一种社会福利救助，应该不带有牟利空间，涉及利益得失应该进入商品房市场。所以强调社会公平性也是对保障房政策和商品房政策的一个区分，在中国房地产发展历程中，就出现过对保障房和商品房界限不分而带来的很多混乱局面。简单地把住宅都看成房地产市场，一旦任由商品房市场发展，则房价虚高，中低收入阶层买不起房，政策就转向建设保障房，一旦建设大量保障房，又发生改变供需比例，调控措施过度产生大量库存房，接着又需要一系列调控措施加大去库存力度，有可能又一次刺激投机而价格大涨（图 4.3）。造成这种恶性循环的很大一个原因就是忽视保障房的社会公平性，将保障房也纳入房地产市场作为供需一方的要素，而事实上保障房是针对特定人群的社会救助性质的住房，与房地产市场应该界限分明。

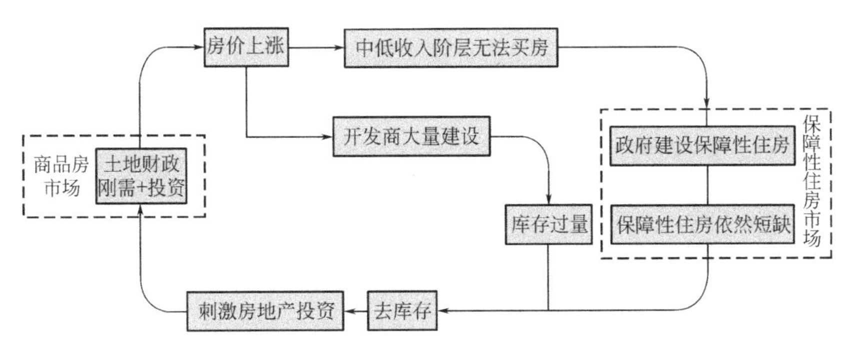

图 4.3　保障性住房界限不明引起的房地产市场恶性循环

立法层面解决保障过度破坏公平性问题的方法，就必须坚持收入水平和居住条件两个标准同时满足，制定出恰当的保障标准。否则国家不管投入多少保障房也不够，并让真正需要保障的对象无法获得住房。

立法层面解决保障不足的问题主要依靠以长期居住地而非狭义的户籍所在地确定保障对象。将在城镇居住一定时长的非户籍人口统一纳入保障对象，逐渐消除城乡二元非公平性，同时针对不同地域发展情况提供相应支持，化解地域非公平性。

4.1.2　保障适度性

制定保障性住房发展的长期目标，离不开明确保障房的数量和建造标准，这就存在一个适度性的问题。在法律层面应该明确建设和管理的适度边界，才不会脱离经济社会发展的水平。中国在经历了保障房建设缺位的时期后，开始以中央政府指定性的套数计划为手段，大规模推进保障性住房建设，“十二五”期间就提出建设 3600 万套保障房。这些措施作为十多年建设缺位的补偿，属于应急措施无可厚非，但由于缺乏法律层面对保障对象、保障标准、土地供应、资金来源、建设标准等的规定和规范，这种套数计划的计算方式就显得不够科学，仅仅是依靠不够严谨的城镇化率计算出城镇人口，再以20%中低收入人群覆盖而折算得出。至于对整个套数计划在各省市层面的数量分解，以及各种保障房类型的数量分解则更加缺乏精准的计算依据。政府需要科学制定保障房建设数量及建造标准的规划，保持保障房建设规模的适度性，以防出现过度供给的浪费现象。

要想保持适度性，还得避免政策制度受客观经济形势影响造成的波动性和变动性问题。保障房需求旺盛不仅源于人口的增长，还源于缺乏保障目标和保障对象的精准界定。从2008年10月到2015年6月，北京市保障房备案家庭累积数量从7.3万户增加至近40万户，保障性住房的供给始终跟不上旺盛的需求，严重滞后。造成这个问题的原因当然很复杂，从适度性角度解读可以看出，政府并未把保障房的存量与新增保障对象的增量精确计算，使得政府自身面临巨大的保障压力。如果能针对存量建立退出机制，逐步放开增量，开展建设，则能保持一个较为稳定的供需关系。

除了数量，保障房建设标准也应适度，包含建造面积和建造标准。过于局促和简陋，既无法满足现代社会生活、行为方式的需求，也不符合建筑可持续发展的需要，甚至成为城市“洼地”而很快面临拆除。过于宽敞和奢侈，在城市用地紧张的情况下，安置数量就会减少，同时建设资金会更加紧张，而且与普通人购买商品房相比，破坏社会公平。总体说来，现阶段的保障标准，人均居住面积应该按一定比例低于统计报告上的城镇居民人均居住面积，但建筑自身的建造应该符合长期、绿色、宜居的标准，同时把重点放在公共空间的营造和城市选址的平衡性上。

4.1.3 长期动态性

中国住房保障的发展必然随经济社会的发展，经历一个长期的建设过程，同时在这个过程中又会面临保障对象的能力、范围、模式、需求的变化，呈现出一种动态性。

保障住房的长期动态性包含：

1. 家庭需求更新变化的长期动态性（图 4.4）。困难家庭的需求会经历无房到有房的第一阶段，此时政府能够提供满足各项生活条件的坚固、卫生、安全的有一定面积的住房是第一需求。第二阶段需求是希望住宅所在地区交通便利、配套齐全、与工作地距离适宜等。第三阶段有可能希望面积增加，服务更好，也可能从单身宿舍变为家庭住房，甚至从租到买。这种递进消费结构，不会随着几年的保障性住房建设而一次到位，必定是逐步按阶段改善住房条件。

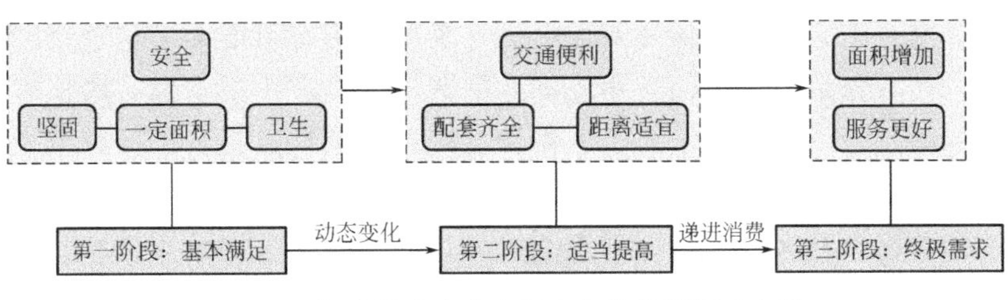

图 4.4　保障性住房家庭需求变化的长期动态性

2. 保障房小区发展的长期动态性。虽然目前中国保障房建设面临选址偏远、城市非平衡性等现状，但如同第三章所分类的那样，还是可以依据保障房与城市的关联性划分为自我完善、城市叠加、斑块融入三种类型，偏选的社区从有人搬去居住到良性运转，需要较长时间来逐步发展聚集；城市叠加型小区犹如在一个有机体中植入一个新的细胞，必然需要时间互通有无，逐渐融入原有肌理中，甚至能够成为带动区域发展的子型；老城区中的斑块融入型则更不能采用大拆大建的模式，需要顺应城市肌理，对原区域的居民、建筑、周边发展环境作细致的研究，再确定建设方案，而且应该呈点式推进，即小块用地改造，形成网状分布，进而在城市范围建立平衡性。

3. 保障对象变化和保障房比例的长期动态性。居民及家庭的收入是随着各种因素而变化的，因此保障对象的发展也是动态变化的；比如有的家庭会随着工作的进展逐步向上流动，由廉租条件向公租条件再向符合经适房条件发展，最终脱离保障对象的身份，进入商品房市场；也有家庭会长期处于某一种保障对象条件下；还有家庭会在某几种条件间上下浮动。这些动态性因素都会对保障规模大小和不同类型保障房比例产生影响，为此保障性住房应维持一定存量规模并根据预测提前调整建设计划，满足这种动态需求。从这个意义上说，政府应保证手头有很大比例的租赁型保障房，而产权型保障房出售后就失去了这部分房源，需要重新获得土地进行建设，但又可以在新的房源中结合需求的变化调整房屋类型比例和数量，从而形成均衡。

4.保障人口数量与构成的长期动态性。一个地区的保障性人口的数量和构成会随着这个地区的经济社会发展而变化，尤其是中国将外来务工人员纳入保障对象后，外来居民很有可能会随着这个城市的产业繁荣或凋敝而发生流动。申请门槛设定中通常都有居住时间的限定，但外来务工人员工作具有流动性的特点，对于远离家乡的一个工作城市，除了靠工作机会和收入吸引务工者，城市对保障房的建设和社区氛围等因素也会对外来务工者的选择带来影响，而且随着未来农民工市民化的发展趋势，每个城市都需要逐步在城市软环境上提高竞争力，因为人才是一个城市发展的真正动力。外来人口流动的不确定性，需要在各省、市、县之间进行统筹与协调，全国人口流动的大趋势需要中央政府层面通过数据分析，作出宏观的计划，住房保障的退出机制也应具有一定弹性。

5.保障房制度建设的长期动态性。中国还处于城镇化率快速提高的阶段，未来会有大量的外来人口逐步落户城市，保障房制度会面临着国际经济环境改变（如周期性金融危机）、国内经济及建设情况改变（保障房与房地产去库存）、人员知识学历构成的变化（务工人员学历提升）、国家经济结构的调整（产业升级和转移）、地区经济发展（家乡发展对务工者回流的吸引力）、相关法律法规的颁布（留守儿童随迁至父母工作地）等发生一系列动态变化，但要坚持法律和制度的长期稳定性，不能让制度被外来变化因素牵着走，而要构建稳定并富有弹性的制度框架。

4.1.4 地区非平衡性

前文所述的地区非公平性中，由于中国幅员辽阔，地区发展不均衡，因此每个地区保障房建设也就面临不同的情况，需要有针对性的制度。例如在东部、中部、西部地区从事第一、二、三产业的分布就呈现出明显的区别，东部明显以第二产业居多，而西部地区则第三产业居多。第二产业主要集中在制造业和建筑业，对应的居住空间有单位员工宿舍与工棚、租赁住房等，第三产业主要集中在批发、零售业、居民服务等行业，对应的居住空间有生产经营场所和租赁住房等，这样的非平衡性会对相应城市提供保障房的类型、比例带来相应的区别（表 4.1）。

东西部外来务工人员居住差异 **表 4.1**

地区	重点产业	行业	普遍居住空间
东部地区	第二产业	制造业、建筑业	单位员工宿舍、工棚、租房
西部地区	第三产业	批发、零售业、居民服务	生产经营场所、租赁住房

从保障对象的扩大趋势看，农民工市民化是大势所趋，因此研究每个地区哪些农民工群体是未来保障对象，提供什么标准的保障房是十分重要的。根据国家统计局抽样调查结果，2014 年全国农民工总量为 27395 万人，其中外出农民工 16821 万人，本地农民工 10574 万人。可以看到，本地农民工占 38.6%，而外出农民工里，省内流动的农民工又有 8954 万人，尤其是东部地区，省内流动的农民工占该地区外出农民工的 81.7%（图 4.5）。

这些农民工在附近的城镇务工，具有一定的乡土肌理延续、相近的生活习惯和本土情结，也更具备便利的回乡条件，这部分群体应该是未来市民化的主要人群，可为部分长期留城的务工人员提供产权型保障房，其余提供公租房。外出农民工多数是以务工为目的，除少数事业发展较好的人会选择在务工地定居外，其余大部分仍然是以工作为目的，因此提供中期、短期的保障房为宜，以公租房为主。可结合本地区外出农民工和本地农民工比例，通过调研意向，制定出符合地区特点的保障房供给计划。例如，中西部地区是外来务工人员输出的主要地点，大约有 60%的农民工在东部地区务工，中西部各占 20%。因此，东部地区接受了较多比例的外出跨省农民工，在东部地区修建保障房，就可以适当加大租赁型保障房比例，

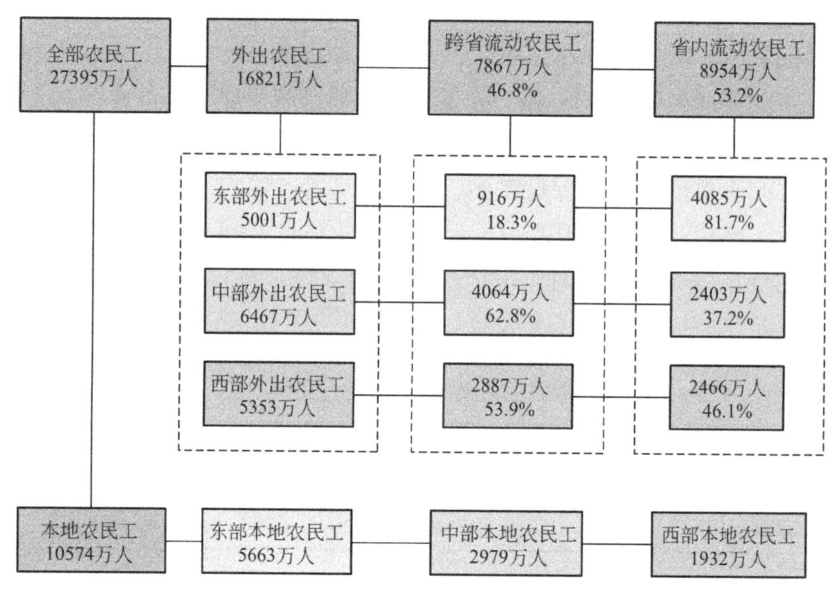

图 4.5 2014 年全国农民工流动趋势

图片来源：根据国家统计局发布的 2014 年全国农民工监测调查报告绘制

而中西部地区省内农民工和本地农民工较多，可适当提高产权型保障房比例。

在全部农民工中，16425 万人在东部地区务工；5793 万人在中部地区务工；5105 万人在西部地区务工。在西部地区务工农民工增速较快，主要由于就近就地转移加快。与 2013 年相比，西部地区本地农民工增长了 4.1%（图 4.6）。这也提示我们，随着中西部地区的发展和产业转移浪潮，未来农民工外出务工的目的地可能会有新的特点，在东部地区的城市随着低端制造业的转移和高端产业的升级，对于具备一定高学历人才、高技能的农民工的保障需要提高比例，中西部地区则应该重视制造业回流带来的园区

图 4.6 2014 年全国农民工就业分布人数（万人）

图片来源：根据国家统计局发布的 2014 年全国农民工监测调查报告绘制

型企业宿舍保障房的供给。

流入地级以上城市的农民工比重继续上升：在外出农民工中，流入地级以上城市的农民工10885万人，占64.7%，比2013年提高0.8%。其中，1359万人流入直辖市，比2013年下降0.4%；3774万人流入省会城市，比2013年提高0.4%；5752万人流入地级市，比2013年提高0.8%。此外，77%的跨省流动农民工流入地级以上大城市，比2013年提高0.4%；53.9%的省内流动农民工流入地级以上大城市，比2013年提高0.1%（表4.2）。

2014年外出农民工流向地区分布及构成　　表4.2

地区	人数(万人)	比重	比上年增加	跨省流动	比上年增加
直辖市	1359	8.1%	−0.4%	77%	0.4%
省会城市	3774	22.4%	0.4%	省内流动	比上年增加
地级市	5752	34.2%	0.8%	54%	0.1%

4.2 保障主体、保障房类型、保障标准和保障方式

4.2.1 保障主体

不同国家的不同城市，在发展过程中，都会存在中低收入阶层，而基本居住权是文明社会的基本人权，政府和全社会应该为低收入者提供最基本住房保障。保障房建设的主体应该是政府，理由是：

1.只有政府才能集中代表社会各阶层利益，其中也就包含了中低收入阶层的利益，而住房保障是一项需要涉及社会各个方面的社会活动，只有政府才能够将各种资源整合起来。

2.住房保障资金投入巨大而又带有公益性质，普通个人或企业自身难以应对，政府可以通过直接投入或相关政策调动全社会的资源。

3.住房保障的程序复杂，必须依靠政府的公信力和组织力，才能保证社会资源不被乱用，切实维护社会公平。

作为建设主体的政府，应该首先明确保障性住房在中国整个国民社会保障中的意义，绝不仅是为低收入者提供基本住宅那么简单，更重要的是促进社会融合，创造和谐社会。其次，政府不该仅从经济层面的财务支出与回报上看待保障性住房建设，而应从社会学角度衡量，看到对其长期经营是一种重要的民生投资。忽视保障性住房的空间布局将使低收入群体无法获得公平的社会服务，导致贫困的集聚，增加社会风险。在城市偏远地段集中建设保障房，从短期看符合土地财政下的经济利益，但长远看其运营成本和社会成本政府未必会受益。还可以通过法律条文，将保障性住房建设的综合评价纳入政府考核，督促地方政府加大保障性住房建设力度和提高管理水平。

建立以政府为主体，其他多层次二级主体的保障体系：

中央政府和地方政府作为保障性住房建设主体，仅是基础性平台和社会信用层面的保障，但仅依靠政府的财政投入是无法做好的，还需要引入其他社会主体，明确各自责任和分工，积极作为，共同构建多层次主体的保障体系。

中央政府的主体责任：跨省流动人口管理；加大保障性住房建设资金投入，根据不同省市人口流入与流出情况，制定合理的资金计划。

地方政府的主体责任：提供住宅或土地建设保障房；提供相应的资金预算；协调地区的社会力量，建设和管理保障房。

企业和单位的主体责任：解决本单位员工住房问题，尤其是其中中低收入者和外来务工者的居住条件的改善，在政府出台激励和优惠政策下，可加大对员工集体宿舍的投入与更新。

社会公益组织：国外的公益机构或教会组织等，能够以众筹的形式将社会公众的微薄力量汇聚起来，为政府规章制度以外的部分保障群体提供临时住房服务，解决燃眉之急。在中国，慈善和公益事业还处于起步阶段，应该看到近些年的发展非常迅速，同样也可以成为保障房建设的主体之一。

4.2.2 保障房类型

经过近20年的住房制度改革，中国初步建立了多层次的住房保障体系。包括经济适用房、廉租房、公共租赁房、棚改房等类型。各种类型的保障房都有其形成阶段和特点。

经济适用房是中国20世纪90年代刚开始启动住房制度改革时，针对中低收入群体设定的保障房。当时房改的目标是确立住房是商品的观念，引导大家从福利分房的思维向购买拥有产权的自有住房转变。因此，当时整个社会市场经济意识初步建立，流动人口有限，房价不高，城市人口则大部分居住在条件不好的公房中。经济适用房具有产权。

廉租房大规模开始建设，并提出具体操作办法始于2007年，其保障对象是城市低收入家庭的住房困难户。经历了10年房地产业的高速发展，住房商品化已深入人心，由于政府调控能力有限和资本的逐利性、市民的投机性，房价高企，同时随着社会经济发展，出现了大量下岗职工、无业居民和外来务工人员，这些人群逐渐失去了公房的庇护，同时又没有能力购买商品房，社会矛盾出现，政府开始关注低收入群体而推出廉租房。廉租房不提供产权。

公共租赁住房大量建设出现在2010年，其对象是不属于低收入人群但住房困难的人员，后期逐渐纳入城市外来务工人员。社会上最低收入人群可以依靠廉租房，中低收入者可以依靠经适房解决住房问题，但二者之间的部分人群却两种保障房的条件都不满足而处于失去保障的状况，因此公租房的推出重点解决夹心层的住房问题。公租房不提供产权。

棚改房、危改房（回迁安置房较早开始实施）、旧改房等类型在2012年开始大规模推进，其对象是针对原有城镇住宅人群，目的是为改造地方环境，改善城市面貌。棚改房、危改房、旧改房一般具有产权。

中国保障性住房从类型上来说问题在于：

1.保障性住房种类繁多，除以上几种外，还有农民工公寓、动迁安置房、合作型保障房、自住型商品保障房等。令申请人无所适从，甚至连管理者也说不清楚。

2.保障房类型和政策受经济和社会发展的影响过大：运动式建设保障房。例如廉租房、公租房、棚改房都是特定历史条件和矛盾下的产物。每个阶段都是以国务院文件的形式下达指标，由各省市完成任务。虽然政府制定政策的目的是解决每个特定阶段的矛盾，但如果能有法律层面的界定和规划，则可以避免走弯路。

以产权模式划分保障房类型：

早期经适房类型是以出售为主，具有产权；后期公租房及其他保障房类型是以租赁为主，不具备产权。整体来划分，保障房的类型最根本在于有无产权，即分为产权型保障房和租赁型保障房。有的阶段是出售为主，有的阶段变为租赁为主，未来则向着租售并举的均衡方向发展[43]。

南京市规划局刘光治提出应当减少对资源长期占有，建议保障房停止提供产权式，全部改为租赁型，以长期、中期、短期划分。从国外的发展看来，居民在适合的租赁型保障房长期居住后，若经济条件有改善，还是有很强的意愿购买产权。同时保障房本身也不完全是针对低收入阶层，中等和中低收入阶层也应该提供广义上的住房保障，这类人群可以考虑提供完整或部分产权房。以居住时间划分保障房类型：短期、中期、长期居住划分保障房。

中国目前大部分产权型保障房是以普通中小户型住宅形式出现的，即单元式住宅，也包含部分廊式住宅。租赁型保障房则以内廊或外廊式住宅为主。随着公租房范围的扩大和保障人群的增加，应该拓宽保障房具体类型，可逐渐吸收成套单人型宿舍、企业员工集体宿舍、城市更新中厂房仓库改造房、其他建筑类型改造、集装箱改造临时安置房等类型为保障房。更多类型的引入，也可以从建筑设计层面使保障房多元化。针对短期居住保障房，只需满足最基本的居住条件，而不必过多考虑日照、绿地率等因素，这样可以增加很大一批建筑作为短期保障房源，例如内廊式公寓（因有一半住房朝北无法满足《住宅设计规范》，通常无法当作住宅），或某些市内旧建筑改造（绿地率、停车数等达不到住宅区相应指标）。

4.2.3 保障标准

保障房的目的是为国家中低收入阶层住房困难群体提供救助性住房保障，保障标准的基础是符合国家经济发展水平。经济发达阶段提供高标准，经济不发达阶段提供基本保障标准，不能超越自身能力和城市化发展条件，超越社会一般居住水平。中国自1998年开始住房改革，保障房建设历经经适房、廉租房、限价房、公租房等阶段，对每种类型保障标准都有规定，这些规定有的是固定的，有的则不断变化，有的则因为保障类型的含混而不清晰。正因如此，在立法阶段，对保障类型和标准应该不是以各个发展阶段的名称来区分，因为事物在发展，类型本身也会发生性质和适用人群的变化，例如经适房演化出的限价房、共有产权房等，同时又会由于面临的对象和经济社会发展，有新的名称出现，这会给住房保障法律的长期性和基本含义带来模糊认识，不利于管理者和被保障者理解政策，甚至带来某种窃取公共利益的行为。

保障面积和标准需把握几个基本原则：

1.符合中国自身社会和经济发展水平，不能定出过于奢侈的面积标准。总体说来，中国人口基数巨大，人均土地面积较为紧张，应该遵循高效利用空间的总体原则。

2.参考其他国家和地区的居住标准。参考建立在分析各国、地区之间经济实力的差距、土地面积规模大小、人民生活习惯、城市化进程等多种因素的基础上。例如中国国土面积和美国相近，但经济水平和人口总数则大不相同；日本和中国香港同属于亚洲地区，有类似的家庭观念和生活习惯，人口密度较大，但彼此的土地面积又不相同。

3. 参考中国城市人均住房面积的发展趋势和标准（图 4.7）。中国住房改革实施以来，城市居民居住面积逐年提高，中国目前人居住房面积基本达到世界中高收入水平。出于社会公平性的角度，保障房的面积标准应该低于城市人均住房面积。

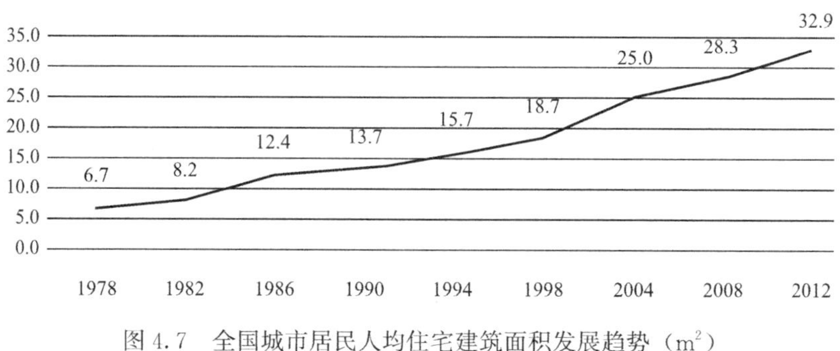

图 4.7　全国城市居民人均住宅建筑面积发展趋势（m^2）

图片来源：根据国家统计局数据绘制

4. 面积只是居住的一个方面，住房质量和标准同样需要法律界定。原建设部政策研究中心陈淮曾表示，中国住房质量不高，未来15～20 年，现有住宅有很多会面临拆除重建的可能。住房功能不完善、外墙材料低档、配套不全，垃圾处理、雨水污水排放、外部环境、居住安全等环境和品质水平还比较低。商品房尚且面临这么多问题，保障房在质量和环境等方面则更加需要提升到法律层面的界定，以免开发出品质远低于商品房的保障房，形成社会问题。

2007 年，建设部、国家发改委、国土资源部、人民银行等七部门联合发布的《经济适用住房管理办法》规定市、县人民政府可根据自身条件，确定经济适用住房的户型面积和各种户型的比例。确定保障人群申请资格通常是两个标准，一个是家庭收入标准处于中低收入水平，另一个是居住条件困难。这两点由各地区根据自身的商品房价格、居民可支配性收入、居住水平、家庭人口结构来制定，是一个可变的标准。北京经适房采用人均住房面积≤10m^2，上海经适房则采用的≤15m^2 为居住条件困难。北京廉租房采用人均住房面积≤7.5m^2，上海廉租房则采用≤7m^2 为居住条件困难。保障房面积标准必然大于认定的居住条件困难标准。

从中国保障房发展历程可以看出，所谓经适房、廉租房、公租房、限价房、棚户区改造房等，都是不同时期应对突出矛盾，或面对不同经济社会环境进行的分类，具有临时性和随意性，由此也会带来保障标准的混乱和滞后。从保障房根本的属性看，法律层面确定的保障房标准不应该根据这些类型划分。按照前文保障房类型的划分，从根本上中国保障房应分为产权型保障房和租赁型保障房两类。产权型房理论上是属于中低收入阶层，有一定能力通过财政补贴手段购买完整或部分产权的人群，其保障标准可以适当加大，与城市居民平均住房面积对接。租赁型房则针对的是低收入阶层，短时期内没有能力过渡到产权型房的人群，保障面积标准应以满足其基本生活需求为主，更多地体现保障房的福利性和社会公平性，保障面积不宜过大。整体而言，中国保障性住房保障标准应该仅分为产权型保障房面积和租赁型保障房面积两类。

中国在不同时期和不同省市，针对不同类型保障房，有了一系列的规定（表 4.3）：

部分地区不同时期保障性住房规定　　表 4.3

时间	范围	政策	类型	面积要求
2007	全国	《经济适用住房管理办法》	经适房	单套建筑面积控制在 $60m^2$ 左右
2007	全国	《廉租住房保障办法》	廉租房	单套建筑面积 $50m^2$ 以内
2010	全国	《关于加快发展公共租赁住房的指导意见》	公租房	单套建筑面积严格控制在 $60m^2$ 以下
2008	北京	《北京市限价商品住房管理办法(试行)》	限价房	建筑面积以 $90m^2$ 以下为主： 一居室控制在 $60m^2$ 以下； 二居室控制在 $75m^2$ 以下
2008	南京	《南京市廉租住房保障实施细则》	廉租房	实物配租住房的建筑面积： 2 人及 2 人以下户控制在 $40m^2$ 左右； 3 人及 3 人以上户控制在 $50m^2$ 左右
2008	南京	《南京市经济适用住房管理实施细则》	经适房	建筑面积控制在 $60m^2$ 左右： 1 人户控制在 $40m^2$ 左右； 2 人户控制在 $50m^2$ 左右

续表

时间	范围	政策	类型	面积要求
2008	郑州	《郑州市廉租住房保障办法》	廉租房	实物配租保障面积原则上不超过 $50m^2$/户
2010	郑州	《郑州市经济适用房管理办法》	经适房	小套型住房单套建筑面积控制在 $70m^2$ 内，中套型住房单套建筑面积控制在 $90m^2$ 内
2012	南京	《南京市保障性限价住房管理办法（试行）》	限价房	套型面积以 $65m^2$、$75m^2$、$86m^2$ 左右的中小户型为主
2014	深圳	《深圳市公共租赁住房轮候与配租暂行办法》	公租房	建筑面积以 $65m^2$ 以下小户型为主： 单身居民、两人家庭配租建筑面积 $35m^2$ 左右； 2～3 人家庭配租建筑面积为 $50m^2$ 左右； 3 人及以上家庭配租建筑面积为 $65m^2$ 左右； 建筑面积超过 $70m^2$ 的房源根据情况面向 5 人及以上家庭配租

普遍看来，根据国家文件和各省市设定的标准，廉租房套面积基本在 $50m^2$ 以内，公租房和经适房则在 $60m^2$ 以内。若按照户均 3 人计算，则基本人均住房面积约为 15～$20m^2$。2014 年中国城市人均住房面积约 $35m^2$，保障房面积应该低于这个标准。综合起来，可以在目前阶段，设定中国产权型保障房人均面积 $\leqslant 25m^2$，租赁型保障房人均面积 $\leqslant 20m^2$。产权型标准在目前阶段基础上适当增加，考虑的是中低收入阶层要花很大代价才有可能购买产权型房，对这个群体的大部分人而言，再次购买商品房或者大幅增加个人收入是比较困难的，这套保障房有可能需要长期居住，甚至 2 代、3 代居住，将面积控制得偏小，不利于产权型保障房居住的长期适应性。同时，随着国家计划生育政策的调整，未来生养二孩的家庭数量会增多，在保障群体中也会有所增加，因此在目前国家基本标准上，适当增加户型设计面积是有必要的。如参考商品房中户型设计，$80m^2$ 基本是三房一厅最紧凑的布局模式，可以满足三口之家至四口之家居住，

有很强的经济性和适用性。租赁型房大部分是应对中、短期居住，主要以满足基本居住需求为主。考虑到保障性住房可租可售的模式，户型设计应该具备多样性。整体说来，租赁型保障面积标准可考虑在 40～60m^2 之间，产权型保障房可考虑在 50～90m^2 之间。

在法律层面，保障标准除面积外，还应规定居住品质的基本原则，包含住宅功能齐备、周边配套齐全、相对便利的交通条件、合理的区位位置、合格的建筑质量、良好的社区环境、安全的居住环境等。这些要求有的可以定量规定，有的可以定性规定。这些关于保障房品质的标准设定也能从某种意义上防止中国目前大量保障性住房位于远郊，引发的城市空间非平衡性和非公平性问题。有学者提出，要将保障房的品质标准完整地写入法律中，也有学者提出廉租房的洗手间和厨房可以效仿曾经的筒子楼采取公用，住房仅提供私人居住空间，这也是预防福利过度的建议。这些建议在中国不同城市和不同学者间还存在一定的争议性，还需学界进一步论证，因此有些内容可不必规定得过于具体，但原则应写入法律，代表整体发展方向。

4.2.4 保障方式

住房保障方式通常可分为实物保障和货币补贴两种。

实物保障方式是政府直接投资进行保障房建设或通过政策补贴给企业进行保障房建设；建成后，以住房实物的方式提供给中低收入者，通常称为“补砖头”。中国保障体系中公租房、廉租房、经适房都包含在内。

货币补贴模式是政府以现金补贴、转账支票、住房优惠券等方式向低收入者按人数提供补贴，可以提高其租房或购房能力。这种包含提供租金折扣的公租房或直接补贴去租住商品房的方式通称为“补人头”。

住房实物保障和租赁货币补贴这两种保障方式执行的时机和利弊并不相同，应根据不同地区具体情况选择适合的保障方式。尤其在中国东西部差距较大、城乡差别较大、经济社会发展不平衡的阶段，各地区更应该审慎选择。从中央政府的执行层面，也应该意识到这种差别，给予各省市更多的自主权，并配合相应的支持政策。但也应从法律层面，强制性推动各个地区保障性住房制度的发展，之后逐步提高标准。

实物补贴从国外和国内发展的情况看，基本适用于中低收入阶层住房需求大、保障房数量奇缺的阶段，通常在城市工业化进程加快和城镇化率快速提高的时期，此时大量人口涌入城市，城市无法提供充足的保障住房。这种情况下作为保障主体的政府，可以考虑大量建设保障性住房，作为政府兜底的社会住房，维持基本的需求。这个阶段如果急于开展货币补贴，有以下不足：首先是政府资金有限，广泛发放补贴，容易形成撒胡椒面的效果，即无法解决部分最低收入者的住房问题，所有被资助者都只能从资金上缓解困难，大部分人仍然租不起商品房；其次，政府资金有限，如果都以补贴形式发放，若干年下来资金投入不少，可政府手中仍然没有基本的保障房源，无法解决一大部分住房困难群体的住房需求。相反，大规模建造保障房可以以政府投资的形式拉动经济，保障房建设也属于住房建设的一个部分，住房建设对经济的上下游产业拉动作用十分明显。中国遭遇 1998 年亚洲金融危机和 2008 年全球金融危机后，开展的保障房建设就有经济建设层面的考虑。

应该看到，实物补贴有其特定的阶段和数量限定。如果过多的保障房投入市场，一方面国家将背负沉重的财政负担，同时对正常的商品房地产行业带来冲击，使得部分有能力购买商品房的人群，通过各种渠道购买、租赁保障房，这显然对国民经济会带来冲击，是不利的。这里需要强调的是保障房的救助属性，而非商品属性，只能是提供给住房困难群体的一种救助措施，保障房和商品房的界限应该要清晰。

货币补贴目前在发达国家十分普遍，尤其是美国，通过各种类型的住房券和金融产品，为中低收入者提供直接、间接的补贴。货币补贴最大的优点在于领取补贴者具有一定的选择空间。保障房源来源固定，通常都无法保证与被保障者工作地的距离和交通便利性，这也使得他们要花费更多时间和金钱在路途上，同时户型和环境的限制也无法满足所有被保障者，通过住房补贴，可以降低其资金压力，以较低的房租得到更中意的住宅，这是让困难群体实实在在得到实惠的措施，也能同时解决目前保障房建设非平衡性和非公平性问题。保障者可以通过领取补贴，自由更换住所地点，这是适应低收入者工作状态的[44]。

中国在“十二五”期间，基本完成了3600万套保障房建设的任务，加上之前建设的各类保障房，应该说政府手中已有了满足最低收入群体兜底的保障房数量，在下一个阶段，需要仔细分析统计保障房源和被保障人数量之间的关系，防止集中建设过多保障房带来的数量增长与广大中低收入阶层需求的脱节，把重心转移到补砖头的实效性和货币补贴的人群范围的界定与补贴额度调整上。

4.3 保障对象的变化与预判

保障对象和保障主体、保障类型、保障标准、保障方式一样都是建立稳定的保障性住房法规体系的非常重要的组成部分，之所以单独进行研究，是因为保障对象是人，保障房到底保障谁？如何界定标准？广义上的保障对象和狭义上的保障对象划分不清楚，就会给保障房法规体系的建立和执行带来很多模糊标准，可能让该得到保障的人得不到优惠，不该被保障的钻政策的漏洞得利。

保障房对象具有多层次，且各城市根据自身情况有所侧重。不同城市的不同发展阶段，为了特定的目标，保障对象可能不完全一样。社会中每个人所处的阶层变动、经济条件的变化、社会趋势发生的变化、政府保障能力的变化都可能对保障对象的界定产生影响。如果能够对保障对象的变化趋势和规律作出预判，就可以提前作出针对性的保障方案。

4.3.1 保障对象

广义上的保障对象，应该包含接受政府或社会机构实物、货币补贴，金融支持等各种帮助形式，获得或提高居住水平的人群。广义的保障对象除了狭义对象外，还包含中等及中高收入者中利用公积金购房和租房，不满足保障房申请门槛但仍住房困难的群体，自身身份及城市出于某种目的提供住房支持的群体（拆迁安置房及人才引进住房）。狭义上的保障对象，特指中国法律和制度规定，政府为城镇中低收入住房困难家庭所提供的限定标准、限定价格或租金的住房，强调的是救助性保障，从根本上属于全社会（以政府为主体）为困难群体提供住房援助。因此，从定义上可以看出中国住房保障对象需具备两个条件：城镇中低收入阶层和住房困难家庭。必须是这两个条件同时满足，才能具备保障资格。

城镇中低收入阶层根据国家统计局按收入等级划分城镇居民家庭情况，自 2013 年开始用新的划分标准，分为 5 档，包含前 2 档——低收入户及中等偏下户，仍然是 40％的人口。按照中国 56％的城镇化率，大约涉及 3 亿人，约 1 亿户（户均 2.97 人）。

住房困难家庭的界定，各地并不完全相同，通常是以各城市人均居住面积的 40％来计算。

回顾中国名目繁多的保障房类型，要剖析其对象是否符合这一标准。廉租房、公租房、经适房，大多由国家和各省市确定详细的申请标准，可以认定为有明确对象的保障房。实物配租型廉租保障房面对的是最低收入群体，租住者可以极低租金居住（表 4.4）。

部分城市廉租住房申请要求　　表 4.4

时间	城市	收入要求	住房条件要求
2010	重庆	家庭人均月收入低于城镇居民最低生活保障标准(2010 年为 260 元)	家庭人均住宅使用面积＜ $6m^2$(三代同堂的＜ $7m^2$)

续表

时间	城市	收入要求	住房条件要求
2010	北京	上年人均月收入连续一年低于580元。1人户家庭年收入低于6960元；2人户低于13920元（申请家庭每增加1人，增加6960元）	家庭住房人均使用面积＜7.5m^2
2013	杭州	家庭人均月收入低于杭州市区城镇居民低保标准的2.5倍（含）（2013年为1860元）	家庭人均住房建筑面积≤15m^2，或三人以上家庭住房建筑面积≤45m^2

公租型保障房面向的是中等偏下收入家庭，他们有一定经济能力，但仍没有能力购买商品住房（表4.5）。

部分城市公共租赁住房申请要求　　表4.5

时间	城市	收入要求	住房条件要求
2010	郑州	人均月收入低于城镇居民最低生活保障标准的5倍（2010年为1500元）	无自有住房或未租住公有住房
2014	南京	人均月收入2421元以下	住房建筑面积在人均15m^{2}以下
2015	长沙	人均可支配收入每月≤2524元	无房或城区家庭人均住房建筑面积＜15m^2

经适房和限价房是政府提供资金补助，以特定价格向中低收入家庭出售的保障房。

有些分类面对的不完全是狭义上的保障房对象。例如棚户区改造是2012年以来中国推行的保障房建设重点。在棚改范围内，有部分居民属于住房困难家庭，但并非中低收入阶层；部分居民属于收入较低，但在棚户区内拥有较大面积的私房，或除了在棚户区居住的住房，在城区其他位置还有住房。这些人不应该属于保障对象。对于这部分人的拆迁和安置，应该按照棚改政策和市场行为对待，要防止其混入保障对象而错误享受保障优惠待遇。

又如回迁安置房属于城市危旧房改造的一种，政府将划定区内私房或承租的公房拆除，按城市回迁安置标准，被拆迁人回迁得到新建的房屋。这其中有部分人私房拆迁后获得多套安置房，或得到巨额安置费用，有人误以为所有回迁安置房都属于保障性住房，因此对这类信息提出质疑，其实回迁安置房和棚改户中很大部分承租公房的居民是属于住房困难的保障群体。

在中国保障房发展历程中，因保障对象的模糊产生了两个问题：

1. 不属于保障对象的人员得到了保障房的相关利益，侵占了社会资源，保障范围宽泛化。

早期经适房的弊端在前文已经阐述。经适房本来是作为产权型保障房的代表类型，其设定机制、金融优惠、准入机制、交易机制等都符合保障房的要求，可就是在执行过程中由于中国居民个人信息还不够健全，导致大量不属于保障对象的人员得到保障房进而交易获利，套取保障房金融补贴或低价得到房产，在社会上引起广泛诟病，最后其发展日渐式微。

廉租房和公租房的执行过程中，同样由于信息审查的不全面及管理的疏漏，有部分仅满足收入较低和住房困难其中一项的居民获得了保障房，这就会导致有人将保障房转租获利，有收入较高却仍然居住在保障房中的现象。

2. 并非所有符合条件的人群都能受到保障，保障范围缩小。

中国保障性住房目前是在城镇建设，城镇居民是其保障范围。城镇居民广义是指在城镇居住、生活的人。狭义上专指在城市生活或在工矿企业工作，拥有城镇户口的居民，简称“市民”或“城镇职工”。以从事农业生产劳动、种植、渔业等为主，拥有农村户口的居民则称为“农民”。这是中国城乡二元机制下的划分。随着中国经济社会发展，出现了大批到城镇或工矿企业工作的农民，被称为“农民工”。

长期以来中国保障对象执行的是狭义上的城镇居民，在 2012 年以前，不论经适房、廉租房、限价房、公租房等申请均有一个条件即本地户籍人口。因住房与工作地地域分离，城市住房保障能力不足，外来人口不被纳入城镇住房保障体系。人口数量巨大的外来务工人员长期居住生活在城市，是广义上的城镇居民，却享受不到住房保障，保障范围缩小与保障制度的初衷不符[45]。随着社会进步和社会公平观念的更新，全社会已经意识到保障对象应该是广义上的城镇居民，即将外来务工人员也纳入体系，为他们提供基本的住房保障。在 2012 年以后，大部分城市公租房的申请条件已经对外来务工人员放开。2016 年 2 月，湖南省出台《湖南省常住户口登记管理办法》，规定在湖南省内户口登记，取消非农业户口与农业户口性质区分，统一登记为居民户口。从户籍制度改革发展方向看，取消农村户口和城镇户口的区别是大势所趋，农民工市民化会普及开来，对保障房对象的设定就会回归所在城镇低收入水平居民和低居住水平居民的本意。

应该看到，针对外来务工人员放开资格，扩展保障对象，更贴近住房保障的本质。放开步骤与对象范围要与中央和地方政府的经济和管理能力相结合，逐步扩大保障面。第一步是资格放开同时规定就业合同和社保缴费年限，以审核是否在本地长期居住；中国目前劳动力市场务工合同还不够规范，社保缴费也存在很多不适合农民工的规定，因此缴费比例不高，这些都阻碍了农民工申请保障房，使得符合条件的人数较少。第二步应结合户籍制度改革，逐步修改各种规定促进农民工市民化，降低申请资格门槛，扩大保障面。第三步，逐步拓展务工人员申请保障房的类型，从租赁型扩展到产权型，并提供公积金及其他金融服务，建立多层次多水平的保障体系。

应该看到，随着中国社会的不断发展，保障对象的范围和结构逐渐发生变化，有几类人群的居住问题逐渐成为研究热点，需要得到保障政策关注。这几类人群是：新生代农民工、青年学生及各类人才、老龄化人口等。

4.3.2 农民工市民化

自 2012 年推出公租房后，保障对象的范围开始不限于城镇户籍，扩大到外来务工人员，因此使保障对象数量剧增（图 4.8）。农

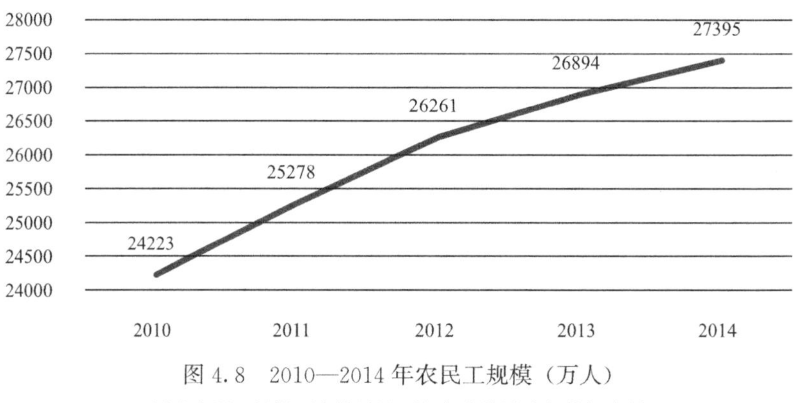

图 4.8　2010—2014 年农民工规模（万人）

图片来源：根据国家统计局历年年度统计公报数据绘制

民工一般指到城镇或工矿企业工作的农民。这是随着中国改革开放开始出现的一个群体，他们居住工作地与国家提供宅基地的住房保障地分离，在城镇中生活条件较差。

1.将保障对象扩大到非户籍人口的原因

首先，传统体制下城镇居民福利与户籍挂钩，外来务工人员基本没有享受到城市的福利保障，一样地参与城市建设和创造价值，教育、医疗、住房、生活条件待遇却完全不一样，福利条件不均有悖于社会保障的公平性原则，随着国家实力的提高必然要改变。其次，出于压缩居住支出的需求，很多农民工居住条件恶劣，容易形成城市低洼地带，产生社会问题，影响社会稳定和经济发展。再次，传统仅保障户籍人口的制度，不能适应城镇化率快速提高时期人口流动性增长，随着农民工规模越来越大，“夹心层”的问题会更加凸显，保障体系过于狭窄，需要改革。最后，国家经济能力的增长，使得扩大保障面有了一定的经济基础，可以开始探索分阶段按条件逐步将外来务工人员纳入城镇保障体系的方法。

2.中国现阶段农民工居住现状

由于城乡二元体制带来的不平等，农民享受的公共服务明显低于城镇居民水平。为了更好的生活条件和收入，农民选择进入城镇工作生活。因此农民工对居住价格的敏感度显著高于对居住条件的关注，只要少花钱，住得差点可以接受，反之如果要增加居住成本，则较难接受[46]。2014 年，外出农民工月均生活消费支出 944 元，月均居住支出 445 元，居住支出占生活消费支出的比重为 47.1%。可见居住支出对农民工的影响之大。

外出农民工中，在单位宿舍居住的占 28.3%；在工地工棚和生产经营场所居住的占 17.2%；租赁住房的占 36.9%；乡外从业回家居住的农民工占 13.3%；在务工地自购房的农民工占 1%。自购房农民工比例提高，主要是在小城镇自购住房的农民工增加。在自购房农民工中，小城镇购房的农民工占 49.1%，比上年提高 2.7%（图 4.9）。

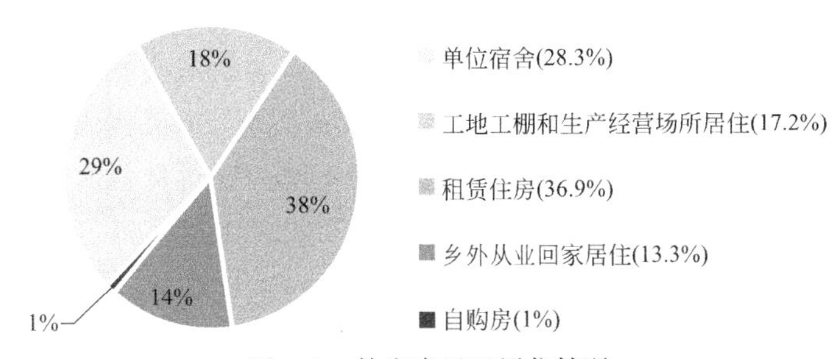

图 4.9　外出农民工居住情况

图片来源：根据国家统计局发布的 2014 年全国农民工监测调查报告绘制

外出农民工中，从雇主或单位得到免费住宿的农民工所占比重为 46.8%；从雇主或单位得到住房补贴的农民工所占比重为 8.6%；不提供住宿也没有住房补贴的比重为 44.6%（图 4.10）。

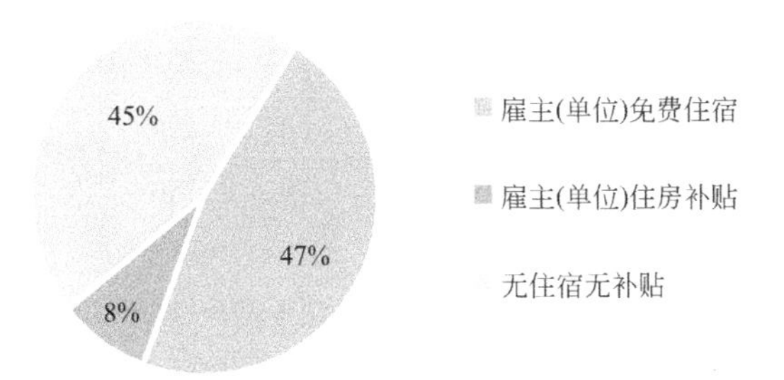

图 4.10　外出农民工住房补贴情况

图片来源：根据国家统计局发布的 2014 年全国农民工监测调查报告绘制

加快农民工向市民化转变，可以稳定农民工居住地点，帮助他们更加稳定地享受城市公共服务，从住房保障的角度，也利于政府更好地统计数据信息，制定计划。市民化指迁居城市的外来务工人口从农民身份逐步转向城市居民的过程，一般伴随城镇化率的提高而展开。自20世纪90年代起，政府针对农民工开始逐步建立就业、医疗、教育等广义上的社会保障制度，改善农民工的保障状况。经过20余年，初步建立了针对农民工的工伤、医疗、养老、失业、生育保险和住房公积金。虽然农民工五险一金的投保率仍然不够高，但显然具备了实施市民化和以此作为公租房申请条件的基础。

3.住房保障角度下的农民工市民化意愿

城市相对于农村，能够提供城市文明和现代观念，更早享受现代科技成果，农民工在城市打工久了之后，逐渐适应城市生活，会产生对城市的认同感和归属感，这些都是农民工市民化的动力。要让城市真的留得下农民工，光靠意愿还不够，还得从就业保障、社会保险、住房保障、教育、医疗等方面为农民工提供稳定的保护政策，因为农民工普遍就业技能培训不够，学历知识层面较低（图4.11），因此面临最大的问题就是不稳定性，抗经济环境变化的能力较弱。在大环境好时，可能能够取得城镇居民一样的收入和生活，但一旦碰到产业调整或金融危机，很可能就不如城镇居民一般能获得社会保险、单位保障、亲属救济等，而陷入失业的境地。

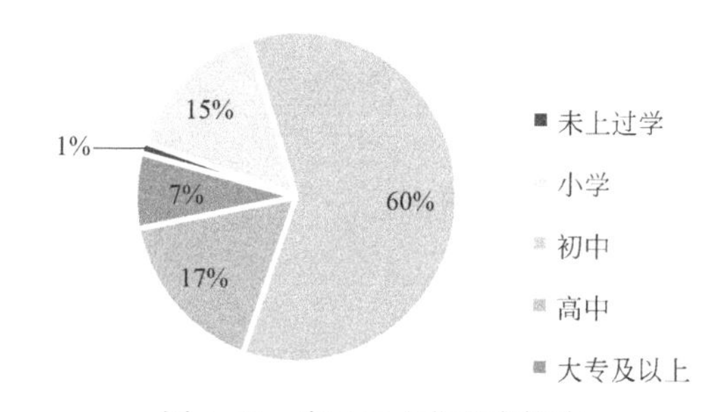

图4.11　农民工文化程度构成

图片来源：根据国家统计局发布的2014年全国农民工监测调查报告绘制

近年来，农民工的收入增长较快，根据国家统计局数据，2014年全国城镇居民人均年可支配收入为28843.9元，即2403.6元/月；在很多地区，农民工的月收入已经接近当地城镇居民可支配收入，说明可以考虑将农民工和城镇居民的收入标准并轨作为设定保障房准入申请的依据（图 4.12）。

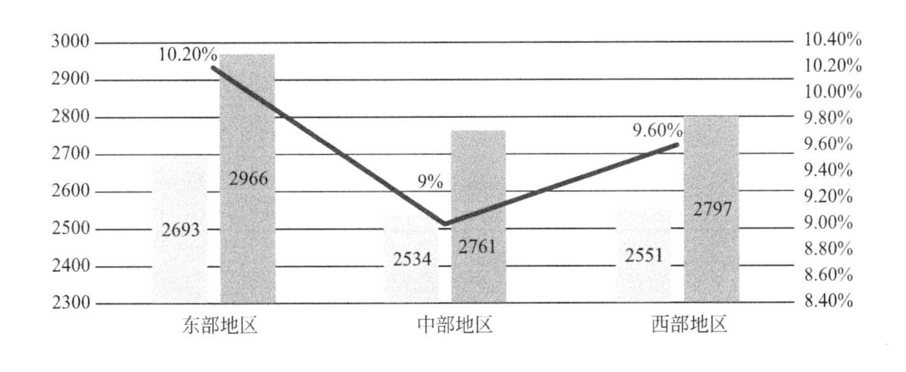

图 4.12　分地区农民工月收入情况（元）

图片来源：根据国家统计局发布的 2014 年全国农民工监测调查报告绘制

就业：农民工从农村迁入城市，失去了乡村亲缘为主的人际网络，社会资源和信息渠道减少，就业信息不灵敏，从而影响融入城市。地方政府应该积极提供就业信息，拓宽就业渠道，以维持其基本生活保障。按照劳动法督促用人单位与农民工签订劳动合同，保护其劳动权益。这些举措可以强化农民工生活的稳定性，提高城市农民工市民化意愿。

社会保险：农民工在城市从事的很多是脏累、危险的工作，面临一定风险，如严重的工伤事故、疾病等，这就需要社会保险的支持，尤其是工伤保险及医疗保险。从统计数据看，大多数农民工社会保险投保不足。用人单位和农民工自身应该强化缴纳五险一金的意识，增强农民工抵御风险的能力，对其市民化起到积极作用（表 4.6、表 4.7）。

住房保障：通过住房公积金支持，为农民工提供租赁型、产权型保障性住房，将其纳入城市住房保障体系，改善农民工居住条件，提高农民工居住稳定性，这样才能让农民工长期居留城市，提高市民化意愿。

2014 年农民工缴纳工伤保险的比例　　表 4.6

概况		分地区		分行业	
外出农民工	29.7%	东部地区	29.8%	制造业	34.2%
				建筑业	14.9%
本地农民工	21.1%	中部地区	17.8%	批发和零售业	19.2%
				交通运输、仓储和邮政业	27.8%
合计	26.2%	西部地区	21.9%	住宿和餐饮业	17.2%
				居民服务、修理和其他服务业	16.3%

2014 年农民工缴纳医疗保险的比例　　表 4.7

概况		分地区		分行业	
外出农民工	18.2%	东部地区	20.4%	制造业	22.1%
				建筑业	14.9%
本地农民工	16.8%	中部地区	11.8%	批发和零售业	15.0%
				交通运输、仓储和邮政业	19.2%
合计	17.6%	西部地区	13.6%	住宿和餐饮业	10.8%
				居民服务、修理和其他服务业	12.1%

教育：城市的教育资源普遍高于农村，但由于城镇自身教育资源不均衡，城镇居民本身想要享受优质教育资源已是矛盾重重，更遑论为农民工子女提供资源了。如果农民工子女也能得到市民子女教育资源，基本不存在入学障碍，农民工市民化的意愿将得到极大提升。

4. 农民工市民化背景下的住房保障

1）逐步降低门槛，扩大保障面

自 2012 年开放以来，现阶段大部分城市对外来务工人员的门槛都包含劳动合同和社保缴纳年限规定。设置时限规定是表明农民工在所在地较为稳定工作的审核条件，也符合保障房是为在城镇长期居住工作的居民设置的初衷。这些年限对于不够规范的劳动力市场和社保体系而言，并未发挥作用，有的城市还是将绝大部分农民工排除在外了。例如长沙市需要一年以上劳动合同和不少于 3 年社保缴纳，能符合这样条件的农民工很少，因此也使得公租房推出后申报人群仍然以户籍居民为主，农民工申报人数极少，务工人员大多通过单位定向安置。

目前中国农民工缴纳住房公积金的比例还非常低，这与中国保障体系长期未对农民工开放有关。提高公积金的参保率和费率，可以提升城市农民工租房或购房的能力，尤其在公租房开放资格后，公积金可以降低每月租房实际支出，并且为有购买产权型保障房的群体提供金融支持，提高其居住和生活稳定性（表 4.8）。

2014 年农民工缴纳住房公积金的比例　　　表 4.8

<table>
<tr><th colspan="2">概况</th><th colspan="2">分地区</th><th colspan="2">分行业</th></tr>
<tr><td rowspan="2">外出农民工</td><td rowspan="2">5.6%</td><td rowspan="2">东部地区</td><td rowspan="2">6.0%</td><td>制造业</td><td>5.3%</td></tr>
<tr><td>建筑业</td><td>0.9%</td></tr>
<tr><td rowspan="2">本地农民工</td><td rowspan="2">5.3%</td><td rowspan="2">中部地区</td><td rowspan="2">4.7%</td><td>批发和零售业</td><td>3.5%</td></tr>
<tr><td>交通运输、仓储和邮政业</td><td>8.0%</td></tr>
<tr><td rowspan="2">合计</td><td rowspan="2">5.5%</td><td rowspan="2">西部地区</td><td rowspan="2">4.4%</td><td>住宿和餐饮业</td><td>2.6%</td></tr>
<tr><td>居民服务、修理和其他服务业</td><td>3.1%</td></tr>
</table>

2）中央政府、地方政府、企业各自履行保障义务

中央政府承担：随迁子女教育、养老保险、医疗保险等费用；中央政府还需要协调好农业转移人口流出地与流入地政府间的财务转移，减轻地方政府压力。

地方政府承担：保障性住房建设、基础建设、教育资源建设、就业培训等工作。根据 2014 年农民工监测报告显示，8.1%的农民工流向直辖市务工，22.4%流向了省会城市，34.2%流向地级市，35.3%流向小城镇。农民工主要集中在地级市和小城镇，这里是落实农民工保障性住房的重点（图 4.13）。

企业：主要是解决社会保险部分和依法签订务工合同。按期缴纳农民工社会保险企业承担部分，承担五险一金中社会保险缴费责任。企业经营面临困难时，这些费用会成为企业较大的负担，但应该逐渐让企业认识到，为员工提供各类保障是企业的社会义务。作为政府对于吸收较多农民工的企业可以考虑税收优惠政策，同时可

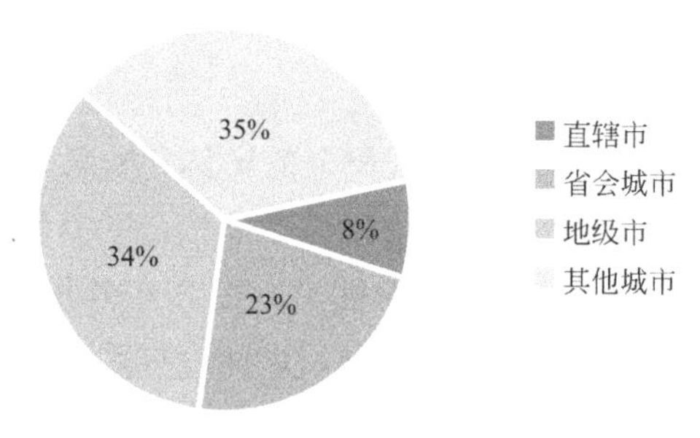

图 4.13　各级别城市农民工流入人数比重

图片来源：根据国家统计局发布的 2014 年全国农民工监测调查报告绘制

适当降低五险一金中某些险种的缴费比例，合并性质类似的险种，降低企业成本。

3）分析新生代农民工特点对保障性住房建设的影响

不少学者关注到农民工中一些新生代群体的特点。王春光认为，在 20 世纪 90 年代以后出生，年龄在 25 岁以下打工者称为新生代农民工。刘洪银认为，20 世纪 80 年代后出生，年龄在 16 岁以上，以非农就业为主的农村户籍人口为新生代农民工。综合上述学者观点，新生代农民工一般在 16～40 岁，处于年富力强的时期。

新生代农民工的特点：根据统计，16～40 岁的农民工占到农民工总数的 56.5%，这些新生代农民工的文化程度和接受技能培训的程度都在逐渐提高（图 4.14），由于在知识体系和思维观念尚未固化的年龄就在城市务工，从习惯上和生活方式上会更加容易接受市民化的城市生活。同时这些年龄的农民工接受农业技能培训的比例较低，并未把农村生产和生活作为自己及家人未来的目标，甚至很多青年农民工都已经不具备农业生产的能力。

已婚农民工市民化意愿是未婚的 1.11 倍。文化程度越高，农民工市民化意愿更高。随着举家外出农民工规模的不断增加（图 4.15），政府应该重视该农民工群体的住房保障工作，针对他们学习能力较强的特点，开展职业技能培训和就业指导，提供均等的教育资源，让他们更好地融入城市市民生活。在住房保障设计上，应考虑这个群体未来家庭人数及后代的进城安置，因此在区位、配套设

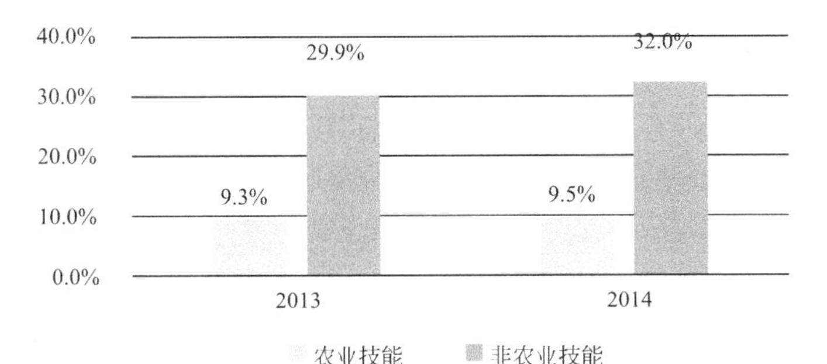

图 4.14　接受过技能培训的农民工比例

图片来源：根据国家统计局发布的 2014 年全国农民工监测调查报告绘制

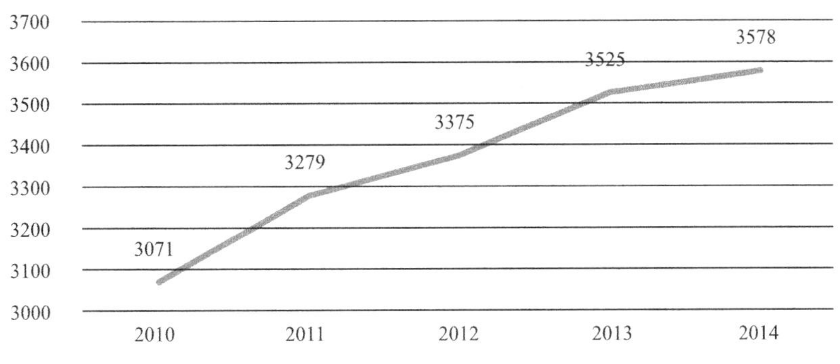

图 4.15　2010—2014 年举家外出农民工规模变化（万人）

图片来源：根据国家统计局历年年度统计公报数据绘制

施、户型的可持续发展等方面未雨绸缪。

据统计，迁入中西部地区的农民工市民化意愿小于东部地区，只有东部农民工市民化意愿的 9/10 和 7/10。相对东部地区城市来说，中西部地区城市社会福利和经济水平还比较低，城市基础设施还需完善。因此对于地域性差异，就可以考虑地域性保障措施，例如东部地区城市房价高，可多修建租赁型保障房，重视分散布点，让从业人员真正服务于城市；中西部地区一方面加强城市基础设施建设，提高城市对农民工的吸引力，同时可考虑结合住房公积金及其他金融措施，适当提高产权型保障房比例，便于本地农民工和本省农民工落户安家。这些措施也可以考虑和多元化房源及去库存工作结合起来。

4）衡量自身能力，分阶段逐渐推进农民工住房保障进程

公租房对外来务工人员开放，体现了社会发展的进步和政府的担当。例如2015年长沙市已全面推进一元化户籍制度改革，取消农业户口与非农业户口性质区分。外来务工人员，凡在内城区有合法稳定职业并有合法稳定住所（含租赁），参加城镇职工社会保险满一年的人员，均可以在当地落户。落户后，逐步降低保障性住房的准入标准，扩大保障范围。一份对900名长沙进城务工人员的调查显示：47.3％的调查对象来长沙务工时间在5年以上，25.4％的为2～5年，有28.2％的人在长沙购置了房屋，46.7％的人打算在长沙购房，85.9％的人表示愿意融入长沙的生活。另一方面对申请者分类摸底，优先部分长期生活在城镇、工作收入稳定、已有能力在城市生活的私营企业管理人员，身有一技之长、收入较高的农民工在城市拥有保障房。但又不能简单化地降低标准，造成申请人员过多而政府既没有房源提供又缺乏财政补贴的情况，反而失信于民。

4.3.3 新就业大学生及各类人才

在传统思维中，大学生都是天之骄子，似乎与保障性住房没有关系，事实上，新就业大学生大量进入城市（图4.16），随着大学生人数增多和社会分工的细化，加之经济发展进入新常态，就业形势日趋

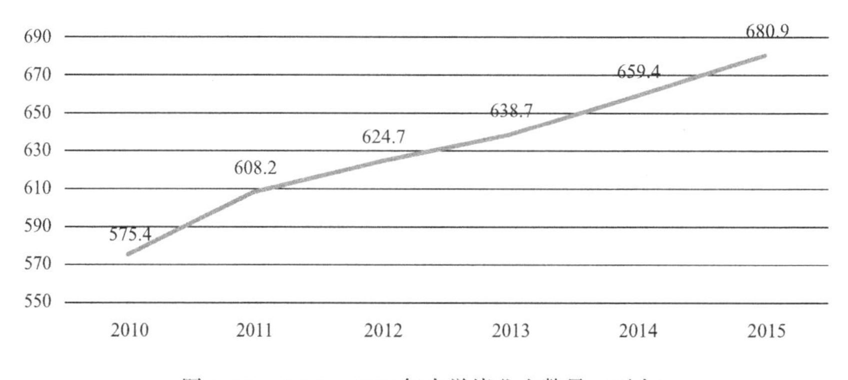

图4.16 2010—2015年大学毕业生数量（万人）

图片来源：根据国家统计局历年年度统计公报数据绘制

严峻。很多大学生尚未建立社会肌理网络，又缺乏实际工作经验，在刚毕业阶段收入较低也很正常。同时他们很多人离开家乡前往其他城市就业，在新的城市还一下子难以有实力购房，属于住房困难群体。因此，他们已经具备了保障房申请的两大基本条件。

1. 新就业大学生居住现状

社会上出现的“蚁族”“鼠族”“蜗居”和“啃老族”等居住状态的名词很形象地反映了青年大学生的居住困境。《中国青年发展报告（2013）》调查显示，北京约有16万“蚁族”生活在高校周边或人口流动聚集区，住房条件较差。人均居住面积“$10m^2$及以下”的占到67.8%，平均住房面积为$6.4m^2$，月均租金518元。尤其是在特大城市，房价高企，如果没有父母的资助，新就业大学生购房需要长时间的积累才有可能。除了购房之外，由于房屋租金普遍较高，大学生购房、租房压力较大，只能多人分摊居住成本。一套100多平方米的房子被隔断为6居室，分为二人间至八人间不等，常住有20人左右。每张床铺价格为每月500～900元。这就是北京市朝阳区某小区一套典型的群租房。较之特大城市，新就业大学生在中小城市住房压力较小，与收入变动相比较，购房与租房的成本下降较多，不仅可以租得起房，甚至通过积蓄和资金补贴，有可能购买住房。这也反映了地域差别对这个群体居住状况的非平衡性（表4.9）。

全国主要城市租金、房价收入比　　表4.9

2016年2月全国35个大中城市租金排行榜			2014年房价收入比	
城市	租金(元/月/平方米)	$30m^2$每月租金(元)	房价收入比	排名
北京	69.27	2078.1	14.5	3
深圳	67.97	2039.1	20.2	1
上海	67.61	2028.3	11.9	4
广州	43.55	1306.5	11.8	5
杭州	41.20	1236.0	10.8	6
厦门	38.52	1155.6	15.5	2
南京	34.69	1040.7	8.9	13

续表

2016年2月全国35个大中城市租金排行榜			2014年房价收入比	
城市	租金(元/月/平方米)	30m² 每月租金(元)	房价收入比	排名
福州	33.47	1004.1	10.8	6
哈尔滨	32.03	960.9	6.9	26
大连	30.79	923.7	9.2	11
天津	30.00	900.0	9.6	9
宁波	29.97	899.1	8.5	15
郑州	28.99	869.7	7.8	17
武汉	28.49	854.7	7.7	20
兰州	27.80	834.0	8.8	14
海口	25.11	753.3	9.7	8
昆明	24.84	745.2	6.7	28
南宁	24.80	744.0	7.8	17
成都	24.48	734.4	6.9	26
济南	24.39	731.7	6.4	30
贵阳	23.91	717.3	6.8	28
青岛	23.51	705.3	7.1	23
长沙	23.29	698.7	5.1	34
重庆	22.73	681.9	7	25
西安	22.7	681.0	5.8	32
长春	22.57	677.1	7.1	23
南昌	22.17	665.1	7.4	21
沈阳	22.07	662.1	6.4	30
西宁	21.99	659.7	7.8	17
太原	21.54	646.2	9.6	9
乌鲁木齐	21.42	642.6	9	12
合肥	21.05	631.5	8.1	16
呼和浩特	19.77	593.1	5.1	34
石家庄	18	540.0	7.4	21
银川	16.08	482.4	5.4	33

青年具有异质性，青年现有状况对这一群体未来分化及产生更大异质性有基础作用。其住房来源的差异除个体特征之外，还反映了家庭背景差异。因此有相当一部分新就业大学生能够得到家庭的支持，进行购房或租房。新就业大学生大部分得到的是租房资金支持，购房支持一般发生在工作几年稳定后。在就业之初，总体还是呈现收入较低住房紧张的状态。

2. 新就业大学生居住特点

笔者针对在北京、上海、深圳、武汉等大中城市工作的 110 名毕业 5 年内的本科生进行了一份问卷调查，并结合其他学者的研究数据总结出了几点新就业大学生的居住特点。

1）可以接受住房支出在收入中的“较高”比例（图 4.17）

新就业大学生具有较高学历及较好的思维眼界，未来职业发展的前景较农民工有本质不同，从长远看，他们的收入会随着入职年限的增长有较大幅度的提高。《就业蓝皮书：2015 年中国大学生就业报告》中的追踪调查数据显示，2011 届大学生毕业 3 年后平均月收入为 5484 元（本科为 6155 元，高职高专为 4812 元），与其毕业时相比月收入涨幅比例为 98%。因此，新就业大学毕业生对房租高低的敏感度与农民工相比要低得多，他们可以接受一个月收入中有较高比例的住房支出，甚至有部分还没有稳定工作的毕业生，也选择租住条件相对较好的房子。因为他们到大城市就业的目的不是每个月赚取一定收入，而是长期的职业前景和较大幅度提高未来收入，“住得舒心”是生活品质的重要保障。他们对初到城市成为所谓的“月光族”短期内是可以接受的，而农民工外出务工是以增加收入为目的，住房支出比例高就意味着纯收入降低，这是他们无法接受的。

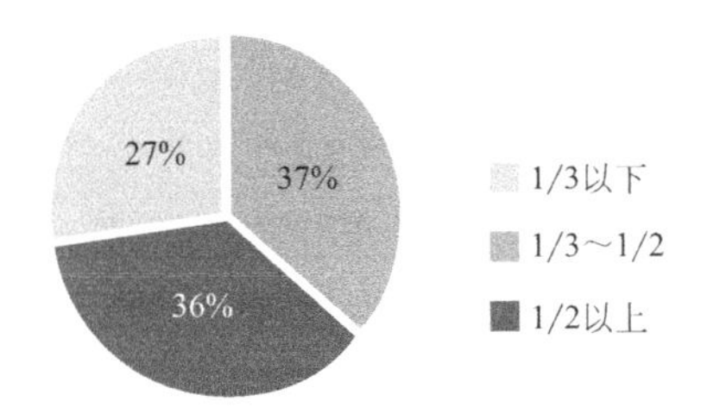

图 4.17　新就业大学生租金占工资比例

2）对交通便利和工作时间成本的敏感度更高（图 4.18）

青年人的一些生活习惯（例如熬夜、晚起床、聚会）会使他们对居住地到工作地的交通便利性非常在意，大部分青年在住得远、通勤时间长，但租金低和住得近、通勤时间短，但租金高之间，会选择后者。这同样反映了不同群体对短期内金钱收入的在意性，他们不愿将宝贵的时间花在交通上。“时间比什么都宝贵”，一位参与调查的同学说到，时间更应该花在工作、娱乐、休息上，哪怕代价是租金提高，只要在能接受的范围内就行。

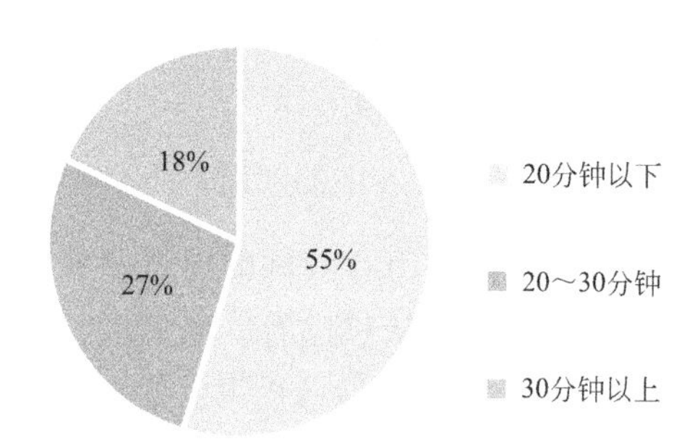

图 4.18　新就业大学生上班耗时分析图

3）对配套设施和公共空间的要求较高

新就业大学生会有一些对配套设施共性的需求，例如网络、24 小时便利店、舞蹈房、健身房、洗衣房、图书室、就近餐饮与多元化餐饮、咖啡厅、外卖等，这些配置当然不一定是出租房的标配，但可以代表这个群体的需求，他们的未来生活模式建立在网络化和服务化之上，而这种模式并不一定意味着增加居住成本。

3.新就业大学生住房保障

1）引起政府重视，纳入保障房保障范畴。解决城市新就业大学生住房问题，除个人和家庭外，还需要政府和社会的支持。只要具备保障性住房的申请条件，就应该出台针对这一群体的相关保障制度，以公平获取和待遇均等化作为政策发展的方向。青年是社会的未来，不能让青年长时期“蜗居”或成为“蚁族”。应针对城市青年不同情况，扩大住房来源；可根据他们不同职业周期进行相关住房保障。如对于未婚无房的城市青年，可通过企业提供员工宿舍，政府提供公共租赁房；对于已婚有购房需求的城市青年，可提供金融支持购买共有产权房或加大住房资金补贴。

目前国内开放公租房的城市仍然对户籍、就业合同、社保合同缴费年限有较严格的要求。如果放宽保障房申请条件，可为新就业大学生提供居住便利。例如深圳市因经济发展需要，突破常规保障房政策，将各类人才包含在内，创新原有概念。2010 年 7 月实施的《深圳市关于实施人才安居工程的决定》，为杰出人才、领军人才、高、中、初级人才提供相关保障性住房，尤其针对大学本科或硕士毕业生，提供每年 6000 元的住房补贴。这些举措都能增加城市对人才的吸引力，也是对保障对象内涵的有益探索和概念延伸。未来城市的发展是人才的竞争，深圳的做法体现了前瞻性。

2）关注针对新就业大学生居住需求，作好保障房供应研究，针对他们对价格接受度较好和对通勤时间的要求，可以提供价格略高但位置更靠近城市核心地区的公租房；针对他们对设施较齐全的要求，可以提供一些周边配套齐全的公租房，并积极营造公共空间和网络等硬件配置。还可以提供一些创新性产品，考虑功能复合化、空间复合化，例如万科在西安的首个纯租赁房项目，家电俱全的精装修房子，只租不卖。作为一个纯粹的青年社区，核心用户定位为年轻人，实际租户多为周边大学的师生、附近企业的白领等。公寓使用手机 APP 控制门禁、房间内的家电，并集中配置自助洗衣房、干洗柜等；在公共区域设有咖啡厅并提供免费试用的健身房和瑜伽室。各种丰盛的活动及交互平台为住户营造极具乐趣的社区氛围，实现同质化人群的聚集，培育公寓内的社区文化。新推的 233 套公寓在开业一周内就已签约预定 68 户，舒适便捷的品质社区成为年轻租客群体的最佳选择。

4.3.4 老龄化人口

随着中国计划生育人口政策的长期效应，中国人口逐渐发生变化，已经进入老龄化社会。根据《2015 年国民经济和社会发展统计公报》，截至 2015 年末，中国 60 周岁及以上人口数为 22200 万人，占全国人口的16.1%，其中65周岁及以上人口有14386万人，占全国人口的10.5%（图4.19）。人口老龄化的到来，同样应该在住房保障方面引起重视。中国呈现未富先老的国情，老龄化人口对各种社会保障都提出了更高的要求，保障性住房制度也应针对人口老龄化可能产生的新需求，采取针对性研究。

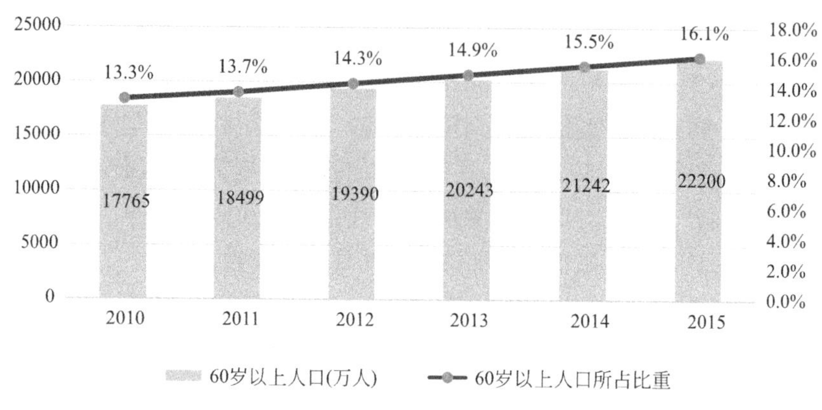

图4.19　2010—2015年人口老龄化趋势

图片来源：根据国家统计局历年年度统计公报数据绘制

1. 老龄化人口居住现状

首先，城市自身拥有大量的老龄化人口，其中有很大一部分是与子女分户居住，因此老年人如果满足收入和居住面积两项条件，就具备了保障房的申请条件；老年人在城市居住时间长，很多都居住在棚户区和老公房中，居住条件急需改善，尤其是针对住宅适老性设计，在老建筑中几乎完全没有考虑。其次，外来年轻人到大城市发展，出现了投奔在外工作子女的老年人，其子女如果条件较好，已购房则可以共同居住，如果条件不好或者本身就是流动人口，其父母就成了新增的流动老年人口，居住条件较差，也有一个住房保障的问题。这就有一个政策的界定问题，对外来老年人是否也应该提供一定的住房保障还有争议，有观点认为这个人群基本未参与城市建设，没有给城市带来直接的劳动产值，同时城市自身的老龄化保障还有大量工作要做，暂时没有精力考虑外来老年人口。也有观点认为这部分老年人来城市居住已经是客观事实，作为社会责任和政府保障义务，理应纳入住房保障体系中。所以在设计保障性住房制度时，应考虑中国人口结构变化趋势和老龄化比例上升等实际情况。

2.老龄化人口居住特点

老年人活动的特点是以静为主，如看电视、读书报等，同时也不能忽视他们动态活动的特点，如散步、跳舞、唱歌、唱戏、爬山等。整体休闲活动方式稳定，缺乏多元化。与青年学生比，看演出、看电影、参观、外出就餐的比例就少很多；主动型活动如养花草、养宠物、书画的比例较高。

无障碍需求：身体灵活性下降，对爬楼、卫浴活动、出行等或多或少存在一定障碍，需要得到关注。

基本生活需求：老年人大部分都是自己做饭，对商业餐饮需求不高，但对菜市场、超市等有便利性需求。

健康需求：对医疗机构、卫生服务站、公园等有就近性需求。

3.老龄化人口的住房保障

1）明确保障责任，制定保障长远计划

无论前文所述的城市户籍老年人，还是外来老年人，都是社会的一员，按照社会公平性理论，都应该得到社会住房保障。明确保障责任后，对引起争议的外来老年人的保障，可以通过制定长远计划来逐步纳入。每个城市的能力和发展阶段都不同，首先解决户籍老人保障问题，再考虑外来老年人城乡住房保障的流动性和转移性；可以先通过部分住房补贴的方式，再针对长期稳定居住在城市的三代居保障家庭中的老年人，适当增加一定的面积保障指标，一步步扩大保障范围，提高标准。

2）注重城市规划和保障房建设中的适老性设计

根据老年人身体特点和居住习惯，从城市规划、无障碍设计、建筑设计、居住区环境设计等方面，加强适老性设计。例如规划层面考虑菜市场、超市、公交车站的服务半径和步行距离，增加密度；

公园、广场的均匀布置，为老年人提供唱歌、跳舞的公共空间；建筑设计中无障碍电梯、坡道、卫浴空间、回转空间、采光通风、建筑朝向等，都要考虑老年人的需求，按照标准建设。针对大型保障性住房小区，还应该专门设置医疗机构和心理咨询机构，从生理和心理层面增加对保障性小区中老年人的关爱。

4.3.5 住房保障长期趋势预判

中国国土面积大，人口多，工业化和城市化正在加速发展中，处于经济社会发展的转型阶段，虽然近年来国力增长很快，但各种经济社会结构矛盾仍较为突出，尤其是中低收入阶层的人口数量较大，在未来一个相当长的时期内，针对住房困难的中低收入阶层的住房保障问题会一直存在，需要持续研究和关注。城市化、收入变化、产业转移、中西部发展、金融危机、老龄化等多种因素，都会对中国保障性住房的未来发展带来变化和不同的矛盾，使得保障性人群数量及类型发生变化。同时，政府自2007年以来开始重视保障房建设，存量在迅速扩大，随着保障范围的扩大，需求也在急速增长。“十二五”期间提出了3600万套保障房任务，随着这一大批保障房建成，部分省市已经作出停止修建保障房的计划。这些政策更多体现的是一种行政命令一刀切的意志，即一旦缺少就铺天盖地建设，一阵风过后又踩急刹车停止建设。中国目前保障房的供需关系到底是怎样，普遍缺乏依据。为提高保障性住房运行效率，有效解决需求群体的住房保障问题，对保障性住房开展长期供需预测研究是非常有必要的。

第一步，建立保障房供给总量预测模型。对各种类型的保障房进行摸底统计。目前政府手中也对保障房有专门机构进行统计，但由于前一个时期中国保障房的口径和种类繁多，现有的统计数字并不能真实地反映政府和社会能够提供的保障房数量。按照租赁型和产权型保障房大分类，以经适房、共有产权房、限价房为一类，公租房、廉租房、企业宿舍为一类，分类统计存量和建设量。尤其针对产权型保障房，要减除已经出售和脱离保障体系的数量，加强对体系内的产权房的管理和规范。同时将提供了住房补贴的棚改房、回迁安置房、旧改房等曾经都属于保障性质的类型分别甄选，这些类型广义上都属于保障体系内，但大部分都无法提供存量保障房，应从供给总量中移除。同时，将未来可能增加的类别，比如存量房回购、城市更新建筑、厂房改造、移动临时保障房等，按照租赁型和产权型，分别加入供给总量中。

第二步，建立保障房需求总量预测模型。包含需求增量数量，应根据人口发展趋势预测、人口统计特征、城市化进程、新增保障群体数量、外来务工保障范围、住房消费习惯等因素，针对近期保障人口进行统计，有多少人可以进入保障范围及这些人的类别（租赁型或产权型）和需求（包含户型、喜好等），并根据城市发展中期规划，开展保障人口数量和类型的预测；同时统计减少数量。这包含两个方面，一方面是已经申请到保障房的人员，在不符合保障对象条件后的退出政策，应该通过公示和执法，强令退出以保证社会公平性；另一方面则开展保障对象信息审核，将一部分不具备保障资格，或利用曾经保障类型多样化阶段，打擦边球得到保障房的群体，移除出保障体系。例如自身除了保障房还在外有住房，或自身主要和子女居住，将申请到的保障房二次出租牟利，或某些中高收入者利用不正当手段获得保障房。清理这些人群既可以回应社会群众对不良行为的质疑和不满，又可以盘活保障房存量，让保障房流动起来，持续为社会服务。改变永远在不停地建设，却永远数量不够，给政府增加巨大的财政压力的现状。

第三步，在供给和需求两种数量模型基础上，设定影响供需两方面的因子，可包含（图 4.20）：

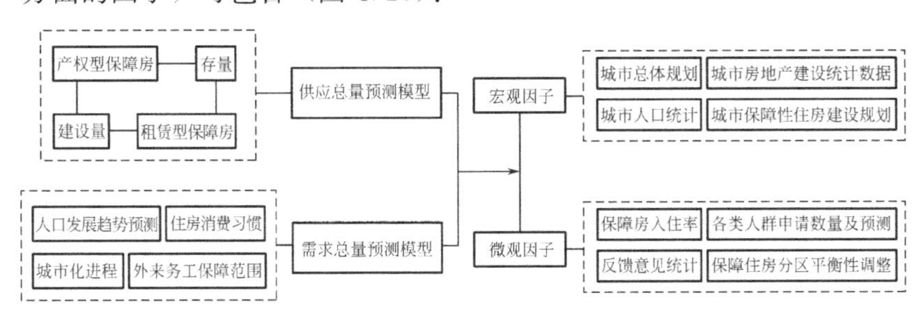

图 4.20　保障房供需总量预测模型

宏观类因子：地区（中央政府层面）或城市（地方政府）经济社会发展五年计划、城市总体规划、地区产业发展趋势及城市产业发展预测、城市空间控制性详细规划、城市保障性住房规划、城市人口摸底统计、城市财政预算关于保障房投入计划、城市交通规划、城市房地产建设统计数据（包含库存房）、城市已有各类保障房数量及使用情况统计等。

微观类因子：户籍人口保障房申请数量及预测、农民工申请数量变化及预测、新就业大学生申请数量及预测、保障房入住率及腾退数量统计、已提供保障房意见反馈、城市保障房分区平衡性调整、偏远房源的盘活手段、需求摸底统计、申请条件调整对应申请人数变化的预测等。

以上因子中有些是国家或城市整体发展的方向，是高于保障房体系的更宏观的规划，保障房供应应符合这些宏观规划，这可以构成每个城市对自身城市的发展阶段、经济能力和五年内产业构成对应用工人数的认知，预判各类保障房的数量是否符合这些趋势，提前准备。如未来有经济下行或金融危机的预判，或房地产产生大量库存房，就可以提前考虑房源多元化设置，拓宽来源渠道，以较低价格获得城市较好区位的保障房，改善城市保障房空间布点平衡性；未来经济繁荣、政府财政状况改善时，则可以增加基础设施投入，大力提升郊区保障房品质，促进保障对象提高入住率。

有些属于未知待定因素，需要根据数据摸底的统计，从微观数据反馈影响宏观政策，例如针对外来务工人员和新就业大学生的政策，是否得到了社会响应，哪类人员申请数量超过了房源提供能力，哪类人员申请数量少于预期及原因；调研保障房居住人员的使用意见，可以为下一步增加房源提供建设指导，影响到供给数量；调研各类人员的经济能力和保障需求，可以调整总量中租赁型和产权型房的比例，某些年增加租赁型数量供给，某些年增加产权型数量供给。各个因子之间构建一定的逻辑关系，生成保障性住房供需长期预判的模型。

4.4 拓宽资金来源渠道与逐步完善管理机制

保障房建设和管理的资金来源，是保证工作稳定的基础，在法律层面应该要明确来源渠道，针对政府应该要明确中央、地方政府的支出比例，对社会及外来渠道则可确认主体地位，不作绝对额度的规定。中国保障房建设长期缺乏资金，制约了建设的规模和质量，也是造成非平衡性和非公平性的根源，单纯依靠财政拨款显然无法满足融资需求，拓宽资金来源渠道就显得尤为重要了（表 4.10）。

国内保障住房融资模式 **表 4.10**

方式	操作	缺点
市场化运作	挂牌竞标，地产公司负责开发	—
委托代建	开发商垫资修建，后期资金回笼补齐	—
住房公积金补充	公积金补缺公共财政缺口	被不能享受保障优惠政策的群体所排斥；存在公积金损失风险； 可能导致地方政府挤压公积金可提取量以获得更多的资金补充
“债贷组合”	债贷统筹支持地方保障性住房项目建设，同时控制地方政府平台债务风险	大部分商业银行贷款额度无法满足大规模建设的资金需求； 缺少对保障房建设和运营的长期贷款支持；利率优惠和贴息政策难落实
民间资本补充	积极引入高信誉度民间企业注资建设保障住房	配套政策无法落实，项目收益能力和资金平衡能力匮乏，缺乏吸引力

4.4.1 保障房建设多渠道资金筹集

先看看其他国家和地区在资金筹集方面的情况：

中国香港特区政府 2016 年公共房屋预算约为 450 亿港元，占整体支出的 9.2%。（2016/2017 年度的特区政府经营开支预计为 3800 亿元，非经营开支为 1100 亿元，2015 年的 450 亿元投资收益拨入房屋储备金，连同 2014 年的拨备，以及累计投资收益，房屋储备金现时结余为 740 亿元。）

英国政府兴建保障房和提供的租金补贴，一直保持在政府公共支出的 6%、GDP 的 2%左右；在英国 2013 年的预算中，住房和环境支出 230 亿英镑，占本次预算支出总额的 3.2%。[47]

新加坡政府 1990 年用于保障房建设方面的年度投资总额占 GDP 的 9%。

德国政府在 1999 年度中央政府财政预算中用于保障房的资金为 100 亿马克，还未含住房储蓄奖励，由州政府解决居民的住房来源。

美国政府 2005 年有 350 亿美元用于保障房，每年资金不少于 150 亿美元，还未含地方政府各种住房预算。

法国政府规定专款专用，每年将一定比例保障房建设资金列入政府预算。

4.4.1.1 政府资金投入的途径

政府作为保障性住房的最主要的主体，应该承担资金筹集的主要责任，以立法形式规定每年建设资金的具体额度或占公共支出财政的比例，可以起到保障性住房稳定器的作用。通常政府负担的资金有以下途径：

1. 财政预算拨款

将保障房支出纳入国家和地方财政年度预算，将保障房支出科目专门列为一个子门类。根据财政部每年公布的全国财政预算，可以看到中国现在基本做到了各级政府公共财政预算中都有保障支出，但没有从立法的角度确定最低比例，因此有的年份多有的年份少，往往难以保持稳定性；同时地方政府性基金中的土地出让金中有一定比例的资金支持，还有公有房屋、保障房租金及附属商业楼租售所得的资金（表 4.11）。

前文已分析过土地财政带来的保障房非平衡性，中国目前廉租房和公租房的建设成本中，中央政府承担了约 30%左右的资金，其余由地方政府负担，如果能加大中央财政在保障房建设中的资金比例，就能减少地方政府将保障房选址在地价较低的偏远地区。美国联邦政府对保障性住房财政投入是地方政府的 20 倍。

2010—2014 年住房保障支出占中央及地方财政支出预算比例

表 4.11

中央本级财政支出预算				地方公共财政支出预算		
年份	总预算	住房保障支出	所占比例	总预算	住房保障支出	所占比例
2010	16049 亿	376.58 亿	2.35%	68481 亿	1514 亿	2.21%
2011	17050 亿	291.63 亿	1.71%	83170 亿	2292 亿	2.76%
2012	18519 亿	374.00 亿	2.02%	105281 亿	4024 亿	3.82%
2013	20203 亿	370.23 亿	1.83%	117543 亿	4313.66 亿	3.67%
2014	22506 亿	378.85 亿	1.68%	130031 亿	4692.47 亿	3.61%

注：住房保障支出包括保障性安居工程、住房改革等。

2. 物业税所获得的收入

物业税广义上包含房产税、土地增值税、城市房地产税及土地出让金等，将这些税费归结起来转化为统一的物业税。物业税一旦开征，对地方政府、房地产业、购房者都会造成很大改变。物业税的开征是很复杂的问题，需要厘清物业税与现有税费的关系，还要建立征收物业税的信息和技术条件，最后物业税一旦开征土地收入就应该纳入公共财政，在中国物业税开征还需要一个过程，但应是未来发展的方向。

3. 住房公积金增值收入

增值收入来自公积金余额购买国债收益、管理中心在银行存储利息收入、无法支取账户存储款收入三部分组成，按《住房公积金财务管理补充规定的通知》规定，增值部分分配形式有：建立住房公积金贷款风险准备金、公积金管理中心管理费用和建设保障房补充资金。2014 年，公积金增值收入共 1496.73 亿元，扣除缴存职工利息、手续费和贷款手续费 819.71 亿元，增值收益为 677.02 亿元[48]。

有学者也提出按《物权法》有关所有权的界定，所有人依法对私人财产享有占有、使用、收益和处分的权利。公积金增值收益应属于公积金缴存者所有，国家规定公积金增值部分可用于保障房建设，有公权侵犯私权嫌疑，在学术界尚存争议。未来可考虑采用借款方式用于保障房建设。公积金与一般公民私人财产还是有不同，将公积金增值部分建设保障房体现了公积金的社会性。为避免违反《物权法》，可采用借款方式，借款主体为地方政府住房保障事业法人，利息参考公积金贷款利息，政府或其下属事业单位作为借款担保人。这种方式避免了公积金增值部分用于保障房建设涉及的公权侵犯私权，也能体现公积金的社会性作用。

4.政府住房基金

按国家规定，由国家和单位一起筹集，用于单位住房制度改革和建设的专项基金，是企业按规定来源取得、专项用于职工住房方面的资金。住房基金偿付时间一般为1年以上。住房周转基金主要包括：住房折旧金中用于住房方面的资金、借入住房资金、住房周转金。根据《2014年地方政府性基金收入决算表》，中国当年政府基金收入约419亿元。

4.4.1.2 金融创新及引入社会资本的方式

前文列举了政府能够为保障房建设提供资金支持的渠道，但不足以支付保障房全部开支。为了拓宽资金筹集渠道，还可以考虑利用制度从减免税收方面变相降低住房支出、引入创新金融工具或吸引社会资本参与保障房建设。

减免税收：包括对住房所有者出租收入减免所得税或对自有住房减免房产税等减税措施。减免税收对鼓励住房使用者购房能起到一定的引导作用，减少对租赁型保障房的依赖，但也可能加大租房者与购房者之间的差距。

低息贷款：发放低息贷款，财政部门承担贴息。通过低息，鼓励社会投资建设保障性住房，建成后提供给低收入家庭，增加公共住房供应量。

保障房社会捐赠：保障房社会捐赠是自然人或社会团体出于社会责任感和爱心，自愿无偿向社会团体、公益性单位捐赠关于保障性住房的活动。这在中国还刚刚起步，但参考发达国家发展的过程，应该会逐渐扩大规模。健全社会捐赠的政策、责任、管理，将其制度化、法制化，与现有的保障体系对接是其未来发展的方向[49]。

金融创新：可以借鉴其他国家一些金融创新工具，吸引社会资本。例如住房抵押贷款证券化（美国和北欧国家）、合同储蓄（法国、英国、德国和日本）、强制储蓄（新加坡，类似于中国住房公积金制度）、政企合作（政府出土地，企业出资金，运营模式多样化，包含建设—经营—移交的 BOT 模式，转移—维护—运营—补贴的 PPP 模式等）等。新加坡公共住房建设的“私人组屋计划”就是由开发商设计、兴建和销售的公共住房及运营项目。这种“三方模式”能更好地权衡社会综合效益。将建设—运营整合为一体，社会资本通过后期运营收益补贴前期开发成本，政府则提供土地和税费补贴，投资方负责商业运营，其运作收入也可以补贴到企业的成本。这种企业既可以是民营资本，也可以由政府下属的国资背景企业承担（香港即采用的这种模式，政府一次性投入启动资金，运营公司逐渐实现收益与再投资的平衡及盈利）。

4.4.1.3 需求端的财政补贴：住房公积金

上一节是保障房建设资金筹集渠道，即供给侧补贴。针对保障对象的支付能力，也可以通过扩大住房公积金使用范围的方式提供金融支持，这是从需求端给予的资金支持：

1.扩大住房公积金覆盖面：将个人住房公积金账户开设范围放宽，降低开设条件，一方面确保城市户籍人员所在单位和个人缴纳公积金，同时对外来务工人员也应逐步建立住房公积金体系，起设标准可以低一点，优先鼓励他们在交纳公租房房租时候利用公积金减轻负担，再逐渐设定不同的缴费级别，应对租赁或购买的不同需求。通过银行开设专项账户，提供多样储蓄品种和优惠利率，调动大家缴纳住房公积金的积极性[50]。

2.建立弹性公积金缴费率：各地因经济条件、社会发展阶段和职工收入水平不同，公积金缴费率并不完全相同，根据《住房公积金管理条例》，职工和单位缴存比例通常在5%～12%之间。对亏损单位，如果征得职工同意，可申请降低缴存比例的下限，以后还可以专门针对农民工设定起步缴存比例。可以考虑对不同收入群体实行不同的缴费率：低收入阶层用于家庭生活开支较高，缴较低的公积金，企业缴较高的公积金，减轻他们生活负担同时得到公积金保障。

4.4.1.4 保障房资金平衡计算

保障房的建设资金是主要投入的成本，而相关收益的计算则往往为我们所忽视，探索资金平衡的前期预测是地方政府建设保障房及运营保障房应该提前算好的经济账。

保障房建设资金中，从投入角度包含中央专项补助、地方财政预算、国有土地出让金保障资金等。差值部分需要从市场上通过各类基金、保险、公积金等渠道多方筹集，同时政府可以通过土地价值和税费减免方式，相对降低成本。同时，还要考虑银行贷款的利息和财务成本[51]。

保障房的收益则主要包含：公租房的租金收益、配套商业的租金收益[52]。未来可考虑出售部分商业，考虑到商业配比，取适合的值，可以回收很大一部分成本。同时，可考虑部分产权型保障房以相应价格出售后，回收很大一部分成本。以上合计，基本可以实现资金平衡。同时，政府手中还可以留存一部分优质保障房资产，并形成固定保障房房源。以下是重庆市2010年制定的建设公租房计划的资金平衡简表，可以看到实现资金平衡的可能：

2010年初，重庆市提出3年内由政府投资和提供相关优惠及配套政策，建设4000万平方米公租房的计划，大约需要1100亿元建设资金。其中，政府通过中央专项补助、市财政预算、土地出让收益以及房产税等渠道，可解决30%的资金，其余部分缺口将利用银行、社保基金、公积金、保险等多种社会资金加以弥补（表4.12）。

重庆市公租房三年建设计划 **表4.12**

政府投入资金			4000万平方米公租房建设	
中央和市级补助	税费减免	划拨土地投入	公租房面积	商铺面积
85亿元	115亿元	130亿元	3600万平方米	400万平方米

据测算，公租房建成后，资金支出主要包括770亿元贷款的还本付息和运行维护成本。按年息7%计算，年贷款利息为54亿元，运行维护成本为10亿元，合计64亿元。公租房和商铺的月租金分

别按10元/平方米和50元/平方米计算，每年公租房租金为43.2亿元，商铺租金为24亿元，两者合计67.2亿元，可以平衡利息和维护费用。

将来，如果能以10000元/平方米的价格出售商铺，可收回400亿元；以4000元/平方米价格出售1/3的公租房，可收回400多亿元。这两者可用于归还社会资金本金，实现公租房资金的收支平衡。从长远看，公租房建设也能够形成一笔优质的国有资产，带来稳定的财政收入（表4.13）。

重庆市三年公租房计划资金收支平衡表　　　　表4.13

<table>
<tr><th colspan="2">支出(亿元)</th><th>资金回笼方式</th><th>单价</th><th>收益(亿元)</th></tr>
<tr><td rowspan="3">市场融资(贷款)</td><td rowspan="3">770</td><td>出售商铺</td><td>10000元/平方米</td><td>400</td></tr>
<tr><td>出售1/3的公租房</td><td>4000元/平方米</td><td>480</td></tr>
<tr><td colspan="2">合计</td><td>880</td></tr>
<tr><td>年贷款利息7%</td><td>54</td><td>出租商铺</td><td>50元/平方米·月</td><td>43.2</td></tr>
<tr><td>年运行维护成本</td><td>10</td><td>出租公租房</td><td>10元/平方米·月</td><td>24.0</td></tr>
<tr><td>合计</td><td>64</td><td colspan="2">合计</td><td>67.2</td></tr>
</table>

4.4.2　保障房建设与管理框架搭建

中国各城市保障房一般的管理模式：

1.中央政府制定计划，拨付相应补贴资金到各省市，各省市依据自身情况和任务分解任务到各地市，各地市再由专门的住房保障局、城乡规划局、国土局、住建委等部门制定规划、计划、制度并实施，通常归口在住房保障局管理。

2.行政管理模式在外的实施工作，则由相关国资控制的房地产公司、城投公司负责保障房的土地、建设资金、项目建设等工作，公租房的产权归这些公司所有，建成后保障房分配和管理移交给各区住房保障局。

3.新建保障房小区的物业管理则有各种做法，一般通过物业管理公司招投标确定，符合资质的公司竞标获得保障房小区的物业管理资格。

这一建设管理模式在不同层面也暴露出一些问题，主要有：

1.牵涉的管理单位多，由住房保障局一家协调，具有一定难度。在中国很多城市的住房保障局并不是独立一级的政府部门，属于国土管理或住建委下属二级机构。通常管理层面的计划制定、任务下放、建设过程、监督管理、物业服务等需要专门人员参与，同时也涉及规划落地、建筑设计、土建安装、招商招租等各专业人士，对于住保局的人员构成有很大挑战[53]。由于中国城市面积较大，市级和区级住保局中真正能在一线开展保障房资格审核、分配、退出等管理的人数严重缺乏，这会导致对申请人资料的审核无法深度把关，也无暇关注有无人员应退出保障体系。

2.由国有城投公司开展建设，移交管理权给住房保障局的模式，城投公司必须负责资金平衡、土地获得、建设等工作，虽是国有背景但毕竟是公司制度，面对保障房这种投入大、回报少的项目，也会有一定难度。同时由于建设与管理分开，容易造成规划设计内容与保障对象的使用需求脱节，不利于后期管理。

3.物业管理的问题在于：首先，工作中重规划建设、轻物业管理，在建设阶段对物业用房的面积、功能组成、便民性，尤其是针对保障房群体中残疾人、老年人、文化程度不高的人群的预先设计不足，设备设施投入不足；其次是城市保障房入住人群对物业管理的配合不够，这主要是因为居住人群的来源、生活习惯、文化程度、融入城市的阶段各不相同，很多城市公权和私权的界限不清造成的；最后，物业管理收费有限但工作难度大，中标物业公司往往难以运作下去，部分居民甚至拖欠、拒缴物业管理费，有些保障房政府给居住者补贴的物管费用与市场严重脱节，使物管公司入不敷出，进而影响提供的物业服务，进一步引发业主的不满。

针对这些问题，调整或优化保障房建设与管理框架，可以从以下4个方面着手：

1.建议参考香港的运行框架，成立专门机构（类似房屋委员会）负责实施保障性住房计划。该机构有法定机构资格，能获得划拨类或低于市价的土地兴建房屋。机构成员拥有多元化的社会和专业背景，机构主要负责人中有政府公务人员，但也包含其他社会阶层人员，既能保证保障房政策制定，又能反映不同阶层意见，还可以吸引社会资金参与建设和管理。

2.专门机构同时负责商业设施的运营。运营既包含出租，也包含出售。建设与运营一体化，以运营利润来增加对社会资金的吸引力。同时，可以根据社会经济发展情况，在房价高涨时适量出售商业或住宅，回笼资金。商业的面积总量、包含的功能组成、停车场的商业价值等都是经过机构提前策划、计算过，确保资金的平衡性。上海市已经开始了这样的尝试，组建上海徐汇惠众公共租赁住房运营有限公司，专门运作公租房的分配管建，区内公租房定向分配、经租管理等工作。

3.物业管理的两种形式：政府主导物业管理，提供价低质优的服务，对于廉租房群体，自身生活还需要政府提供低保金，很难再拿出物管费，这时政府下属的管理机构也需要考虑承担一定的物业管理职能，不能都推向市场。对于混合居住小区或公租房小区，则可以考虑市场竞争、政府补贴的方式，制定出物业服务的标准和基本服务的组成条目及收费标准，低于市场价格部分由政府补贴。但是，在投标中要提出专门针对保障房住户特点的条款，例如无障碍服务、医疗服务等，同时强调居民的自组织，引导居民委员会建设，甚至从保障群体中招聘适合人员从事物业管理工作[54]。

4.引入社区管理的模式和经验，保证被保障居民能感受到社会的关怀。住区问题采取资金奖励、管理引导等措施，建立居民自治组织，让业主主动在自管中形成互助关系，维持小区的环境、秩序，创造一种向上的精神氛围，更好地让保障房社区融入城市生活中，以避免贫困聚集和后期衰败。小区居住环境的营造需要特别重视，调研居民的真实需求，开展小区环境建设[55]。

4.4.3 准入标准与退出机制

保障对象从城镇户籍居民扩大到外来务工人员是大势所趋，并不意味着所有城市的准入标准就会一步到位，每个城市会根据自身的保障房规划和供需关系确定标准，供应能力强的会一步到位，供应能力弱的城市会选择设定一定的门槛，一步步放开，但总体说来，最终都会回归保障对象的基本要求，即所在城镇居民中的中低收入阶层、住房困难群体。这类保障房准入标准是根据每个城市人均可支配收入，预先设定一个比例收入覆盖范围，结合现有住房条件标准来设定的，即以低于某收入界线为标准。从未来精细化设定标准的角度来说，还可以考虑设定一个保障对象支付能力问题，即有部分符合条件但支付能力不够的群体。例如考虑家庭债务问题、家庭结构、人员数量和家庭健康等情况，其家庭生活支出都会有很大不同，这也就是老百姓通常说的家里负担重，这种负担重通常指的并不是收入低，而是有其他方面的压力。以租赁价格和销售价格为基础，综合考虑住房支付能力，再界定租赁型和产权型保障房的准入标准，会更加人性化。当然，这又涉及信息来源和审核工作，可以作为远期保障房准入标准的方向。

退出机制：在保障房供不应求的阶段，从政府到市民关心的主要都是怎样建设更多更好的保障房，增加房源；怎样公平地分配给申请者，在经适房阶段发生了很多开着宝马住保障房的案例，因此在制度层面想得更多的是公平的分配，防止中高收入阶层抢占保障房资源，维护保障房的社会公平性。但随着“十二五”期间大规模保障房建设后，各地方政府手中都有了一大批保障房，住房保障建设也逐渐由粗放建设阶段，进入精细化管理阶段，这一阶段关于法规制度建设、保障标准和方式的变化、保障对象的更新都会进入存量管理，其中退出机制也不能忽视[56]。

当保障人不满足申请条件时就应该退出住房保障体系，有人退出后，才能实现保障房的再分配，使得政府手中的保障房流动起来，在相对稳定的存量中让更多中低收入群体得到住房保障。

例如，重庆市定期对承租人租住资格进行动态核查，并作出公示（图 4.21）：

1. 在申请公共租赁住房地区获得其他住房，不再符合公租房保

重庆市公共租赁房信息网

— 重庆市公共租赁房管理信息平台 —

首 页 | 机构设置 | 公 租 房 | 办事指南 |

您现在的位置 — 首页 >> 信息公示 >> 退出人员公示

- 因获有其他住房已清退入住人员公示名单
- 关于清退康庄美地欠租违规住户的通告
- 关于清退康居西城欠租违规住户的通告
- 关于清退城南家园欠租违规住户的通告
- 关于清退民安华福欠租违规住户的通告
- 关于清退民心佳园欠租违规住户的通告
- 关于清退两江名居欠租违规住户的通告
- 关于清退不符合租住资格住户的通告
- 强制清退转租公租房的违规住户明细表
- 因转租已清退人员公示名单
- 因获有其他住房已清退入住人员公示名单
- 重庆公租房退出情况信息公示

王××	民心佳园	民心路555号35幢21-8	两室一厅	已清退
蒋××	民心佳园	民心路555号34幢23-4	两室一厅	已清退
李××	民心佳园	民心路555号6幢4-12	一室一厅	已清退
郭 ×	民心佳园	民心路555号13幢24-7	一室一厅	已清退
冯××	民心佳园	民心路555号30幢13-9	两室一厅	已清退
欧××	民心佳园	民心路555号19幢19-12	一室一厅	已清退
周 ×	民心佳园	民心路555号4幢13-11	一室一厅	已清退
金 ×	民心佳园	民心路555号4幢10-1	单间配套	已清退
张××	民心佳园	民心路555号15幢5-7	单间配套	已清退
郭××	民心佳园	民心路555号20幢23-6	单间配套	已清退
刘××	民心佳园	民心路555号7幢9-9	三室一厅	已清退
郑××	民心佳园	民心路555号39幢7-2	单间配套	已清退
曾××	民心佳园	民心路555号54幢6-1	单间配套	已清退
王××	民心佳园	民心路555号27幢18-5	一室一厅	已清退
吴××	民心佳园	民心路555号39幢13-10	三室一厅	已清退
何××	民心佳园	民心路555号20幢14-3	一室一厅	已清退
唐××	民心佳园	民心路555号8幢12-8	一室一厅	已清退
赵××	民心佳园	民心路555号40幢9-3	两室一厅	已清退
李××	民心佳园	民心路555号12幢8-10	两室一厅	已清退
张××	民心佳园	民心路555号53幢5-4	两室一厅	已清退
江 ×	民心佳园	民心路555号1幢12-2	单间配套	已清退
游××	民心佳园	民心路555号24幢31-11	一室一厅	2倍计租
荣 ×	民心佳园	民心路555号42幢3-12	单间配套	2倍计租
杨 ×	民心佳园	民心路555号28幢29-12	单间配套	2倍计租
向××	民心佳园	民心路555号25幢31-12	单间配套	2倍计租
宋××	康庄美地	500号10栋26-2	两室一厅	已清退
张××	康庄美地	500号8-12-11	两室一厅	已清退
何××	康庄美地	500号4栋19-3 号	单间配套	已清退
周××	康庄美地	502号15栋22-9 号	单间配套	已清退
陈 ×	康庄美地	500号8栋9-11 号	两室一厅	已清退
况××	康庄美地	502号7栋13-9	三室一厅	已清退

图 4.21　重庆市公共租赁住房退出机制信息公示

图片来源：重庆市公共租赁房信息网

障资格的租户将收到房管中心送达的《取消租住资格通知书》《重庆市公租房清退告知书》；暂未腾退的租户有 3 个月的过渡期，过渡期内按公租房租金标准的 1.5 倍计收租金，过渡期后按公租房租金标准的 2 倍计收租金。

2. 转租公共租赁住房的违规用户将被强制清退。

3. 拖欠租金累计 6 个月以上的租户将被解除租赁合同，收回公共租赁住房，其行为将被记入信用档案，5 年内不得申请公共租赁住房。并通报其所在单位和住房公积金管理部门，从其工资收入和住房公积金账户中划扣所欠租金，必要时将予以申请人民法院强制执行。

维护公平、健全退出机制固然是必要的，但在其执行过程中也有几个问题需要考虑：

1. 被保障人情况的信息收集和审核。通常规定都是每两年由申请者自己申报财产状况，但很难界定自我申请信息的真实性。比如申请者是否在这期间买商品房、收入增长情况、是否购买私家车，这些私人信息需要及时跟踪审核，这有赖于全国个人信息系统的建立[57]。同时，还要定期了解保障人在保障房中的居住情况，很多城市都出现过有人将保障房转租牟利的现象，这就完全违反了保障房的初衷。

2.申请人的换租需求。首先，保障人群申请保障房时，选择范围是很受限的，申请人可能经过长时期的轮候摇到一个交通不便的住区，交通支出和时间成本增加，出现保障房的非平衡性。其次，中低收入阶层的工作往往不够稳定，工作的变动频率较快，会出现工作地点在城市不同区位的变化，而保障房的换租面临着许多手续障碍。此外，申请人在轮候期间甚至是承租期间，有可能因为结婚、生育、与父母合住等情况导致家庭人数发生变化，从而产生新的需求。这些情形就需要政府根据手中的房源，允许申请人提出申请，设定换租同等标准保障房的条款，满足这部分需求。如果实物补贴房源无法满足，也可以考虑退出实物补贴，转而申请资金补贴，增加弹性。

3.退出方式。退出有多种方式，可以细分收入等级，收入增加则减少补贴，直至完全退出保障体系；对产权型保障房（如共有产权房），购买政府手中的部分产权是一种退出方式[58]；对经适房，补交土地价款、税费，或退回政府曾经的补贴款也是退出方式。对于收入水平刚刚高于准入标准理应退出的住户，还可以考虑鼓励其购买商品房，从金融政策上给予低息贷款或降低税收等支持，保护这部分在保障边缘上的过渡型家庭，争取在住房支出上降低他们的压力。

4.工作方式。尽管在理论上建立退出机制不是难事，但在实际工作中要实现退出仍然面临复杂的情况。可能有不满足某一条标准理应退出的，仍然要区分其真实的生活状况，对于中低收入阶层，过于强制性和机械的执法方式，很容易引起社会矛盾。将退出人群分类，以耐心劝退、逐渐提高租金、强制退出、法院执行等多种方式实现退出目的。

社会福利是有限的，不符合保障房标准的人得到不属于自己的资源，必然有真正需要保障的人露宿街头，为确保公租房的保障属性，实现公共资源公平善用，使应保障的住房困难群众真正受益，更应制定可执行的退出制度。

4.4.4 完善的个人信息系统与分配公开制度

前文所述的中国保障房建设现阶段的主要问题中，很重要的一个就是信息不健全，由此引起的保障对象扩大化、退出机制无法实施、申报分配不透明、造假者无法惩罚等一系列问题。诚然，在中国现阶段，要想完整地了解公民财产、收入、不动产等私人情况，还有很长的道路要走。要想在住房保障领域构建法规和制度的整体框架，健全信息和退出制度是必不可少的环节，也是保证这一制度能真正实现社会公平，惠及中低收入阶层的重要步骤。虽然需要一个过程，但搭建好制度体系，可以逐步完善信息内容，实现信息共享。

1.准入信息的核实

中国汇集各个系统的个人基本账户制度还未建立，金融与财税系统未联网，申请人单位出具的工资收入证明可信度不高，这都会导致个人收入的不真实。同时，各类兼职中很大一部分是现金交易，隐性收入无法计算。比如上海、北京等超大城市家庭收入中工资外收入所占比重就高于一般中小城市。尤其对中低收入阶层，工作单位与工作形式不固定，核实收入状况就更难。

对申请人的工资收入、额外收入、投资收入，不动产资产，日常消费支出等情况作全面审核；对房地产子系统、工资收入系统、税收系统、银行信用系统、户籍系统、证券系统、社保系统甚至消费支出等开展全方位审查，最终建立个人唯一信用账户、社会保障账户、家庭和个人收入财产申报等系统，在法律授权范围内查看申请家庭的资金情况、股市情况、纳税记录、房产情况、公积金情况，提供保障性住房申请必需的核实报告。

2.信息公开和社会监督

信息公开主要是指在保障房的分配制度上，要强化信息公开披露，引入监督机制，减少腐败问题。信息公开包含：申请人的申请材料、审核结果，保障房源的各类信息、每个批次的轮候范围和分配机制等。信息公开的方式可包含网络、住房保障部门办公场所，同时应设立监督电话等，信息资料可长期查阅。此外，还应加大对普通市民住房保障政策的宣传，有关问卷调查表明，城市中了解保障性住房政策的市民只有约 1/3，大量市民不知道保障标准，也不知道自身有无可能获得补贴[59]113-118。

制定具体的轮候排序原则，杜绝徇私舞弊现象发生。保障房分配全过程都应在公众监督之下进行。重庆市历年来公租房都实行公开摇号配租，例如在 2015 年 10 月进行的第十三批摇号中，共有 56322 户符合申请条件和 13791 套公租房参与了摇号配租。申请人中主城区户籍家庭占 27%，本市进城务工人员占 50%，新就业大中专毕业生和外地进城工作人员占 23%。全过程有公证人员的监督，部分市人大代表、政协委员、监察部门人员及部分申请人现场参与，重庆市公共租赁房信息网、华龙网进行了网络直播，结果在《重庆商报》上进行公示（图 4.22）。

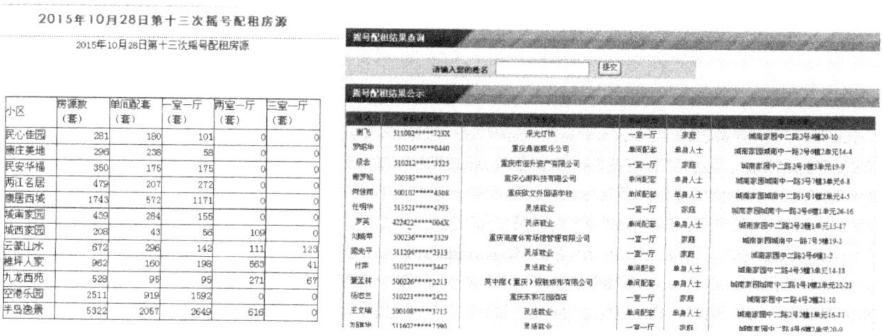

2015年10月28日第十三次摇号配租房源

2015年10月28日第十三次摇号配租房源

小区	房源数（套）	单间配套（套）	一室一厅（套）	两室一厅（套）	三室一厅（套）
民心佳园	281	180	101	0	0
康庄美地	296	238	58	0	0
民安华福	350	175	175	0	0
两江名居	479	207	272	0	0
康居西城	1743	572	1171	0	0
城南家园	439	284	155	0	0
城西家园	208	43	56	109	0
云篆山水	672	296	142	111	123
睦坪人家	962	160	198	563	41
九龙西苑	528	95	95	271	67
空港乐园	2511	919	1592	0	0
半岛逸景	5322	2057	2649	616	0

图 4.22　重庆市公共租赁住房人员公示

图片来源：重庆市公共租赁房信息网

3. 逐步建立违规和违法惩罚制度

中国保障房分配过程中出现过的虚假瞒报及其他违规问题，一方面是制度及信息数据不完善所致，另一方面原因则是对违规惩罚制度不全以及难以实施。

首先，制度要使违规者受处罚的程度大于其获得的不当利益。

在中国香港，如果公共住房申请造假行为被发现，申请者首先被取消资格，然后视情节轻重罚款，最终还会追究刑事责任。惩罚机制使造假者的违法违规成本巨大，造假行为得以收敛。中国可以借鉴和国情相适应的做法，在资格、罚款、刑事责任三方面制定制度。

其次，推进全领域信用体系建设。形成住房保障失信后，在信用卡管理、住房贷款、金融、就业、社会保障等相关领域处处制约的环境。这也是一种提高社会信用体系建设的手段。

最后，要建立监督和更新制度，政府监督与自组织监督相结合。物业公司作为企业，不具备相应的行政职能和行政强制性。很多城市都存在有人将保障房拿来转租牟利的现象，被发现后抗拒执法，因为是低收入人群，执法单位也没有清晰的处罚办法和手段。有的人当场搬回保障房，待执法队伍离开一段时间后又继续转租，增加执法成本。建立居民自组织治理制度，进行居民自发监督。对违规家庭必须由政府出面通过行政、司法等手段进行查处，并建立信用档案，作为信用体系的一部分，也是未来申请的依据。保障房的共同管理和监督组织可包含：社区居委会、派出所、房屋管理机构、物业服务公司、住户代表等组成的小区管理委员会。

4.5　本章小结

国内很多学者关于保障性住房制度和建设的研究通常是取其一点深入研究，但从本章分析的结果看，影响保障对象能否真正科学、合理地得到国家住房保障，并且这份保障是否是他们所需要的，能否实际解决问题，并非简单的制度构建或选址研究所能解决。单一层面的解决方案如果不能放在一个包含宏观、中观、微观的体系下，就会失去解决问题的前提或落地性。因此，本章得出一些基于城市关联性下的保障性住房的建设要点。

保障性住房建设在宏观层面，包含立法和制度两个方面。从与各个国家和地区的比较研究可以看出，立法是保障房建设实施的保证和依据，也是能够顺利开展建设的前提，中国在这方面存在一定的滞后性。制定法律，首要是确定保障性住房体制的基本属性，包括社会公平性、保障适度性、长期动态性、地区非平衡性，这些属性有的是各国和地区所共有的，有的则是中国特有的，和中国的经济社会发展相关。这些特有的属性决定了中国制定相关法律和制度的基础。

在法律的具体内容上，本章从保障主体、保障房类型、保障标准、保障方式等几个主要方面给出相应的结论，尤其针对保障对象，研究特别结合中国近些年的发展特点，对未来需要关注的几类人群作了专门的分析，他们是农民工、新就业大学生及各类引进人才、老龄化人口等，对他们的人口构成、生活习惯、居住需求等作了分析总结，用以对保障房对象开展长期趋势的预判。

制度建设主要是操作层面的构建。研究主要从资金筹集的方式、建设与管理框架搭建、准入标准与退出机制、信息系统建设和公开等几个方面进行论述。对法律的原则性与各类规章制度的灵活性，作为宏观层面互相补充的两个方面，作了论述。

5

基于城市关联性下的城市空间中观保障策略

保障房与城市关联度形态构成的中观层面策略，关系到法律和制度等宏观策略在城市空间层面能否落地，也关系到住区空间营造、建筑设计、环境设计等微观层面是否具有好的外部条件。从城市空间关联性角度，可以把保障性住房分为自我完善型、城市叠加型、斑块融入型等三大类型，根据依托超大城市发展子型、依托企业及园区发展子型、自身带动城市发展子型、依托中心城区叠合发展子型、有机更新融入城市子型和城区地块新建融入子型各自的空间构成要素和特点，本章尝试对保障房的整体城市空间策略和基于城市关联性下的三种类型保障性住房的城市空间策略开展研究。

城市规划是政府配置各种资源的重要手段之一，包含对资源、空间、环境和土地利用等的预先干预，其目的包含维护社会公共安全、社会平等与利益平衡等。随社会经济的不断发展和完善，城市规划公共服务的政策属性越来越明显。公共政策规划中包括准公共物品的基础设施、社会服务、社会保障、中低收入群体住房供应等方面，都是软性和弹性化的社会需求。其中，城市空间是建构城市规划的重要因素，是体现资源、土地利用，居民文化的空间载体。保障性住房针对的中低收入阶层，涉及城市居住人口的 40%，量大面广，作为城市重要组成部分，他们的居住空间区位和品质等特征是城市空间重要构成因素。城市规划传统构成一般以城市经济发展、生态资源保护与利用、空间资源配置等领域为主，对中低收入阶层的居住规划及其潜在的社会问题研究需要引起重视。

根据前文对住房建设影响因素的研究，从与城市空间非平衡性和非公平性、被保障人群生活方式的改变、保障房建设与运行模式几个角度的分析，在整体城市空间策略上，本章尝试提出以下几方面策略：

组团平衡与混合居住：保障房在核心城区、城市新区采用不同的策略，形成各自组团平衡，以混合居住为手段，提高保障房与城市的融合，使非平衡改变为新的动态平衡。除考虑组团布局的平衡性外，还要辅助居住与就业的空间适配。即研究保障性住房与新城、新市镇的关系，以及与各种产业园区的关系，建立被保障人群可以接受的居住工作新生态。

公共交通导向：自我完善型、城市叠加型、斑块融入型等三大类型保障房均需要得到公共交通的支持，以交通降低职住分离成本，提高居住生活质量，是保障房建设重要的规划策略。

多元化房源下的空间选址：将城郊大规模建设与中心城区边缘集中建设与核心城区斑块融入相结合，拓宽保障房的来源渠道，将空置房与城中村作为建立新的平衡性的一种手段。

复合界面：软化硬质边界，建立保障性住房以良性有机体的形式融入城市空间，探讨空间层面、生活场景层面、不同阶层人群交流层面的和谐发展。

5.1 组团平衡与混合居住：非平衡性下的融合策略

5.1.1 空间布局的组团平衡

保持保障性住房空间布局组团的平衡，就是不受土地财政和观念意识的牵扯而走向非平衡性。通常保障性住房建设的三种空间布局模式是：近郊区集中开发建设、中心城区边缘地区的集中建设、城市中心区分散城市更新建设。

组团平衡要站在整个城市角度去理解。前文已经分析了中国目前保障房城市空间的主要问题就是空间分布非平衡性，保障房过于集中在近郊区与城市外围，而且规模较大，造成保障群体生活不便、职住分离、贫穷汇集等一系列问题。传统保障房选址通常位于中心城区边缘或副中心边缘，土地成本较低、规模较大，虽然出发点并没有错，但这个思路仅体现了城市主次中心的分化（类似于凯文·林奇在《城市意象》中提出的节点概念，节点通常是不同结构的连接转换之处，可能是城市主次中心）。

若从城市整体角度考虑，应消解连片保障房住区，缩小保障性小区规模，以斑块和点状布局在城市近郊区、中心城区边缘、城市中心区中，建立组团平衡。这种布局的原则是以城市规划发展方向为依据，在城市主次中心的节点之外，寻求道路与区域层面的连接处，布置保障性住房，化整为零，平衡布局[60]。基于土地效益的变化，外围规模可以适当大一点，越往城中心规模越小，同时保证沿城市规划发展方向的点、线、面内，布局不同类型的保障房，形成组团平衡。保障性住房在城市空间的布局应综合区位基础设施条件、土地价格、规划产业布局、交通主要道路以及居住空间布局等因素设置，选择在条件最均衡处建设，实现城市和谐发展。

1.城市近郊和中心城区边缘的大型保障性住房空间布局

虽然对建设依托超大城市发展子型或大型保障性住房小区的诟病很多，如存在短期内配套不足、交通不便等问题。但也应该清楚地看到，中心城区土地资源昂贵，不可能作为保障性住房的主要选址。建设周边分布型保障房社区能够得到廉价土地，快速解决大量居民的居住问题，降低城市居住整体压力，更重要的是保障性住房建设能促使城郊土地成熟，提升新区人气，拓展城市发展空间。整体体量过小的社区是起不到这些作用的，因此结合城市未来发展特点，例如在超大城市的周边，有计划地布局超大型或大型保障房社区是可行的。在一般大中城市中心城区边缘布置一些大型社区，可以起到分解中心城区职能的作用，是城市空间平衡性发展的一种手段（图 5.1）。

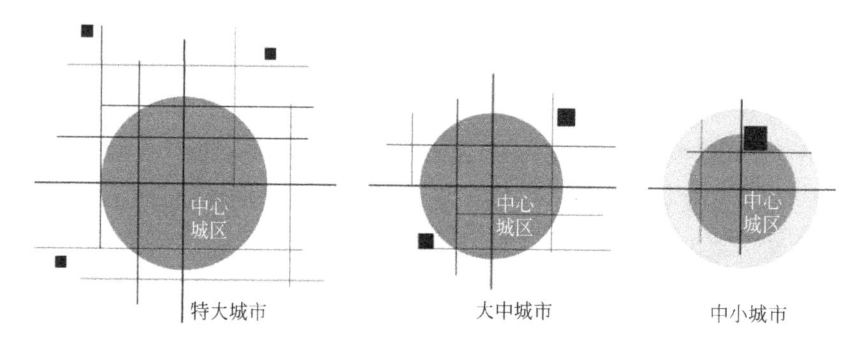

图 5.1　城市近郊和中心城区边缘的大型保障性住房空间布局示意图

对中小城市而言，其发展趋势通常是圈层式向外拓展。保障性住房在城市未来主导发展方向和现状中心城区边缘选址，易为中低收入阶层接受。

大型社区并非是封闭固化的，而是有机融入城市的，这就需要控制其规模并配置功能设施（图 5.2）。中国香港和新加坡的新区公屋建设经验表明配套设施先行是基础，只提供廉价土地是不够的，政府应该结合第二产业外迁的城市化发展规律，为这些社区制定居住与就业配套的发展规划，才能实现这些社区的良性发展。

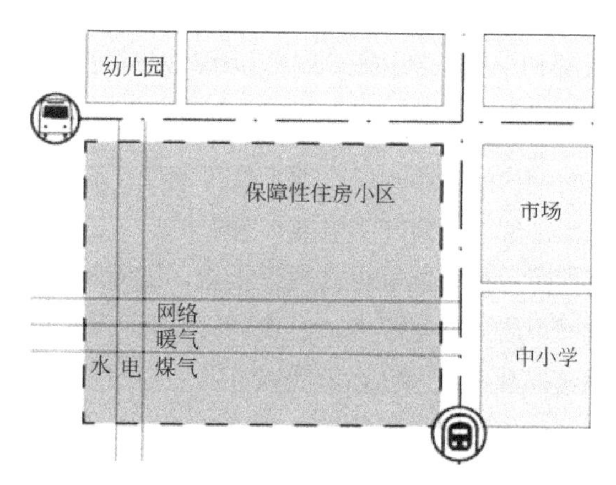

图 5.2　大型保障性社区功能设施配置示意图

2.中心城区内的保障性住房空间布局

在老城区中建设或通过城市更新改建出部分保障性住房是促使组团平衡非常重要的策略（图 5.3）。中国目前保障房非平衡性最明显的表现即中心城区内几乎没有成规模的保障房源。随着城市产业转型，第二产业外迁，中心城区产业构成也在不断变化。服务业在中心城区的积聚为城市提供了大量的中低收入阶层就业岗位，这形成了在中心城区配置大量保障房的需求。同时，中心城区配套设施条件最齐全，为中高收入阶层独享是非公平性的。获取保障房房源的做法可以有：

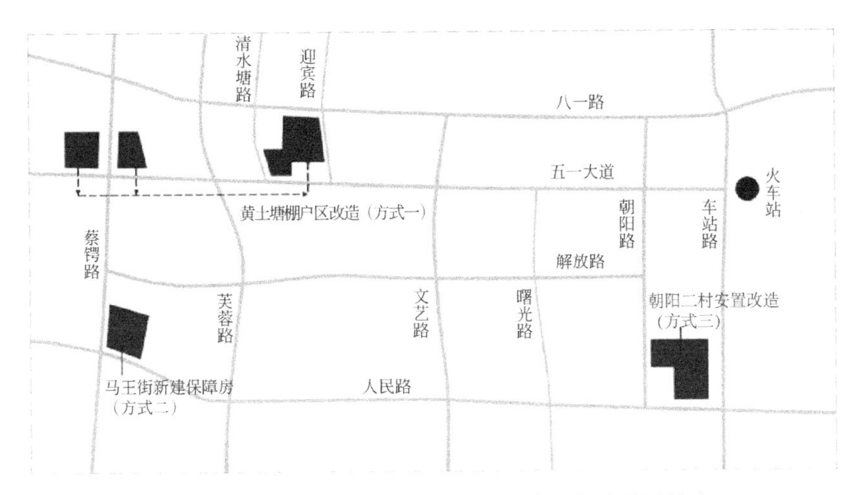

图 5.3　长沙市芙蓉区五一路周边保障性住房建设策略

1）在城市更新中选择当年拆迁地块中的部分土地用来解决住房保障问题，政府如果分析地块条件不适合作保障房，可重新选取。

2）通过建设一定规模的保障房，直接提供房源。中心城区是一个空间概念，中心城区中的土地同样可以细分为不同性质和价值，并非所有中心城区的土地都需要拿来开发商业和商品房，这其中包括政府控制的部分公共性质用地、相对偏僻的用地和零散用地等。通过土地复合利用，提升土地效率建设保障房。如利用大型超市、交通首末站的顶部新建高层建筑作为保障房。

3）注重城市更新与单体建筑插建。在有城市历史和人文价值的中低收入阶层聚居地段开展城市更新，例如一些效益不佳的老工厂、老社区等，这可以有效避免前文提到的因生活肌理改变而难以融入新住区的生活问题。同时增加就地安置人数，维持社会稳定。

4）在中心城区利用其他渠道增加保障房房源，比如租赁用房、商品房混合配建、空置房、公房棚改房等。

3.空间布局的组团平衡的方式

在城市近郊区、中心城区边缘和城市中心区协调建设，城市主中心、副中心及片区中心各有侧重地推进各种类型、各种规模的保障性住房建设，运用强力的公共交通联系各个区域（图5.4）。特别是超大、特大城市通过城市空间结构规划，建设多中心布局，引导居民向片区中心集聚，在现阶段外围城区大量建设保障房的基础上，增加小规模、分散式的保障房建设，在相对小的空间尺度范围内解决居住和就业，增加保障性住房建设的基地备选空间。强调组团平衡布局的关键在于布局点的选择和串联方式，可以从以下几点进行规划：

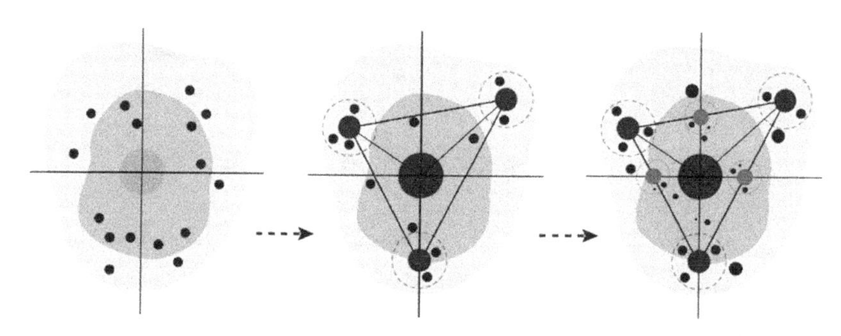

图5.4 城市近郊保障性住房空间布局组团平衡的方式示意图

1）缩小各个保障房选址点之间的绝对距离，并缩小各保障房选址点到片区中心的距离。

2）不是绝对匀质的分布，而是结合城市产业发展方向，中心城区与发展区增设区域中心。

3）重视选址点与交通的密切联系，特别是高密度的保障性住宅建设，交通干线是连接各保障房社区和城市的筋骨。

5.1.2 空间适配：降低居住与就业的分异现象

在城市保障性住房空间布局规划中，除了布点的平衡性外，功能构成的平衡性也很重要。各中低收入阶层居住用地在一定程度上尽量实现条件均质化，各地块的交通可达性、商业设施布局、教育、医疗、环境景观等区位影响因素条件近似，这样居民就有更多可选择的区域，根据工作地点的变化及其他因素选择房住地。

1.理念上对功能配置重视

从中国香港、新加坡公屋的经验来看，齐全的配套服务和良好的生活环境品质是当地公共住宅良性运转的关键。与前文分析的传统观念布局下的非平衡性保障房社区规划相比，其进步之处在于在保障房规划建设之初，就是抱着重视交通、配套的理念，而不是把土地价值成本、中高阶层的“特权”放在首位。这并不是说要把资源最核心的地段都拿来建保障房，而是看到了保障性住房对于城市的积极影响，以及从人性关怀角度以把居民住房保障建设做好为目的。既然政府和社会出于社会关怀的角度为中低收入阶层建设保障性住房，那么就同样应该秉承让他们安居乐业的理念，只有提供的保障房配套齐全、功能齐备、交通便利，保障群体才会选择居住在保障房，生活工作。反之，就会造成投入巨大建成的保障房被冷遇的状况。

2.城市功能的多核心和网络化发展

城市通常意义上的功能区包括住宅区、工业区、商业区三大类，特大及以上城市还有政治行政区、科技孵化区、文化区、高等教育区等，小城市则一般处于混合发展阶段。中国大中城市正在经历城市形态从单核心向多核心格局、网络化方向发展，城市片区中心各种功能重新集聚的过程，在城市中心城区及边缘发展兼具商业、服务与居住等职能一体的功能次中心，在城市近郊则发展兼具生产、商业、服务、居住一体的功能区。在多核心和网络化发展方向下，城市逐步摒弃了居住、生产、游憩和交通功能区严格区分的模式，进入复合化、渗透化发展阶段，在居住重点片区，更注重各类功能配置的齐全。

3. 保障房住区功能配置

不同规模和类型的保障性住区，其自身及周边城市配套通常要考虑如下这些功能配置（表 5. 1）：

保障性住区周边功能配置 **表 5. 1**

功能	具体设施
教育机构	中学、小学、幼儿园、托儿所、商业培训机构、技能培训机构
医疗机构	医院、小型诊所、卫生站、小区医疗点
商业设施	大型超市、小型零售店、市场、餐饮、药店、书店
金融邮电	银行网点、邮局、电信网点、银行柜员机
文化娱乐	适合不同年龄、不同收入结构人群不同需求的各类娱乐场所、文化馆、棋牌室
社区服务机构	社区服务中心、居委会、调解机构、派出所、物业管理
休憩	大中型绿地、公园、居住区级别绿地
集会体育活动	广场、开放空间、体育设施、避难场地
市政公用设施	轨道交通(大城市)或公交站、自行车道、慢行系统、绿道、公厕

这些是基本的居住社区级别功能配置，至于公共文化设施、大型交通枢纽、大型医疗机构等则由更高级别的行政区划相应配置。

保障性住房用地与产业用地共生关联，混合土地功能的规划概念逐渐被大家接受，其基本理念是：将不同城市功能聚集在同一地域空间内，提高生活便利性的同时提高土地利用效率，打造和谐、开放的社区。混合土地使用最关键的是不同功能间的人流、物流、信息及空间结构的有机联系。

1）在依托超大城市发展子型或自身带动城市新发展子型建设过程中，如果能有适合的产业用地配套，就可以降低很大一部分保障人群居住分异的现象，减小钟摆作用，既可以便利中低收入阶层，又可以缓解城市交通压力，还可以通过产业联系就业和居住，形成城市良性有机体。

中国香港的公屋建设中就运用了这个理念，混合居住用地与工业用地，工业用地引入低收入者通过一般培训就可上岗的行业。新加坡在新镇中，把组屋区与配套设施从布局和结构上统一规划，镇内10%～20%的土地规划为工业配套用地，一般处于每个镇的边缘，为镇内住宅提供可观的就业机会。

产业用地可以设置无污染、小规模、劳动密集型的工业，如配件制造、制衣和纺织等，也可以考虑接纳城市中心区转移出来的专业类大市场，如蔬菜批发、日用百货批发、服装批发市场等，保障居民可以在这些工厂或市场中寻觅就业机会，如销售、司机、装卸、餐饮等职业。此外，政府还可以在产业用地周围安排相关的技能培训机构，为中低收入人群提供一些就业培训和指导（图5.5）。

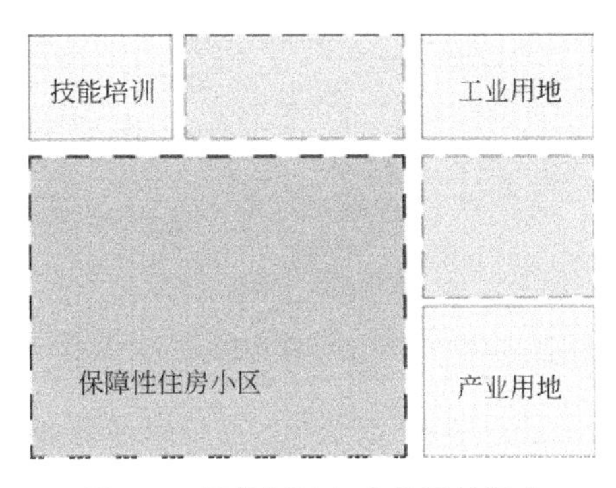

图5.5　居住用地与产业用地混合

2）在斑块融入型中，保障房空间规划也可结合土地混合理念。中心城区的就业就不是简单的小块产业用地，而是在区划内各种就业单位中平衡居住与就业的关系。很多城市虽然同样规划了居住用地和商业办公用地，可是居住用地中更多的是高端商品房，不一定能很好解决职住分离的问题。深圳福田中心区规划曾安排了相当数量的住宅用地，但后来发现拥有住房的人很多并不在中心区工作，而大量打工的中低收入人群又没有合适的保障房居住，只好住到城外。所以在中心城区同样可以运用混合用地功能的理念，只是保障房的类型可以选择一些租赁型的公寓类产品，为就业者提供就近的居住地。

中心城区能建设保障房的土地资源有限，可以利用零散用地见缝插针地建设高密度高容量的公租房（图5.6），这样利用成熟的公共配套与城市交通资源，如长沙五一大道边的黄土塘安置地块，就可以把容积率适当提高，建设租赁型保障房，适合新就业大学生和外来务工人员，节约交通成本。中心城区公租房可以提高流动性，设定承租期限，适当提高租金，由工作地捆绑居住地，始终保证房源租给就近工作的人。

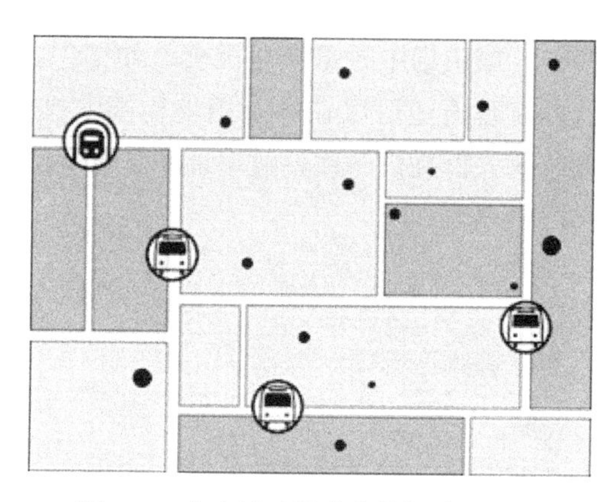

图5.6　中心城区保障房的插建示意图

3）依托企业及园区发展子型中就业与居住的混合。这类子型本身一般位于大型企业或产业园区内，周边产业用地较大，居住区成了配套用地。其先天优势就是产业与居住融为一体，缩短了就业与居住的交通距离和时间。但需要注意这类产业用地中可能有污染企业或噪声企业，因此应将保障房布局在主导风上风向或远离废水噪声的方向。在这种园区中，还可以考虑设置企业班车，进一步降低通勤成本，同时增加基础公共设施的配套，例如学校、医院、文化设施、商业设施等，使远离城市的企业园区内的中低收入阶层生活便利，同样拥有交流场所和城市文化生活，避免工作单调引起的精神空虚[61]。

5.1.3　住区规模的组团平衡

在城市住宅规划中，可以将保障性住房纳入“居住社区”的规划范围，结合周边商品房和配套功能一起组成社区。

1. 住区规模

城市的居住用地是由众多居住社区所组成，其规模参照《城市居住区规划设计规范》中的相关规定。规范中对居住区、居住小区和居住组团的规定如下表（表 5.2）：

住区规模 **表 5.2**

居住用地规模	服务半径(m)	用地(hm^2)	居住户数(户)	居住人口(万)
居住区	700～1000	50～100	10000～16000	3～5
居住小区	300～500	50～100	3000～5000	1～1.5
居住组团	200～300	4～10	300～1000	0.1～0.3

结合对 6 种子型的保障性住房社区的分类，可以看到：

自我完善型中的依托超大城市发展子型和依托企业及园区发展子型，人口均在 5 万人以上，用地面积也通常达数百公顷，因此可以看成是一个或数个居住区的组合。

城市叠加型中的自身带动城市发展子型人口约在 3 万～5 万人，用地面积约 50～60hm^2，基本符合居住区规模。依托中心城区叠合发展子型人口约在 0.7 万～1 万人，用地面积约 10hm^2，基本符合居住小区规模。

斑块融入型中城区地块新建融入子型人口变动较大，规模在 150～500 户，居住人口约 500～1500 人，用地面积约 2～6hm^2，基本属于居住组团规模了。

将 50～60hm^2 的居住区级别用地，以 250～350m^2 的住宅用地来说，划分为 8～10hm^2 的居住组团。在城市中心城区边缘的保障房住区还可以进一步划分小一点的路网，以 200～250m^2 的住宅用地来说，4～8hm^2 的组团规模，不仅适宜保障房人群居住和交流，还可在中心城区起到交通分流，疏通毛细血管道路的作用（图 5.7）[62]。如果保障性住房住区的规模达到居住区级，则自身相应的配套应该较完善，为居民提供全面的生活服务和文体服务。依托超大城市发展子型、依托企业及园区发展子型和自身带动城市发展子型都达到了居住区规模，因此这种子型的保障房建设就一定要配套先行，保障交通，才能使其较好地运转。居住小区或组团级别的保障房小区则可以依靠周边城市配套和交通设施，满足自身各类需求，保障房建设时可调研周边现状，针对配套的类型建设周边尚不具备或保障群体居民缺少的附属设施，周围公共服务设施不全的住区配套用地应取规范较大值。

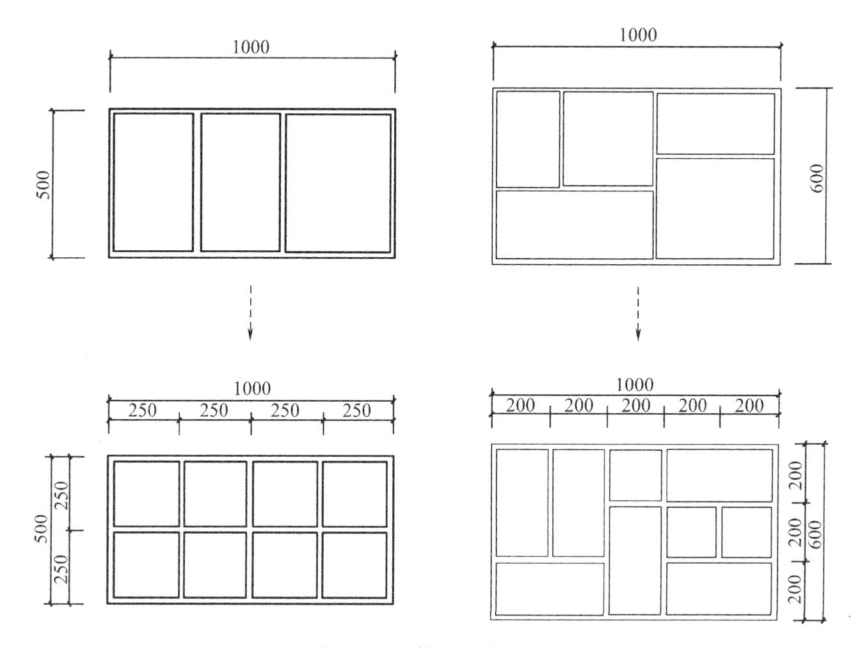

图 5.7　居住用地的划分

2.保障性住区容积率的合理控制

容积率是衡量建设用地开发强度的一项重要指标。中国香港由于人多地少，公共住宅开发基本均采用高层高密度模式，中国香港多数住宅为高层和超高层，容积率达 6.0～10.0；新加坡用地稍宽松，住宅多为 10～13 层，也包含高层住宅，容积率通常为 1.8～3.0。从容积率的本质来说，容积率低则开发强度低，对于住户来说，居住舒适。

开发同等面积的房屋，容积率高则用地少，容积率低则用地多

（表5.3）。在相同的建筑用地上，同等容积率下，如果修建高层，则建筑密度低，有较多的室外活动空间，如果修建多层，则建筑密度高，有较少的室外活动空间，但多层居住的舒适性更好（表5.4）。

相同建筑面积不同容积率　　表5.3

容积率	用地面积(hm^2)
1.8	16.7
3.0	10
5.0	6

注：举例当建筑面积为30万平方米。

相同建设用地及容积率　　表5.4

平均层数	建筑密度
6	50%
12	25%
18	16.67%

注：举例当建设用地面积为3万平方米，容积率为3。

分析保障房的容积率，可以从以下几个条件判断：

1）所在城市：当城市地少人多，而又人员密集（如超大城市），或自身地形地貌限制下难以大规模扩充用地范围时，必须采用节地措施，提高小区容积率，集约土地使用。例如《深圳市保障性住房建设标准（试行）》3.2.1条就规定，保障房一般容积率≥3.5。这一规定就是从深圳土地储备情况考虑作出的，除宝安区、龙岗区外一般均为一类高层住宅。当城市自身土地储备宽裕，或还处于中小城市发展阶段，则可考虑贴近城市整体建设水平，采用合适的容积率，提高居民舒适性，或通过多层建筑和小高层建筑适当降低造价。

2）所在区位：在同一城市中，保障房所在区位不同，也会带来不同的容积率选择。在中心城区范围内配建保障房，用地紧张，土地昂贵，会适当提高容积率。某些城市中心城区零散用地建1～2栋高层保障房，容积率可能接近香港的指标，达到 6.0 以上。随着区位逐渐向外围拓展，相应容积率可逐渐降低，提升居民舒适性。如上海市《关于加强本市保障性住房项目规划管理的若干意见》规定：中心城区容积率一般不超过 3.0；最高不超过 3.5，郊区外环原则上不超过 2.5，最高不超过 3.0；由于上海土地资源紧缺，可通过提高住宅层数等方法实现容积率要求[63]。

3）建设难度和造价：高层建筑建设对技术的要求较高，在超大城市和大城市应用较为普遍，中小城市可考虑多层建筑。每种结构相应的混凝土用量、标号及配筋率等都不一样，对应的造价也就不一样（表 5.5）。通常意义上，高层建筑的单位造价会比多层建筑略高，因此修建等量建筑面积的保障房，一次投资会高于多层建筑。但从节地、市政设施投资效率、停车、建筑热损耗等方面看，二次投资和综合效益，则高层建筑更好[64]。

普通高层建筑造价表 **表 5.5**

框架结构种类	地下室一般造价	地上主体一般造价
带地下室的小高层	2500～3000 元/平方米	1800 元/平方米
带地下室的高层	2800～3000 元/平方米	1800 元/平方米
不带地下室的小高层	—	1500 元/平方米
不带地下室的高层	—	1800 元/平方米

从中国总体城市建设用地较为紧张的情况来看，还是建议采用较为集约的土地利用手段，适当提高容积率。

5.1.4 混合居住的设计方式

前文中论述了影响混合居住因素，遵循分类梯度混合的模式，可以在混合居住中采用以下方式：

1. 中等收入者与低收入者混合居住，高收入者与中等收入者混合居住。即配建一定数量的保障性住房在普通商品房住区或中低价商品房住区内，利于不同阶层居民之间交流和融合。保障房混合社区选址在邻近中档普通商品房住区，或在中档居住社区中插建都是可取的方法，可避免高端与低端住区直接比邻带来的潜在冲突[65]。

2.重视公平的社会属性。应该意识到商品房中配建保障房，实现混合居住，并非政府、开发商、中高收入阶层对被保障者的恩惠，而是一种社会问题的解决方式，其目的是使他们享有居住权，体现社会公平。因而从政府角度，应该从土地拍卖到房屋建设再到后期管理各环节对开发商的逐利性予以控制，避免开发商提供的保障房组团容积率过高、位置过偏、质量不良等弊病，破坏公平性；从开发商角度，应该认识到修建保障房的成本已经从税收和容积率等方面得到了回报，提供同质社区给保障群体既不影响其利润，也能体现开发商的社会责任；从中高收入阶层居民的角度，应该有意识所有居民本身都是城市平等的一员，有在城市合法居住的权力，保障居民通过正规渠道入住同一小区，只要没有违反相关行为准则，就不应该戴着有色眼镜看待他们，应通过交流实现互相理解[66]。

3.可单独管理的“组团”形式——大混居、小聚居模式，在规划层面做好混合居住的各类型分布，相似社会属性的居民在组团级别聚居的空间模式如图所示（图5.8）。在城市各个不同居住用地布置小型保障性社区，或在大型房地产项目中配建保障性住房居住组团，根据国外已有的混居经验，保障性住房在社区中所占的比例处于20％～50％是比较好的。因此，在一个街区中应尽可能地合理安排，使不同定位的居住区和居民相互交流、有机融合。配建的保障房达到相对独立的组团规模，以适合的“复合界面”（如绿化带、商业店面、小区支路等）与商品房相连接。

4.英国建筑家希勒（Bill Hillier）研究发现，不同收入的群体不愿在住区半公共空间强迫式交往，而公共街道是连接中低收入阶层与其他人群的最佳界面，街道可以提供就业机会，同时其他人群也会自然参与商业生活（如在小百货店、水果店等），促进各阶层发生交往。所以利用城市公共空间、街道等开放空间，对于促进混合居住是有利的（图5.9）。

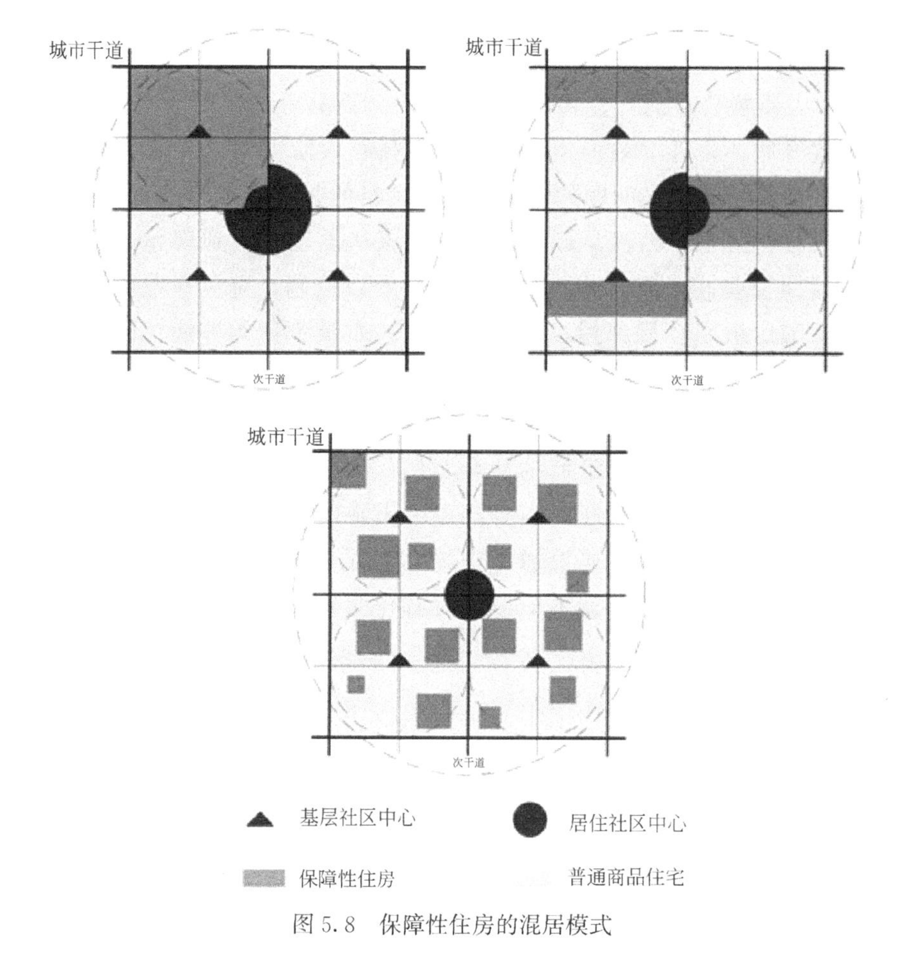

图 5.8 保障性住房的混居模式

5. 中低收入人群对生活便利性和就业更为关注，社区景观资源、社区内地块位置对于他们是相对次要的。分析一个地块外部环境要素时，可优先将保障房用地置于城市交通道路周围，方便保障居民工作生活。

6. 提升物业管理水平。在混合社区中，物业管理机构应该具备更高的服务水平和化解矛盾的能力。当入住的保障群体出现一些不良行为时，公平合理的管理体现的是对所有居民的尊重和平等，放任不管或无效管理容易激发其他居住者更大的反感，简单粗暴的管理又容易引发冲突。物业管理应该积极引导保障人群逐步接

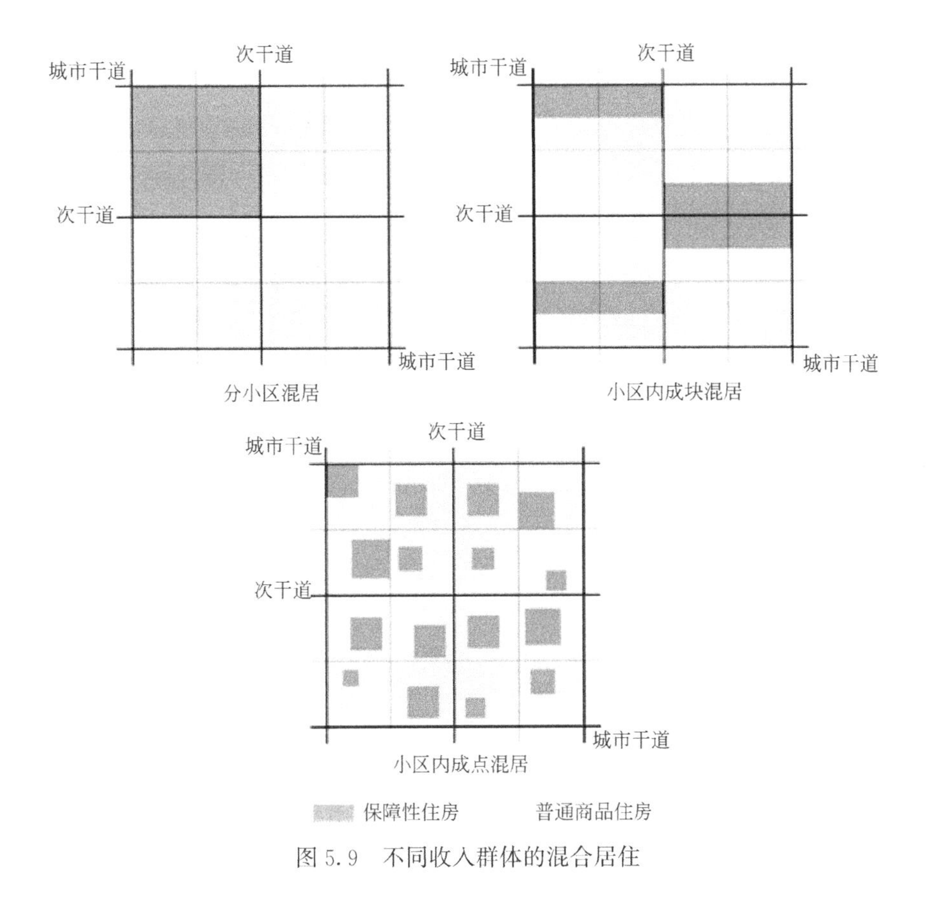

图 5.9 不同收入群体的混合居住

受城市公共行为准则，改掉不适合城市生活的习惯，清除安全和健康隐患。

5.2 公共交通导向

新加坡的组屋建设十分强调以人为本的理念，组屋选址不以土地便宜与否作为出发点，而是通过大量的调查研究，针对申请家庭特点及区域要求、基础设施分析，选择最佳的开发地点。这其中，虽然选址一般在中心城区的边缘，但一定要配备非常完善的公共交通系统，组屋之间都有轻轨、地铁和公交车系统相连，形成全方位的立体交通，降低出行成本，提高保障群体居住的舒适度。中国大量保障性住区遇冷的教训和国外这些成功的经验都告诉我们，应打造发达而完备的公共交通系统，并以此为导向建设保障性住区；公共交通系统能否建立与就业地点的便利联系，是大中型保障性住区能否良性运转并被大家所接受的前提。

5.2.1 TOD模式与保障性住房建设

以公共交通为导向的开发模式（TOD）在中国是研究热点，但实践得还不多。其主要含义是大城市以公共交通为城市运行系统，以公交走廊导向城市土地利用，围绕着公共交通站点布置城市服务设施。在公交节点上混合商业、办公、居住、开敞空间、次级系统等用地，保证充足客源。尤其在轨道交通中，居民以中低收入者为主；同时兼顾普通公交系统，在近郊及中心城区边缘地区的大型保障性住房建设中考虑公共交通导向的开发模式（TOD）是合理的。

1. 根据城市的类型，明确公共交通走廊与未来建设用地的方向，使保障房建设用地相对集中，并结合产业用地，设定公交走廊的形式。

中国目前城市大致呈两种发展模式，一种是圈层发展模式，另一种是轴向发展模式。考虑TOD模式发展，轴向模式更利于调动公交廊道系统的运输能力，形成链条发展。在交通轴线上建设大型或中型保障房住区都可以充分发挥公共交通对中低收入阶层出行工作生活的运送能力，同时在居住区节点上配置各类公共设施，满足保障人群的生活所需。轴向发展模式的城市（图5.10），有的是城市自身在某个向度上呈明显的方向性发展（例如深圳市呈东西向明显的轴向）或中等城市刚刚发展到大城市阶段，整个城市由一条或两条主要轴线发展而来，未来也会以此轴线为骨架继续发展。

圈层发展模式（图5.11）在中国城市也十分常见，这类城市同样可以考虑TOD模式，只是需要对发展方向进行适当调整，不能简单地摊大饼，而是找准主中心与次中心，主中心以圈层往外围拓展，主中心与次中心之间呈轴向发展，这有利于公交走廊的规划和建立。保障性住房就可以布置在主次中心之间的轴线节点处，满足中低收入阶层向两个方向出行的需求[67]。

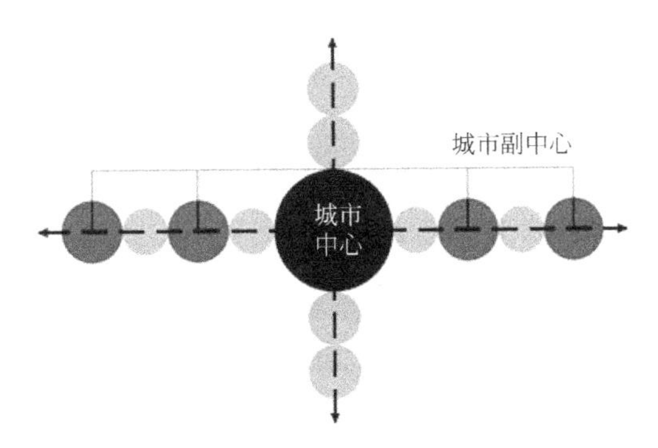

图 5.10　城市轴向发展

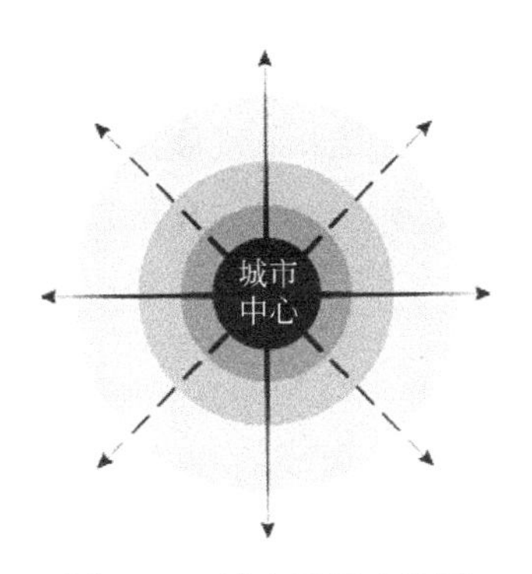

图 5.11　城市圈层式发展

2. 对每个 TOD 社区的用地进行公交导向性规划。保障性住房可设在轨道交通沿线站点周边，或公交首末站周边，以应对保障性小区大量的使用人群。

一个保障性住房附近的 TOD 社区可以包含以下几种功能结构：公交站点、保障性住房、商品房、商业区、办公区、居住区、开放空间、次级区域。TOD 社区应该拥有一个多用途商业区，最好紧邻交通站点，为广大保障性人群服务，商业区也可增强区域吸引力。居住与就业的混合平衡可以通过保障房和办公、商业毗邻修建来达成。混合居住的理念也可以在 TOD 社区附近实现，即紧邻社区的土地价格较高的部分修建商品房，将远离站点的低价土地修建成保障房，保障房居民与商品房居民混合居住，利用TOD社区的商业、办公、开敞空间和交通本身，构成一个完善的TOD土地开发子系统，并且利用主要的交通走廊与主次城市中心相连。

5.2.2 公共交通相关设计要点

1. TOD模式在轨道交通城市的空间利用方式

超大城市和特大城市中，一般都有轨道交通，这些城市有较多的大型保障性住房小区，因此可以研究在地铁周边结合TOD模式的保障房布局（图5.12）。地铁的建设就是一种典型的轴向发展策略，拓展了城市空间。轨道交通是效率最高的城市出行工具，据研究，一个轨道站点的运输能力可等同于10个常规公交站的载客量，其运送效率更远远高于公交车。一般地铁规划路线两端的几个站点，相对建设阶段比较偏远，是城市未来发展的方向，地价较便宜。可选择这几个站点附近建设保障性住房。在地铁沿线设置保障房，可以考虑依托超大城市发展子型和自身带动城市发展子型，这两种类型建设量较大、集中入住率较高，能够带动周边地段形成成熟社区，利于城市的发展[68]。

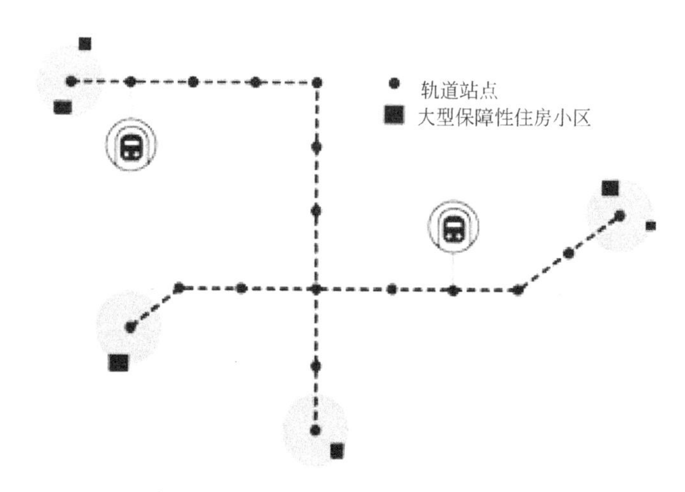

图5.12 TOD模式的保障房布局示意图

1）最佳步行距离范围内布局

轨道交通的辐射范围对房地产有明显的影响。研究表明，一般距离车站 400～800m 是正常人合理步行范围，不宜超过 1000m，这个距离是实际步行可达距离，超过后房地产价值增值将减少。有研究专门针对低收入住区调查，低收入者对步行的忍受距离约为 10～15 分钟，大约 1000m 左右，这也与地铁的辐射距离对房地产价值的影响相符。因此，可以考虑在距离地铁站点 1000 米范围内建设保障性住房。地铁站点周边土地价格较高，可以把最邻近站点的地块安排为商业和商品房，回收建设成本。按照前文所述的居住组团规模，大约占地 250～300m 的住宅适合居住组团，可考虑邻近地铁站点 600m 范围内的用地划分给商业和商品房用地，在 300～1000m 的范围内考虑穿插布置保障性住房、部分商业及商品房，形成多元混合居住的模式。这种模式较适合自身带动城市发展子型，即以 TOD 模式土地综合利用带动周边发展（图 5.13）。

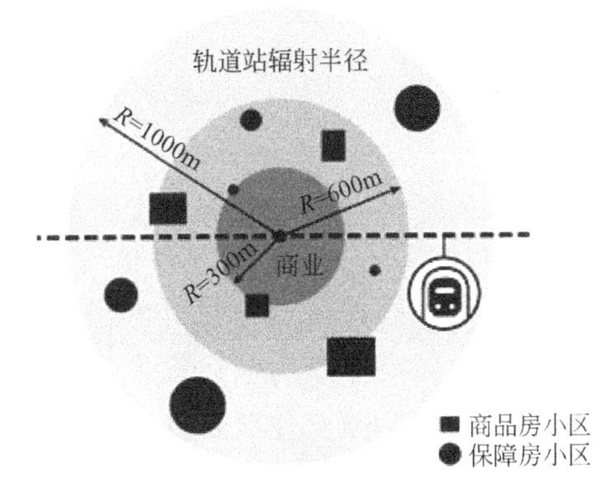

图 5.13　最佳步行距离范围内的保障性住房布点

2）以地铁结合短途公交车方式，扩展适宜建设保障房的区域

中国香港在近郊的做法是以地铁为轴，周边住区通过短途公交连接地铁站点，效果非常好。这种模式是先乘接驳公交从保障房到达轨道站点，再从轨道站前往中心城区（图 5.14）。根据有关统计，郊区居民能够承受短途公交运行 10 分钟左右。将轨道交通站点周边的公交车系统并网考虑，同时结合电动车或自行车，这样就可以把

适宜建设保障房的区域扩大到2.5～3km左右，其覆盖适宜建设保障房的土地范围在1000hm^2以内，与前文研究的依托超大城市发展子型的规模类似。根据学者李振宇的研究，上海大型保障房住区与最近轨道站点平均距离为5.1km。政府在入住初期可以给短途公交适当补贴，保证居民顺利出行。

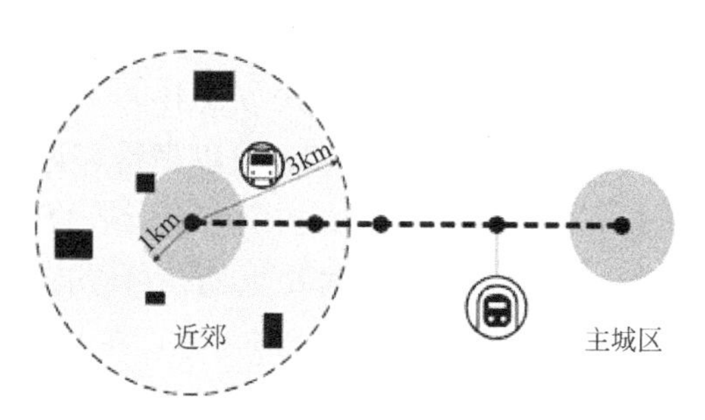

图5.14　地铁结合短途公交车

综合以上，可以得出保障性住房住区以轨道交通站为中心，步行距离1km内的区域为近郊选址的最优区域，3km内3站短途公交车的区域为适宜区域。

2.公共交通系统组织

在没有轨道交通的大中城市或超大城市中未设置轨道交通的区域，进行中大规模保障房选址，也应充分尊重公共交通导向理念。这里所指的区域通常位于中心城区边缘之外，这种区域有基本的公交网络，但对于建设中大规模保障房住区而言还不够，明确公共交通系统优先建设是这类地区保障房住区良性运转的前提。公共交通系统包含机动车系统、非机动车系统和步行系统。

1）机动车系统

《深圳市保障性住房建设标准（试行）》第4条规定“保障性住区应以公共交通为主要出行方式。住区周边道路资源配套应公交优先，并与住区慢行交通系统方便接驳。”根据交通运输部道路运输司2010年下发的《城市公共交通“十二五”发展规划纲要》，300万人口以上的城市，到“十二五”结束时，万人公共交通车辆拥有量达到15标台以上，100～300万人口城市，万人公共交通车辆拥有量达到12标台以上，100万人口以下城市，万人公共交通车辆拥有量达到10标台以上。中心城区公交线网密度3～4km/km^2，城市边缘地区公交线网密度2～2.5km/km^2（表5.6）。

公共汽车标台换算系数表 **表5.6**

级别	1	2	3	4	5	6	7
车长(m)	5～7	7～10	10～13	13～16	16～18	>18	双层
换算系数	0.7	1.0	1.3	1.7	2.0	2.5	1.9

如果在中心城区边缘及以外地带修建中大型保障性住房，参考以上相关设置标准，建议城市边缘地区公交线网密度参照中心城区的线网密度3～4km/km^2。《深圳市保障性住房建设标准（试行）》中就已规定，保障房住区公交线网密度不宜低于4km/km^2。

公交线路系统的设定可结合保障人群的基础信息调研，关注就业的主导方向，对应设计公交线路，最好能做到有足够的运力通往轨道交通站和中心城区方向，并保证线路的多方向性，提高居民前往不同城市片区节点就业的出行便利性。

保障性住区内，根据不同的规模和发展阶段，可采用不同的设定。对于居住区和居住小区级别的住区，宜采用人车混行方式；对居住组团级别的住区可采用人车分流方式；对于组团街坊式住区，其道路有一定城市支路的功能，但由于更多的是为保障房人群服务，应该对车速有所限制，可考虑支路车速不大于25km/h，住区内部车速不宜大于15km/h。

2）非机动车系统

除了机动车交通的设置，针对保障群体，非机动车系统的建设也应有专门考量，因为他们中很多人是以电动车为出行工具，共享机动车道既降低了机动车通行效率，也不安全。在中国城市发展过程中，随着城市机动车数量剧增，很多城市路段取消了非机动车道，增设更多的机动车道，但在保障性住房住区周边，应该规定必须设置非机动车道，在小区内也要专门修建非机动车停放和充电的区域，服务被保障者。此外，针对保障性住房小区，在快速公交系统的站点或轨道交通站点，应考虑设置专门的非机动车停车区域，方便居民换乘轨道交通。

3）安全的步行道交通系统

根据国标《绿色建筑评价标准》4.2.8条，场地出入口到达公共汽车站的步行距离不大于500m，是比较舒适的步行半径。因此，保障性住区出入口与公交车站点距离不大于500m，可以保障居民舒适地步行到达公交站。

由于被保障人群中老人、残障人士和无业的居民比例高于普通住区，因此保障性住区的步行系统应该专门规划设计，并应与城市慢行系统、绿道系统做好对接，人行道应该能够到达小区内所有配套服务区，减少绕行距离，步行网络密度建议每公顷大于等于1个交叉口[69]。

5.3 多元化房源下的空间选址：空置房与城中村

根据前文所述保障性住房的分类，长期看来，中国保障性住房应该划分为产权型保障房和租赁型保障房两种。从中国保障性住房建设的历程来看，产权型保障房主要包含经适房、限价房、共有产权房、回迁安置房等类型，这些保障房基本都是建设成独立的保障房小区，或在商品房小区中拿出一部分房源作为产权型保障房出售。租赁型保障房主要包含廉租房、公租房、企业员工宿舍等类型，这些保障房基本也是建设成独立的公租房小区或宿舍，再根据申请者的条件，分配房源收取租金。

可以看到，中国既有的保障房房源大多数都是由中央和地方政府筹措资金，大规模建设而来，少部分是企业以建设的方式定向安置。从保障房分布非平衡性的分析中可以看出，非平衡性下表现出的保障房远离中心城区、配套设施不足都会造成中国保障性住房郊区化、大型化、配套设施公平性不足等问题，进而导致保障房建设好后入住率不高、交通生活不便、保障群体申请热情不高等显性问题出现，影响国家实施住房保障制度的效果和广大人民对这一制度的认可程度。

1. 中心城区土地稀缺

尽管可以通过组团平衡和公共交通导向的策略提升现有大型保障性住房住区的交通便利性和周边产业配套、生活设施配套，改善已经建好的住区条件，提高居民的生活水平，并对未来规划的保障房小区提出更科学的建设模式。但仍然要看到，城市保障性住房分布的根本问题是空间不均衡性；由于大部分城市中心城区均已建成，并且中国较长时间内的经济发展水平还无法做到类似新加坡不以土地价值作为建设的出发点。因此，通过大规模分散式、以组团均衡的思路，在中心城区内建设一定规模的保障性住房的难度非常大，需要用其他办法在城市不均衡区域增加保障房房源，实现保障房在城市空间层面的平衡性。

2. 住房供给提供了保障房房源多元化的可能性

解决保障房分布非平衡性的关键是按照科学的测算，在中心城区、中心城区边缘、近郊区的各个片区节点提供不同类型的保障性住房，并非在这些区位建设等量的保障房。因此房源的思路不应局限于政府和企业以提供保障房为目的进行的建设供给，还可以从整个住房供给体系入手，以得到保障房为目标，拓展保障房的来源。这样产权型商品房市场、租赁房市场、二手房市场等都可以成为保障房的来源渠道，供给侧的多元化是保障房来源多元化的基础。

除政府组织修建的廉租房、公租房、经适房、共有产权房等保障性住房外，还有一些住房类型可供考虑，有可能成为保障房的来源。

5.3.1 企业提供的集体宿舍

大型企业及大型工业园投资建设或购买的宿舍，政府提供适当补贴，利用其满足企业和工业园区内自身职工和外来务工人员的居住需求。在政府的工作计划中，通常把这类住房列为定向配租的公共租赁房，企业员工承担较低租金。如遍布全国的富士康工业园中的员工宿舍就是典型的企业配租模式。2014 年，深圳宝安龙华富士康员工宿舍的租金为每个月 110 元，包含水电费和宿管费。一般为 8 人间，少部分 12 人间。大部分宿舍带独立卫生间，少数使用公用卫生间。宿舍不提供免费网络，针对年轻员工较多，允许员工自费拉网线，宿舍每层提供单独的电视房，配置电梯。宿舍区含员工餐厅、图书室、活动室、运动区等。可以看出，企业型保障房需要针对保障群体为中青年的特征，提供相应的网络、资讯、图书阅读等服务，同时要针对所在区位往往不在中心城区内，周边的配套设施不够齐全的特点，在园区宿舍内配建员工餐厅、运动区、活动室等设施，满足员工工作之外的文化、生活需求（图 5.15）。

有些大型企业如湖南岳阳长岭炼油厂，除了提供青年员工宿舍外，还因为距离城市较远，企业员工数量较多，在厂区生活区专门设置了影剧院、科技馆、图书馆、电视台、百货商店、宾馆、公园等设施，这种依托企业和园区发展子型更倾向于建立一个小社会的形态。当然，这些设施也会给企业带来较大的成本压力，因此将逐步剥离企业主营业务之外的产业，采用企业建设、社会经营的方式为员工服务。

5.3.2 城市中某些具备条件的空置房

空置房来源有两类，一类是城市居民以房产投资为目的购买的住房，他们拥有不止一处居所，因此有部分住房常年空置。另一类是待售商品房，由于市场不景气和产品竞争力等原因，开发商有部分商品房无法实现销售变成空置房。城市里空置的商品房因为空间分布较为均衡，在城市的各个片区都会有，如果能转换为保障房，可以有效化解房源单一、郊区化现象，提高城市保障房的空间分布均衡性。政府除了以建设保障房的数量作为考核的约束性指标，还可以参考是否通过消化空置房达到未建新房但也增加了保障房的供给；这样既减轻了地方财政压力，同时也节约了土地资源，一定程

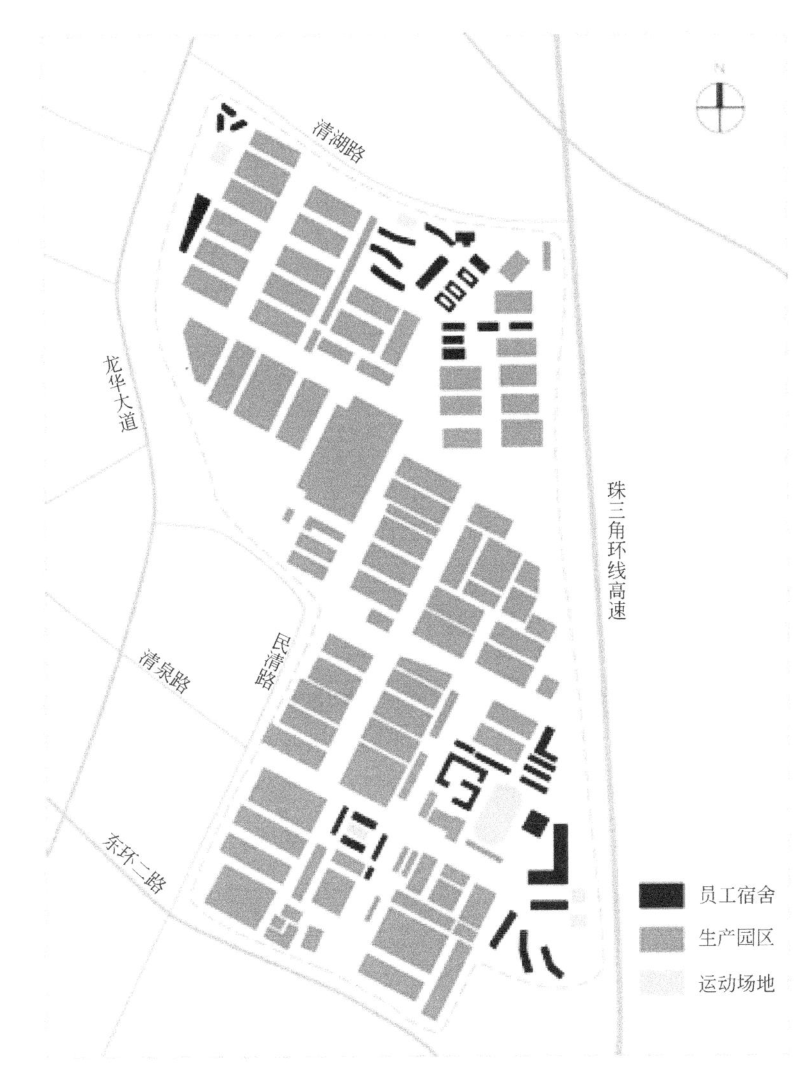

图 5.15　富士康深圳龙华园区总平面图

度上抑制住房投机泡沫。

第一类空置房：居民购买的空置住房。这类住房由于大部分有投资升值预期，因此低价购买的可能性较低。政府可以考虑号召空置房业主共同参与，同时合理出租闲置房产；并在政策方面制定符合经济发展水平的住房空置税，刺激社会出租。地方政府可以通过建立公立机构，与业主签署有关协议，将空置房变为租赁型保障房，整合使用权，保障群体按照公租房租金标准付租金，政府提供租金补贴，保障空置房业主经济利益。

2007年中央政府重新重视保障房建设，下达了指标任务；但是保障房的建设需要一个周期，部分城市为完成任务有过类似租赁空置房的实践，并已在某种层面推行。以下几个问题需要引起关注：

首先，从政府的角度，每年需要贴付相当庞大的住房补贴。在租金受到控制的情况下，依然要支出住房的维修、设备更新等费用。如果将保障房经费用来建设新保障房，可以得到保障房的资产权，成为政府手中的优质固定资产；但采用这种承租空置房作公租房的模式，虽然每年投入较大资金，但几年下来政府仅有投入，却未获得任何实质性资产。因此部分地方政府经过计算经济账，并未大量推广这种模式。

其次，因为这种模式收集到的保障房来源分散，户型和小区环境等标准不统一，不利于管理和保证保障轮候申请者公平选择。同时还要面临和所在居住区居民及物业管理的对接问题。

最后，政府需要考虑周全保障群体采用租金补贴租用空置房的模式，与纯领取住房补贴模式的关系；保障群体会衡量这两种模式其需要付出的居住成本的高低，同时对他们择居自由性的限制。

虽然存在以上这些问题，但应该看到这种收集产权空置房转为租赁型保障房的模式的优点。这些问题可以通过政府平衡每年住房保障资金的比例，一部分建设，一部分租用空置房，逐年改善空间布局不平衡问题。公立机构可以搜集相对固定和成单元规模的房源，通过租房公司和开发商，在不同节点和片区形成一定规模的供给，利于这部分保障房独立成区。通过计算经济账和制定规则，使保障群体根据各自家庭和工作需求，选择郊区居住距离远但租金便宜的大规模保障房小区；抑或布点均匀适当靠近中心城区，但租金略高的空置房保障房源；还是领取租房补贴自行去承租更靠近工作地，出行便利，配套齐全，但租金更高的房源。同时，政府还应对保障群体居住提出规范性制度，促使他们爱护空置房源，减少政府、业主与被保障人之间的三方纠纷。

第二类空置房：开发商手中的待售商品房。中国房地产市场冷热受多种因素的影响，背后有复杂的经济社会因素。当开发量大于销售量，市场趋于平静的时候，就会出现大量的空置房。这其中有些住宅的户型、区位、楼盘定位等条件是符合保障房标准的，可以考虑由政府或公立机构通过符合市场经济规律的方式将其转换为保障房。湖南、四川、安徽、江苏、辽宁、贵州省等多地在2010年之后已经试点回购商品房充当保障房。《湖南省住建厅关于促进全省房地产市场平稳健康发展的意见》表示，地方政府和企事业单位可购置部分普通商品房，用于公租房和棚户区改造安置，享受国家、省保障房资金补助及税费减免政策。南京市2008年从市场购买4000套住房作为保障房；常州市2010年将8000套市场租赁房用于保障房，均分布在成熟社区周围等较好区位。

对开发商而言，手中的待售商品房积压影响资金周转，回笼资金才能及时还银行贷款，所以长时间积压大量待售房对开发商非常不利。政府出资购买部分符合保障房要求的待售房，虽然价格必然低于市场价，开发商利润受影响，但利于维持企业资金链。对政府而言，虽然购买开发商的待售房比自身直接建设保障房的价格要高，但高出的部分大部分是土地价格，同时某些区位因土地原因无法靠政府修建保障房，能在这些区位获得保障房源正是平衡城市整体空间布局的手段，事实上在许多大中城市开发商房价的利润率并不高，相当一部分成本是土地价格和各种税费，政府可以通过与开发商谈判，以双方都能够接受的价格购得待售房。这种模式需要注意以下几点：

首先，政府将待售房转变为保障房的行为要区分城市、区位和房地产形势。在国内三、四线城市，库存量较大且需求不足，可以结合棚户区改造消化部分库存房。在部分库存不高的城市，则不必过于强调这种模式，否则代价较大，这种城市应该结合保障房城市空间布局，在合适的区位将待售房转化为保障房。这种模式作为一种长期可执行的保障房来源渠道，需要根据房地产业的冷热形势作出年度计划，在楼市低迷房价下降的年份，以较低价格获得保障房，在楼市火热房价高企的年份，减少购入行为。不宜把这种模式和商品房去库存、棚户区改造任务等短期行为强行捆绑在一起。

其次，保障形式和回购价格。政府回购商品房，需要研究将其转换为何种类型的保障房。在不同城市回购的不同住房，应该以不同的保障房类型区分。例如三、四线城市购得的商品房，可以结合棚户区改造，转化为产权型或部分产权型保障房，注重价格优惠对中低收入阶层的吸引力。安徽芜湖试点规定，回购商品房充当公开配售的保障房（类似于经适房）实行不完全产权，保障人群持有70%产权，政府持有30%产权。在超大和特大城市，为化解保障房分布不均衡的局面，应选择在适合区位购得待售房，这类房源不宜列为产权型保障房，应以城市均衡布局为目的，政府长期持有将其作为租赁型保障房，实现均衡的城市布点。政府可以调整每年保障房建设投入和回购的资金比例。

除了政府自身购买外，还可以组织居民自主购买，例如利用棚改补偿资金，或政府以团购形式与开发商议定较低价格，保障居民以此价格购买，居民资金有困难的，政府还可以通过公积金或市场化融资手段来辅助。政府选择商品房需要满足中低价位、中小户型、配套较为成熟等几个条件，这些条件必须以利于保障群体居住为标准，不能购买一些条件极差、选址偏远、户型不合理的房源。

5.3.3 小产权房和城中村改造

一般意义上说，城中村指农村村落在城市化进程中，由于大部分耕地被征用，农民转为城市居民后仍在原村落所在地居住而形成的居住区，其居住地的属性仍是村民宅基地，这是中国快速城市化进程发展的结果。

城中村的原住民早已不再以农业生产为主，而是借由城市快速发展，转变为以从事工商业为主，这里是外来人口的主要居住区。城中村的现实情形是，未经规划与建设部门批准，以拥挤的违章建筑为主；大量占用、租赁土地现象；用集体土地进行房地产开发，形成大量小产权房；居住了大量中低收入阶层，尤其是外来务工人员；生活设施简陋、环境脏乱、治安状况较差、人流混杂，游离于城市管理之外。城中村集体土地的区位边缘性、多样性、少限制性、使用权低廉性等问题，从无到有逐渐发展成大多数城市扩张中面临的现实问题。

从区位上讲，城中村属于城市范畴；从社会性质上讲，其仍有传统农村的影子。城中村甚至被一些学者认为是中国的贫民窟，学者文贯中曾写道：正因为有贫民窟，才使城市特别有活力。城中村的存在，使城市以一种低成本方式实现扩张，又由于管理较为粗放，包容性很强。正视并允许城中村的存在，可以加快城市化进程，最大限度从城市化积聚效应中获益。对于保障性住房研究来说，城中村最大的意义在于事实上解决了大量外来务工人员的居住问题，按照前文界定的保障对象，这些居民属于国家住房保障的范畴，可以说城中村帮助政府解决了大量需要保障的居民居住问题。

中国目前虽然建设了大量保障性住房，但总体数量仍然远远不够，同时虽然也将外来人员纳入了城镇住房保障体系，但由于保障房体系建设和准入门槛逐步降低需要过程，大量外来务工人员短时间内无法达到申请标准，获得适当的住房保障。

“上海市许浦村就是典型的城中村，面积仅 0.75km²，沪籍人口 1940 人，外来人员多达 3.1 万人。村内违建面积达 51 万平方米，全村违建房每年收益约 6600 万元，户均 10 多万元，这里有在市区绝对找不到的五六百元一间的房间。2015 年 12 月将拆除这里的违建，未来将外来人口数控制在 2 万以内，这意味着一万余名外来人员必须离开。河南王阿姨的儿子已经叫了小货车把家里的行李都搬到新找的小房子里，‘儿子在长宁当环卫工，每天四五点就要上班，只有这里离长宁最近了，以后搬到诸翟，儿子就得起得更早了。大孙子今年读中班，本来想转到诸翟的幼儿园去，但一问说早就满了，没有多余的名额了。实在不行，只能我带大孙子、小孙子回老家读书了。’王阿姨说。这个案例正说明了粗放的城中村改造模式中两个问题，一个是被迫离开的外来人员无法找到保障房居住，只好搬到更远的相对便宜的城中村；另一个是政府对待外来务工人员的居住、教育、就业、医疗等问题还无法做到事事都解决好。”

——引自澎湃新闻《上海“最大城中村”违建租金年收益过亿，万人今天前全部搬离》

因此，在改造城中村时，对外来务工人员住房保障方面有如下建议：

1. 建立城中村改造与保障人群息息相关的理念

城中村存在违建多、环境差、消防隐患多等问题，但不能简单化地拆除了事，而要看到背后的社会性并妥善安置城中村的居民，不能让这些务工人员在改造后流离失所。在城市化进程中，城市还是要允许他们进城，有租金低廉的地方居住，即使改造也应为他们提供栖身之所。美国纽约和芝加哥的城市发展史表明，新移民在一二代之后，便逐渐融入城市生活。香港、北京和上海也有这样的例子，20 世纪 80 年代，北京的浙江村是著名的脏乱差城中村，经过多年积累和改造，现在已成为充满活力的片区。城市的发展离不开新移民的涌入，所以在改造城中村时要建立关注外来务工人员生活的理念。

2. 考虑将城中村中部分条件较好的住房和小产权房纳入保障性住房的房源

虽然大部分城中村因为违章建筑多而环境混乱，但其中很多村民原有住房还是在宅基地中正常建设的住宅，只是后期加建违章部分质量较差，占满了宅基地，甚至占用了公用土地。村民住宅普遍面积较大，出租可以给村民带来一定收入，因此将城中村中部分建筑条件较好的住房纳入保障房的来源也是可行的，作为短期租赁型保障房。不符合政府提供保障房标准的外来务工人员，可以先期在此做短暂居住，待工作稳定后寻求其他保障住房。

从规划布局的角度，落后地区的城中村主要是布局未经规划，私搭乱建，以多层建筑为主，基础设施较差，垃圾无人管理。一线城市的某些城中村，商业模式已经非常发达，各项生活服务齐全，主要问题是以 6～7 层建筑为主，建筑间距近，采光通风极差，电线混乱，从早到晚噪声大，长期生活压抑。城中村改造的重点是资金支持，将条件较好的城中村纳入城市修建性详细规划范围，与整个城市的路网、轨道交通、市政设施连通，针对城中村增加公交线路，拆除违章建筑，建设公用设施，提升公共环境。并可以鼓励村集体，修建一些符合国家规范的标准公寓式建筑，纳入城镇保障房系统，领取政府财政补贴。由村民自组织自治，拆除妨碍公共利益的建筑，利益内部平衡，提升城中村的环境品质，使村集体、村民、外来务工人员都受益。从城市管理角度，利用条件较好的城中村，加以改造后，可以解决城市保障房数量不足、准入标准较高的问题，并利用城中村的活力，对周边城市用地进行开发。

例如深圳市就较早认识到城中村对城市住房保障发挥的作用，规定城中村改造、工业区改造中要包含一定比例的保障房。上沙村（图5.16）、下沙村通过政策支持，技术改造，多年居住集聚，已经具备商业氛围、人文环境、一定配套设施，承担了保障性住房的功能。

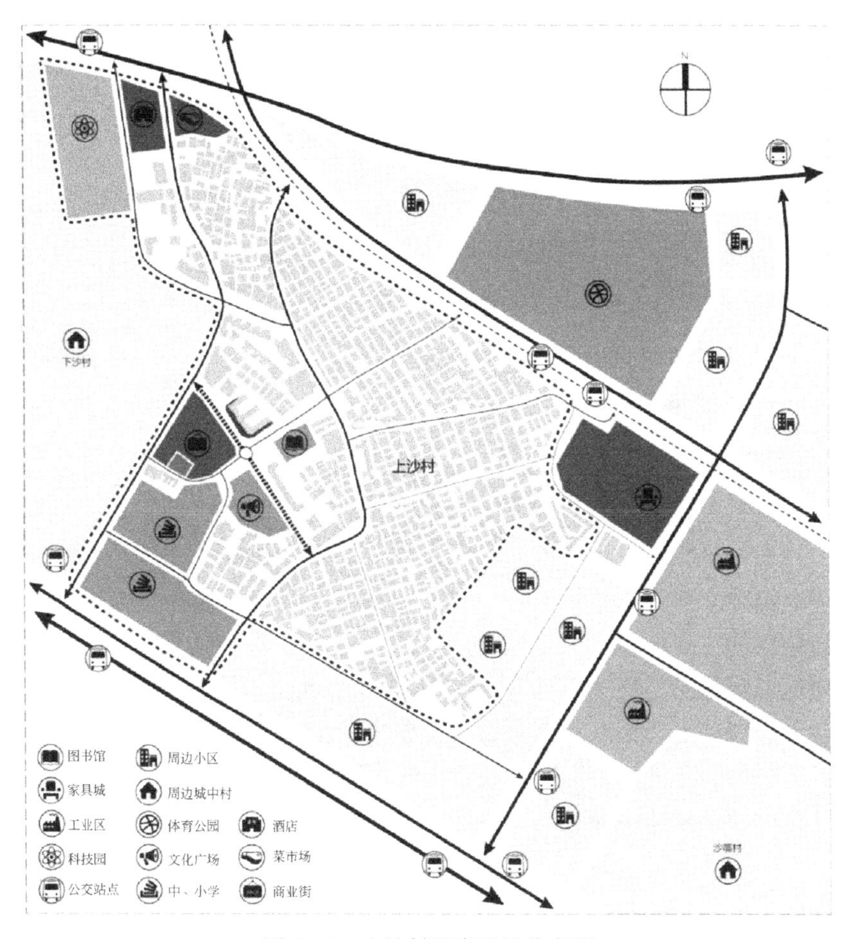

图 5.16　上沙村配套设施分布图

城市郊区中存在众多小产权房，小产权房小区相比城中村，由于规划设计相对正规，因此居住环境、市政配套、交通设施相对完善[70]。国家可以通过品质鉴定和确权工作，将符合规划要求的小产权房由政府承租后纳入保障房体系。操作模式如图所示（图 5.17）：村民、集体、村集体经营公司、政府、保障房运营中心、独立评估机构，彼此之间协作又制衡[39]113-118。

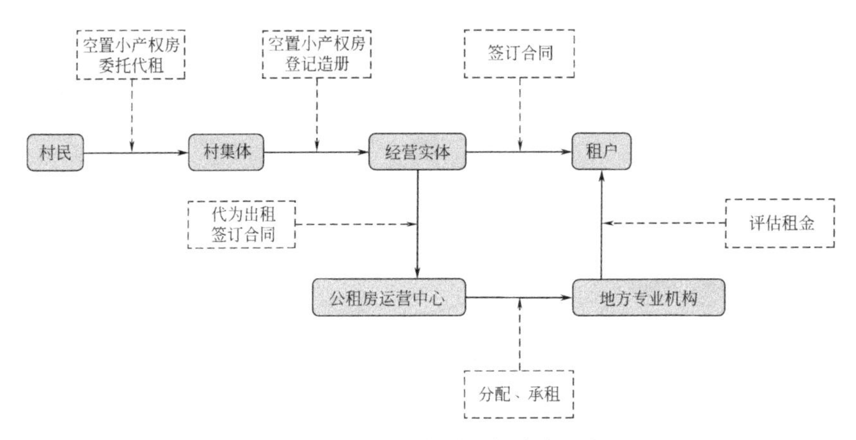

图 5.17　城中村小产权房转换保障房示意流程图

5.3.4　其他房源

1. 旧工业区、旧建筑改造

对城镇化水平较高的城市而言，城市更新成为政府释放土地潜力、盘活土地资源和促进经济可持续增长的方向。政府通过规划部分定向的空间资源，引导城市产业的转型与升级。城市改造和有机更新的规划中，应该有意识地考虑一些中低收入阶层的居住空间。例如深圳规定“城市更新项目可提供不少于 3000m^2 和 15％的用地进行公共服务设施，住宅类城市更新，按不少于住宅总规模 20％的比例配建保障性住房”。

在旧工业区的改造过程中，有很多不同的思路，例如部分拆除建设新厂房、转化为创意园区、改变工业园加工种类。旧工业区的更新和新的氛围营造通常有一个较长的时间周期，这时可以考虑将其中的闲置厂房适当改造成外来务工人员公寓，作为短期租赁型保障房（图 5.18）。

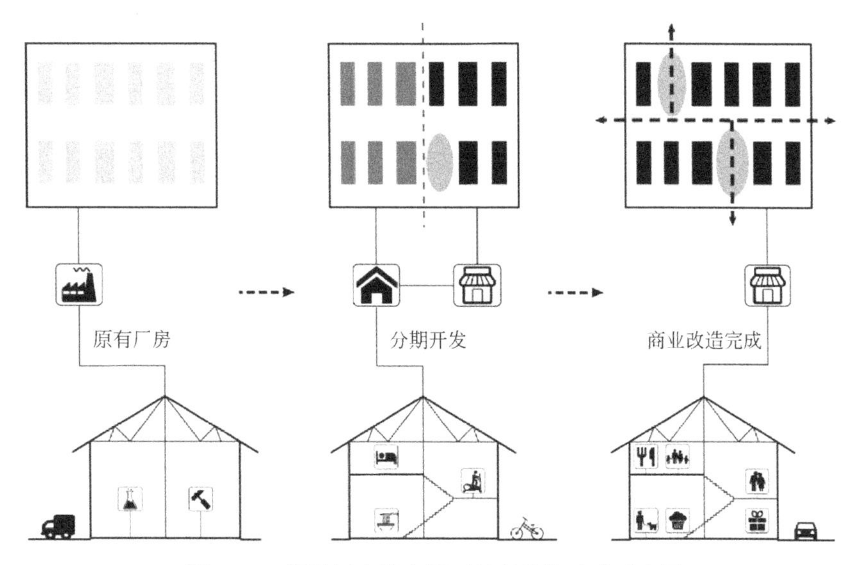

图 5.18 闲置厂房结合园区复兴分期改造示意图

在城市的中心城区内，有一些建筑由于经营和业态等原因，逐渐破败而需要进行城市更新活动，在产权上如政府能介入类似项目，可以在未确定新的功能和改造活动前，将其中有条件的建筑改造成外来务工人员公寓，作为短期租赁型保障房，例如一些传统百货商店、老旧办公楼。这些建筑的优点是位于中心城区内，如能提供保障房房源，有利于整个城市保障房的空间布局平衡性（图 5.19，图 5.20）。

这些建筑原本不是住宅，因此改造必定带有一定的临时性，很难做到完全满足住宅设计规范中各类房间的性能，例如日照、绿地率、间距、朝向、隔声、节能等，所以不能作为长期租赁型保障房，只能作为短期过渡使用。

2. 与商品房混居

中心城区良好的区位条件和完善的公共配套是中低收入阶层最需要的，所以结合旧城改造和城市更新的契机，在中心城区尝试一定比例的保障性住房与商品房混合居住，是保障性住房选址的一个方向。前文提到的分类梯度混合方式是较为稳妥的方案，在保障房

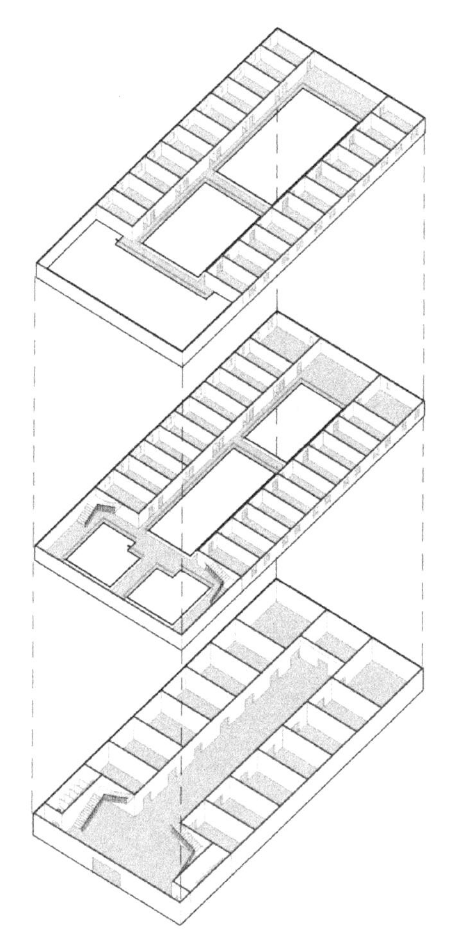

图 5.19　中心城区传统商场空置示意图

建设中，中等收入阶层与中低收入阶层混居，可以避免各阶层生活方式差异过大而存在的心理排斥。因此这类保障性住房可以考虑为产权型保障房，购买主体也是保障群体中工作相对稳定、收入相对较高的一类。

3.集装箱改造的临时房源

在保障对象分类中，建筑行业农民工是占比相对较高的一个分类，在居住地的统计中，工地工棚和生产经营场所占 17.2%。建筑工人工种较多，多数工种会在工地居住半年以上，但一般又不会居住一年以上，往往一个工地工程完毕后该工种的工人就会居住到下

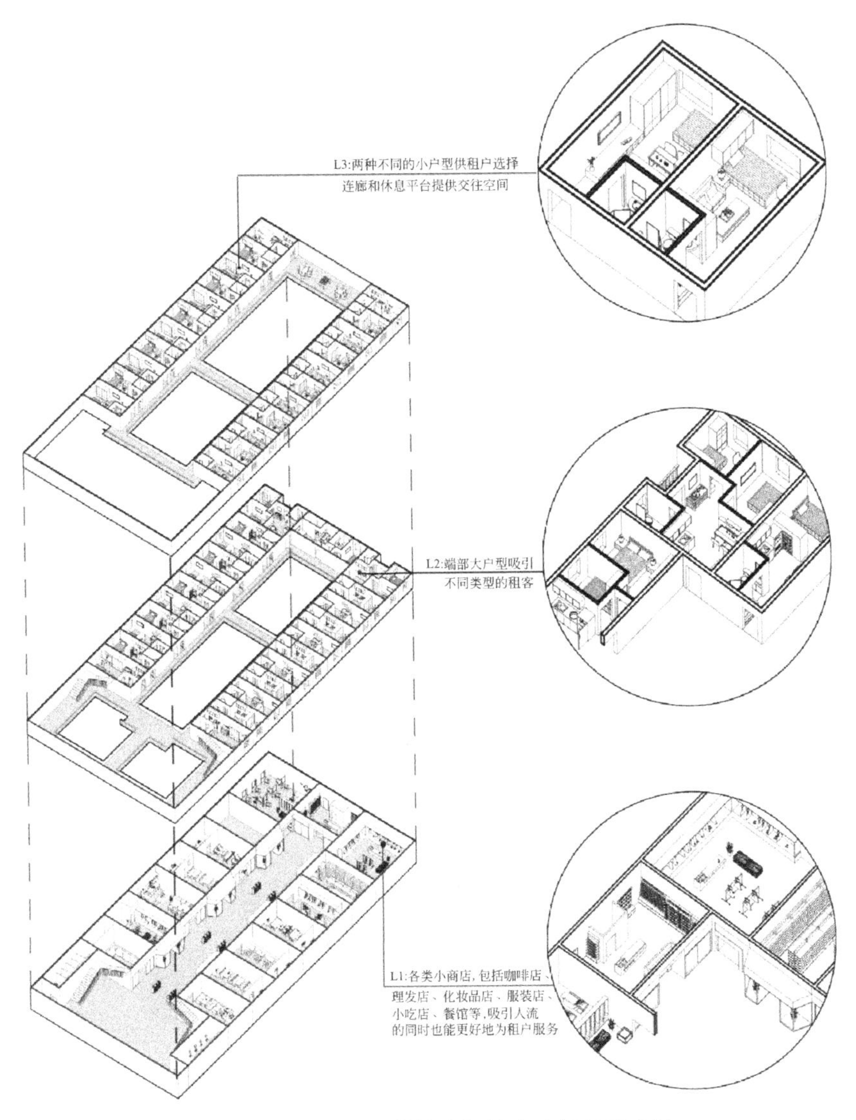

图5.20　中心城区传统商场的改造复兴示意图

一个工地。这种工作时间，如果他们申请固定的保障房，不利于每天到工地上班，并且经常性转换工作地点也不利于固定在某个小区申请保障房，因此居住在工地工棚是很多农民工的选择。工棚目前以彩钢移动板房和石膏板夹芯板房为主，红砖板房和土板房较少出现。这些板房具有移动灵活可拆卸等优点，但舒适度和物理性能较差，目前广泛作为建筑工人的城市居所还有欠缺。

有学者一直在研究将集装箱改造成为居住建筑。集装箱具有移动板房类似的可移动性，适合建筑工人工地经常转换的情况。同时，新一代的集装箱改造已经非常注重通风、隔热、保温等物理性能，提高了居住的舒适度。如果政府针对集装箱板房提供必要的补贴，就可以考虑在建筑农民工中推广集装箱式短期租赁型保障房。随着劳务合同和农民工市民化的发展趋势，更多的农民工有望相对固定服务于大型建筑施工企业。对于这类企业，可以通过提供保障性住房政策补贴，利用企业自有土地，集资建农民工宿舍，调动企业积极性，通过用人单位解决部分保障人群居住问题。农民工宿舍可以考虑不同标准和对象，如果用地在城市近郊，综合土地造价，可以考虑设计一部分产权型保障房，供高级技术工人购买。这部分群体收入相对较高，加之住房公积金和社会保险的支持，有能力购买企业集资保障房，随着城市扩张，他们的住宅和生活也会逐步融入城市（图 5.21）。

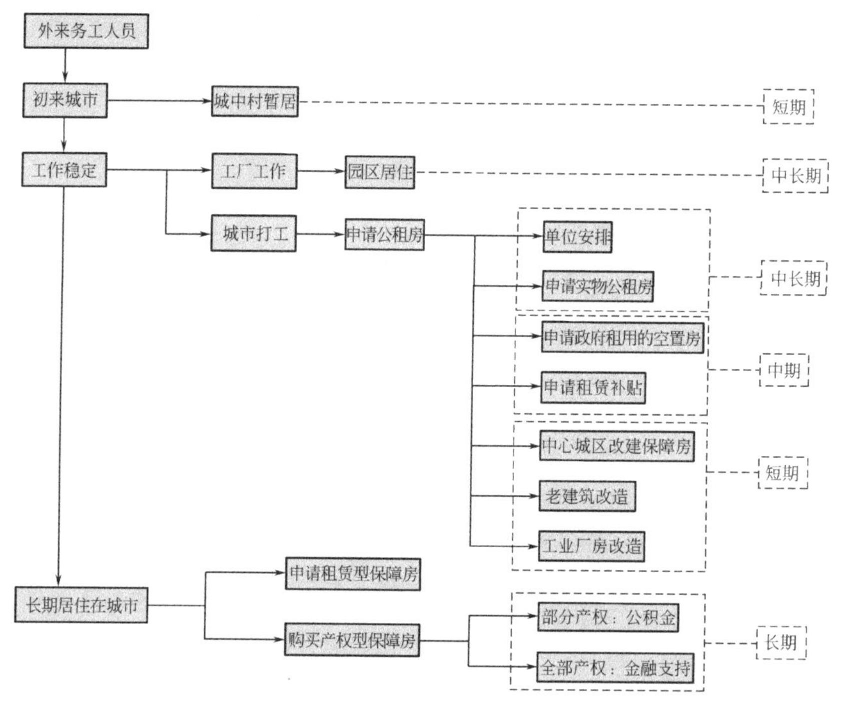

图 5.21　外来务工人员的不同居住方式

5.4 复合界面：软化硬质边界，建立城市对话关系

硬质边界对城市空间层面的影响主要在于丧失了城市与保障性住房界面间的空间性和场所性，同时在保障人群和城市市民心中形成了一道无形的边界，这会对社会和谐及贫困集聚产生不良影响。将硬质边界通过界面复合化策略，化“硬”为“软”，软化保障性住房小区的边界，通过功能多元化、边界共享空间营造、公共空间场所性营造促进人群间的交流。

复合界面是界面空间内的一系列元素通过一定相互关系整合而成，各种元素有机复合，与空间相互融合，形成复合界面。保障性住房复合界面的空间性、场所性和功能性三个本质属性可以通过社区功能构成复合化、社区边界与城市的复合化、社区城市界面的复合化来体现。

5.4.1 社区功能构成的复合化

构建能够吸引广大城市市民和保障人群共同活动的“磁性社区”。在保障性住房小区设计中，可以将小区看成一个有机体融入城市，自身形成良性循环。建立保障性住宅、小户型公寓、主流住宅、现代商业街等多种产品形态，使其含有运动会所、幼儿园、艺术家工作室、品牌专店等配套，集工作、居住、购物、休闲等功能于一体，提供复合便捷的生活方式[71]。避免由于设施不全带来大量人口的迁徙，丧失保障性住房原有的功能[72]。

尤其需要引起关注的是商业功能与公益性功能。例如，在商业经营性功能区中尝试导入差异化消费（中高端或时尚化商业业态），或在自身带动城市发展子型中，设定主导商业功能，引入社会其他阶层人士发生商业活动；在依托中心城区叠合发展子型中，根据周边已经成型的商业模式，寻求差异化功能导入，解决社区人口构成单一的相关问题。利用功能的复合化部分解决保障性住房使用者收

入低及再生能力弱的问题，利用生产安置与生活安置相结合的复合化社区模式，寻求一种解决社会分层、硬质边界问题的途径[73]。

根据香港公屋的经营模式，房屋署在政府一次性投入巨资启动保障房建设后，基本能依靠运营出租与出售附属的商业功能设施实现后期资金的平衡，甚至盈利，这对于大陆的保障性住房建设是有借鉴意义的[74]。在重庆市的保障性住房资金平衡计算中可以看出，如果能将保障房选址与规划建筑设计做好，政府投入的资金并不会变成简单的财政包袱，而是有可能通过产权型保障房和商业设施的价值，使其成为政府手中持有的优质资产。因此应适当提高保障性住房小区规划指标中，经营性建筑面积的比例（如占 15%～20%左右），这是能增加就业岗位数量又有利于建设资金平衡的举措。

公益性功能则是根据居住者的特性，在保障性小区的内部或周边设置一系列便民设施，不仅服务于居民，还可以服务于市民，这样就有可能吸引市民来到保障性住房小区，促进居民、市民间的交流。例如设置公共洗衣房、公共晾晒区等设施，促进小区内居民交流；在保障性住房小区边界上设置开放式运动设施区，主要供小区内居民运动，但因为是开放式，周边居民也可以使用，甚至引入一些时尚运动项目，集聚城市青年人；针对小区内居民很多来自农村及老人较多的特点，可以考虑在小区下风向位置或与住宅有一定距离的用地，确保卫生和环境前提下，开辟一些生态有机菜地，成为居民交流的场所，也是延续居民原有生活肌理的手段。

配建建筑中设置较多的医疗、社区、公益性用房，因这类用房的盈利空间有限而很少出现在商品房小区中。保障性小区政府有更大的话语权，配置这些居民互助性非营利设施也会吸引周边市民，促进软质边界的形成。电动车充电设施——城市中低收入阶层的重要交通工具就是电动车，而电动车大多数都在家里充电，当在外工作电量不足时，经常遇到无处充电的尴尬。因此在保障性住房小区周边设置一些服务性充电设施，不仅服务了居民，也方便了市民（图 5.22，图 5.23）。

图 5.22　保障性小区里的菜地

图 5.23　小区附近的电动车充电站

菜市场：对于中国人来说，它不仅是购买生活资料的地方，更是城市生活中必不可少的邻里核心。可由于菜市场的开放式经营模式和相对混乱的环境，使得一般商业楼盘中很少有配置，更多的是设计超市和商铺等取而代之，事实上菜市场仍然是生活气息最浓郁的所在。可以考虑结合保障性住房设计，在竖向形成居住与菜市场的复合化，在菜市场顶部设计保障性住房，既方便市民采购、生活，也可以让部分保障居民就业。在国外，还有将菜市场与时尚公寓相结合，使之重新焕发生机，继续为市民服务，甚至形成能吸引更多人、有更多用途的活力空间，进一步成为城市标志性建筑的案例。由此可见，复合化的设计策略有时候也能颠覆大家对保障性住房和菜市场的固有认知，创造良好的公共性交流场所（图 5.24）。

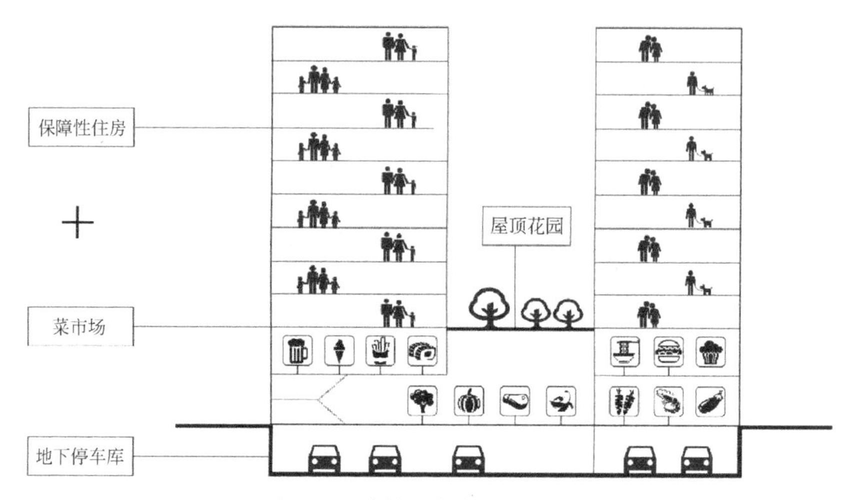

图 5.24 鹿特丹大市场模式分析

5.4.2 社区边界与城市的复合化

大型商业楼盘的四周与城市的边界比较清晰，事实上这种封闭小区的形态使居住社区被人为划分成一个个“孤岛”，影响城市交通的微循环和市民交流的多元化。同等规模的保障性住房社区采用这种封闭划分，会强化保障人群与城市的硬边界，造成内部的隔离。组团平衡策略中提到的提高道路网密度，营造街区氛围，就是一种促进社区边界与城市的复合化策略。

从前文关于中低收入阶层生活肌理的变化及空间形态对小区的影响中，可以看到硬质边界的封闭性将使居民缺乏与城市的交流，使其很难和城市生活融合。对于大型保障性住房小区而言，单套面积只有 50～60m^2，相较于普通居住区 90m^2 居多的户型，居住人口密度是普通小区的 1.5 倍以上，即同样用地面积，同样容积率的小区，保障房小区里面的人口远多于普通小区，合租或群租的保障人群居住方式，更增加了保障房人群密度。

从宽马路、封闭小区、大尺度片区的规划思路，转变为小街区、窄马路、密路网的模式。提高路网密度，缩小街坊规模，能够增加小区对外交流的区域，形成开放空间，降低单个街坊内人数。这一做法最大的价值在于增加了居民自身心理的开放性，通过小区规划设计提供了物化条件，使得外围城市人流、交通、信息、资源、活动可以通过缩小的街坊、公共的道路进入保障房小区，而小区内人员的活动、经营、需求、信息也可以无阻碍地传播出去。通过连续街道界面，打破小区围墙阻隔形成的封闭局面，为街坊之间功能混合创造空间条件，南北向住宅底层可部分设置为小商业，东西向则可取消围墙，打开小区内环境，或增加建筑平衡容积率（图 5.25）。

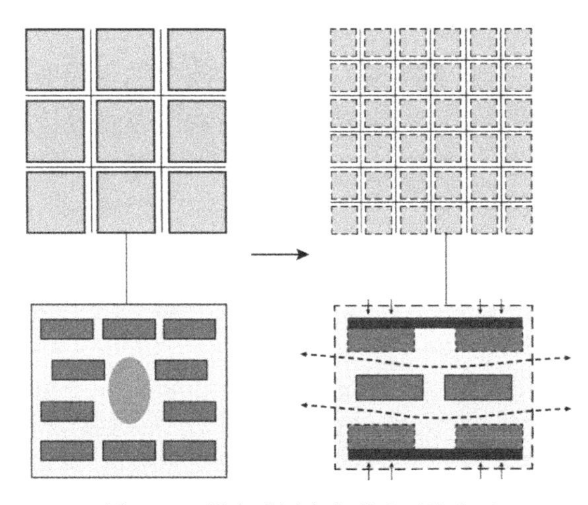

图 5.25　提高路网密度形成开放小区

围合保障房小区，某些不文明的举止和混乱的社区景象被封闭在围墙以内，看似解决了问题，实际上却让保障群体缺乏与城市的交流，在小区内孤立封闭，产生潜在的社会问题，保障房小区也会逐渐沦为城市中的不健康有机体。打开封闭围墙，某些不够文明的行为可能会暴露出来，但和形成社会问题累积的“城市孤岛”相比，孰轻孰重一目了然。尤其是对于自我完善型的大型保障性住房小区，在整体规模巨大的同时，通过提高路网密度和塑造尺度适宜的街区，可以避免出现尺度过大的封闭小区阻断城市微循环这个弊端，在单一的居住功能中，增加商业、文化、交流等综合性功能（图 5.26）。

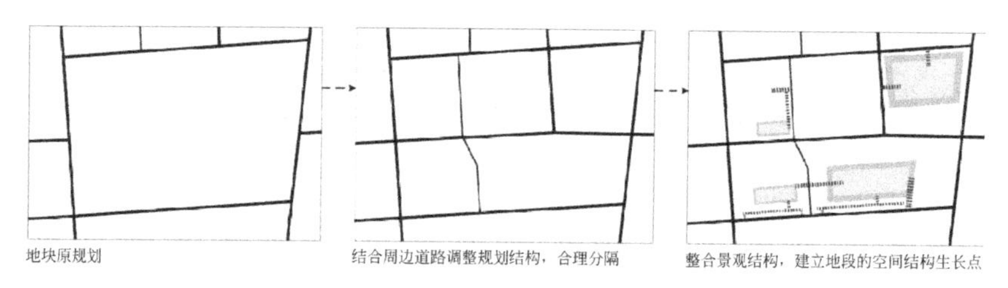

图 5.26 复合化保障性住房小区与城市融合示意图

通过公共服务设施在各类街区和保障性小区中的布局，建立住区与城市之间复合化的边界[75]。例如带动城市周边发展子型的公共服务设施，可设在保障性住区周边主要干道的交叉口或可见性强的地段；有机更新融入城市子型比邻城市原有住区，公共服务设施可在新旧住区结合处布置；自我完善型保障房社区的内部公共服务设施，则适合设在居住区内部靠近中心的部位（图 5.27）。

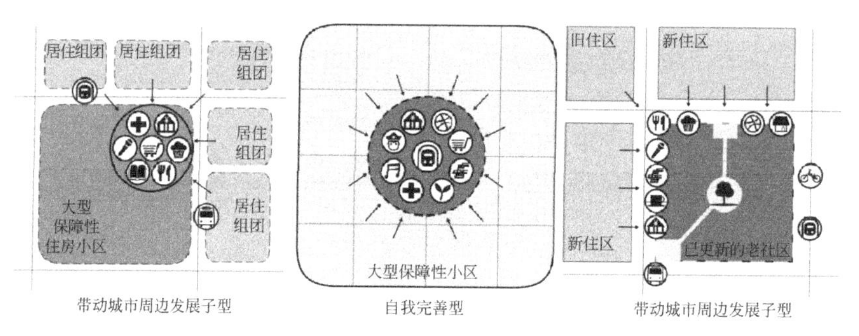

图 5.27 三种不同类型的保障性住房小区公共服务设施布局

5.4.3 社区城市界面的复合化

加大城市支路路网密度，增加住区对外边界的长度和接触面，将城市的各类功能（包含商业活动、交通、休憩场所等）与景观节点（广场、街区、绿地等）有机分布于住区与城市之间的边界上，把原有的硬质边界元素：封闭式围墙、通透式围墙、单向商铺、硬质高差、道路等，用新的元素替代，将“面”复合化，形成“域”，模糊保障性住房小区与城市的边界，为大型社区带来城市活力，小区自身成为良性的有机体，融入城市之中[76]（图 5.28）。

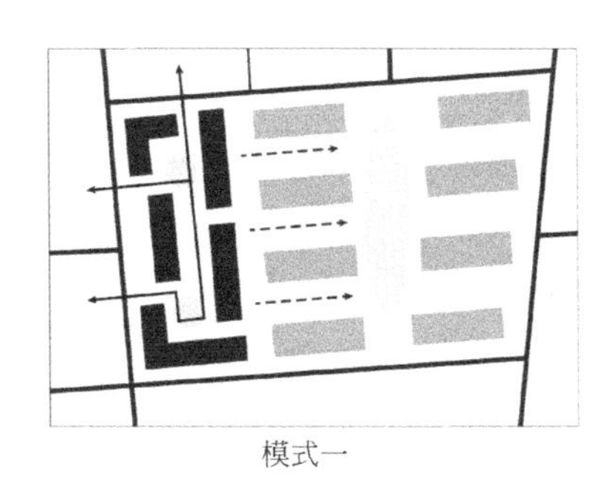

模式一

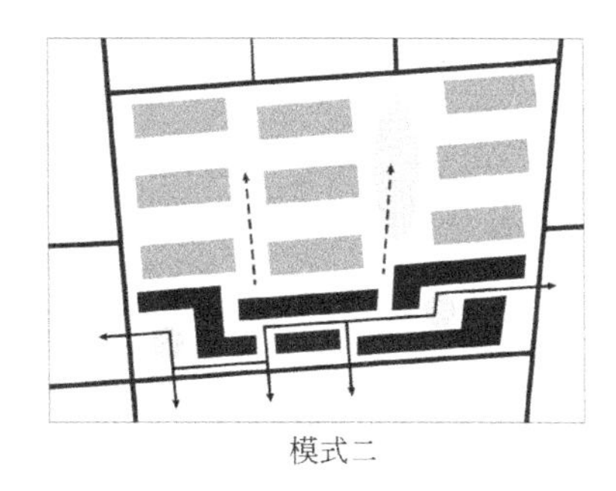

模式二

图 5.28　社区城市界面的复合化

配套商业的设计，可以针对规模和定位不同，采用不同的设计手法和策略。例如：

1.通过内街设计，改变商业一层皮的铺面手法

一层皮的做法最大的不足在于其单向面对城市开门，虽然可以吸引市民购物，但这种人流的引入是消极的，因为不会与居民形成任何交流；同时由于商业建筑的立面封闭性，更加强化了边界的隔离，甚至比通透式围墙还要“硬”。若构成城市道路——小区外部公共空间——商业空间——小区内部公共空间——住宅这样的复合界面层次，对于城市而言，单一表皮转换为复合化表皮，形成由商业精品街、中型超市、复合化内街、社区活动用房等组成的，在城市与住区之间的一个充满活力的复合界面，那么无论在使用功能上还是景观节点上都可以起到沟通内外、促进融合的作用，弱化小区的边界线，形成复合而不混合的居住状态。如果将商业复合化，以内街结合小区内部、外部的开放空间，则能够将逛街的市民与活动的居民建立联系，软化边界（表 5.7）。

复合化城市界面模式：垂直与平行于道路的丘陵地形城市界面处理分析　　表 5.7

类别	垂直于道路的复合化社区界面分析	平行于道路的复合化社区界面分析
剖面示意	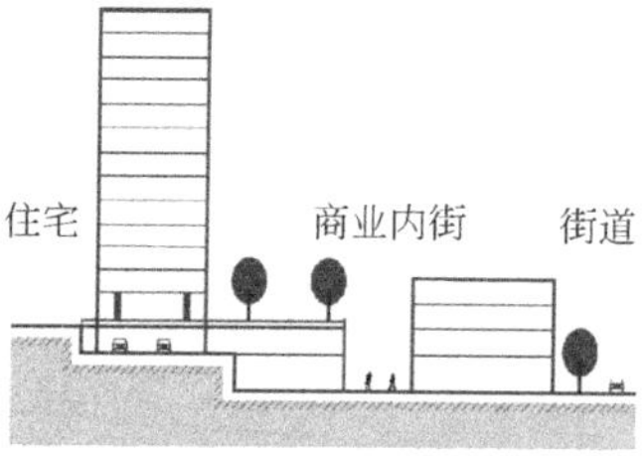 住宅　商业内街　街道	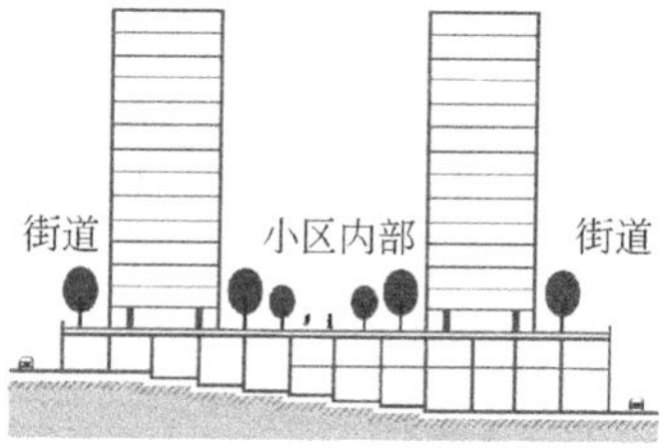 街道　小区内部　街道
说明	保留了基地原有丘陵形成的台地，将主体置于台地之上，使住宅中“住”这一功能与周边城市的喧嚣相对分离，并形成社区界面复合形态	综合运用迭级绿化、斜坡绿化、屋顶花园等环境设计手法。沿街商业可根据道路坡度走向，逐渐形成一层到多层的层级变化

2. 大型商业建筑的功能复合带动空间复合

在一些大型保障性住房住区中，由于规模的需要会设置一定体量的大型商业建筑，通常都具有功能的复合性，例如百货商场、超市、餐饮、影院等，这样外部就会设置相应的广场和开放空间。公共开放空间一般是不作为特定使用群体的公共领域，居民与市民都可以使用户外空间。在保障性住区周边的广场和开放空间，居民使用频率高，能够强化社区关系。公共空间具备易达性，甚至会吸引周边居民参与户外活动，增进邻里交流，强化群体意识，形成社区归属感。

3. 利用基地高差塑造复合化界面

中国很多地区，由于其自然形成的具有高差的坡地地形，在场地不同方向的城市道路上往往具有从几米到十数米不等的高差，采用不同的设计理念和处理办法会得到完全不同的结果。简单通过挖方填方，固然可以迅速平整土地，但对原有地形和环境破坏大且将产生大量的土方工程，同时也无法展现丘陵地形的特点[77]。尤其在成片的保障性住房建设中，如果结合所在地的气候特征、地形肌理，关注丘陵坡地、洼地、池塘、原有植被等生态系统，运用复合化保障性住房社区相关设计策略，可以使丘陵地形的特征与复合化保障性住房相互融合（表 5.8）。

丘陵地区地形及处理方式示意　　　　表 5.8

基地形态	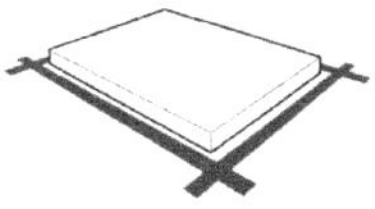	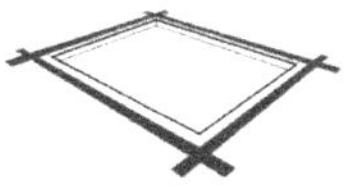	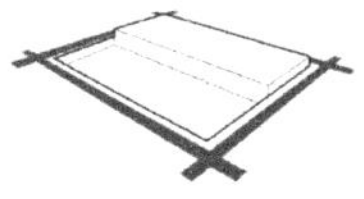	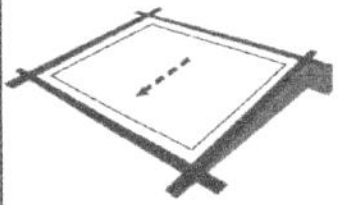
剖面示意				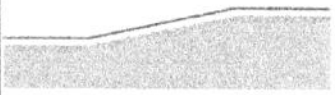
基地特点	基地高于道路：基地四周道路标高相差不大，基地内因原有丘陵地形而整体高于周边道路，此类高差在几米到十几米不等	基地高于道路：基地四周道路标高相差不大，基地内因原有丘陵地形而整体高于周边道路，此类高差在几米左右	基地与道路复合化：在基地内部呈现出有一部分地块低于周边道路，一部分高于周边道路的状况	基地整体平整：顺应道路坡度呈现缓坡状，各个方向的道路与基地呈现出一层至两层的高差
处理图示	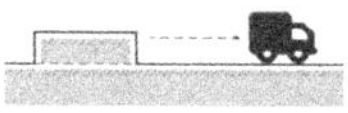	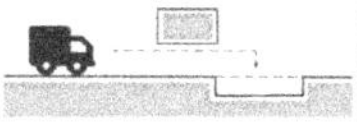	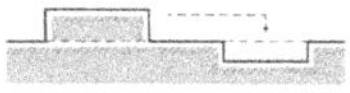	
处理类型	挖土方以平整土地	填土方以平整土地	通过基地内的填挖方来解决土方平衡	将场地分为变化相对匀质的几个梯级，展开不同标高的建筑设计

在复合化社区设计中，面对基地既有高差，保留其原有高差形成的台地，将主体住宅建立于台地之上，使得住宅中住的功能与周边城市的喧嚣相对分离；与城市的相邻界面上，综合运用复合化处理的设计策略，尤其是在需要解决高差的环境设计中，运用迭级绿化、斜坡绿化、屋顶花园等设计手法，避免出现一刀切式的垂直生硬的挡土墙[78]。

4. 考虑噪声对住区各种不同功能建筑的布局的影响

可将商业类（超市、餐饮、娱乐等）布置在保障性居住建筑外围临交通道路侧，起到屏蔽噪声的作用，也可以通过复合化街区的内外街道进行隔声[79]。同时还应考虑商业和公共开放空间的人员活动对居住功能的噪声、气味影响，比如广场舞、KTV、消夜摊点、晨练歌声等（图 5.29）。

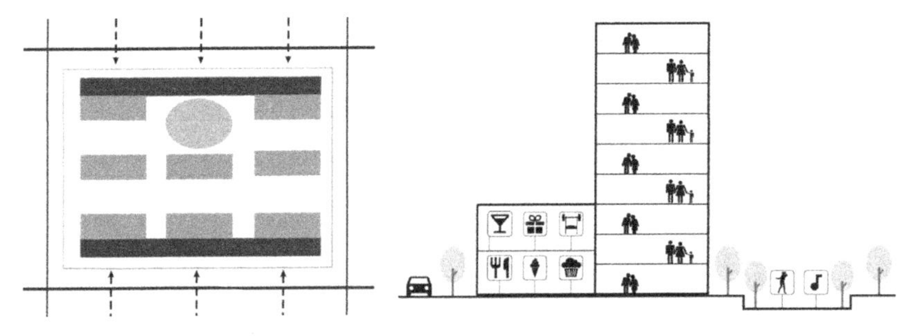

图 5.29　噪声对住区不同功能建筑的布局影响

5.5　三大保障性住房形态类型的城市空间设计策略

以上提出了一些城市空间层面保障性住房的中观设计策略，组团平衡与混合居住是指导思想，公共交通导向是连接方式与复合开发模式，多元化房源下的空间选址是实现组团平衡的根本途径，复合界面是将保障性住房以有机体方式植入城市的有效方法。这些策略的提出是基于保障性住房与城市空间的关系，解决保障性住房隔离、远离于城市，无法融入城市的现状问题。保障性住房小区与城市空间之间关联度的形态类型共有三大类型 6 种子型，同样适合以上整体策略，并且在不同类型下又有各自适应性的设计策略。

5.5.1　自我完善型保障房住区的设计策略

针对前文总结的依托超大城市发展子型面临的问题，“低端住区”标签化的负面影响、钟摆式生活带来的交通问题、中低收入人群居住与就业在空间层面的分离、城市发展（扩张）的影响，结合整体空间策略，这种子型的设计策略有以下几点。

5.5.1.1　产业可持续发展促进生活安置

超大城市的功能定位过于多元，要解决的问题就会越来越多，交通、就业、居住、城市功能之间形成的矛盾无法调和。从超大城市自身来说，需要从国家规划层面界定清晰的自身定位，不能每个超大城市都成为国家或区域的政治中心、金融中心、创新中心、制造中心等，需要疏散不符合自身定位的功能。从这个角度，超大城市更需要在其周边分布能自给、平衡、独立的卫星城，而不是纯粹依靠中心城区提供就业的卫星居住区。只要依托超大城市发展子型的保障房住区实现居住与就业空间的合理布局，就能疏解中心城区的人口，推动居住区人口集聚和协调发展。

1.对于依托超大城市发展子型的保障房住区而言，通常规模较大，争取最大限度地做到“自给”和“均衡”，是规划这类保障性居住区的两个目标。

“自给”就是规划这类保障房住区时，一并考虑居住和就业问题，适度减轻中心城区交通、就业压力，实现住区居民一定比例的就地就业、自给自足，弱化对中心城区的依赖性。

“均衡”更多是考虑居住区所在片区组团功能的平衡性，即生产、生活、基础市政设施的均衡布局和协调发展，不能成为单一社会阶层的居住区，同样要有中高端的居住与商业配置，相对平衡的人口比例，可持续发展的产业，便利的交通网络[80]。例如重庆市的城市规划中，将城市空间结构划分为一城五片（渝东北生态涵养发展区、渝东南生态保护发展区、城市发展新区、都市功能拓展区、都市功能核心区）、16个组团（北碚组团、西永组团、西彭组团、水土组团、蔡家组团、悦来组团、空港组团、礼嘉组团、人和组团、唐家沱组团、沙坪坝组团、观音桥组团、渝中组团、大杨石组团、南坪组团、大渡河组团、李家沱组团、界石组团、茶园组团、鱼嘴组团、龙兴组团）和八大功能板块（杨家坪商圈板块、石桥铺高新技术服务板块、九龙半岛高端商务板块、彩云湖休闲宜居板块、华岩新城板块、重庆高新区西区板块、陶家板块、西彭板块），各组团功能相对完善，组团内的产业、生活用地基本平衡，在这些功能平衡的组团中建立大型保障性住房住区，就有实现良性发展的基础。

2.近几年超大城市产业结构调整规律通常是第三产业向中心城

区聚集，第二产业向城市郊区疏散。产业能提供大量就业岗位，就业岗位可能出现在周边新城镇或邻近居住区的产业园。与产业园区建立联系，可以解决第二产业的用工需求。这种园区是与该类型居住区相匹配的无污染、轻工业、就业门槛不高的产业园或批发市场，实现居住与就业的“空间适配”。

以上海市第二批大型居住社区建设规划为例，大部分社区选址比邻新城镇及产业园区。以居住与就业协调发展为原则，在合理安排居住的同时，结合区域功能定位、产业布局及各项公共设施的结构布局，提供一些技术门槛相对较低的就业岗位。例如松江新城高铁片区的松江南站大型居住社区（图 5.30），用地面积约 13.55km^2。临近地区既有能为普通中低收入人群提供就业岗位的松江西部科技园区、松江进出口加工区、松江新城中心区等多个潜在就业地区；也有能为阶段性低收入人群——创新型青年人才提供机会的莘莘学子创业园。多种类型的就业岗位促进中低收入人群的就近就业，推动工作与居住的平衡发展。

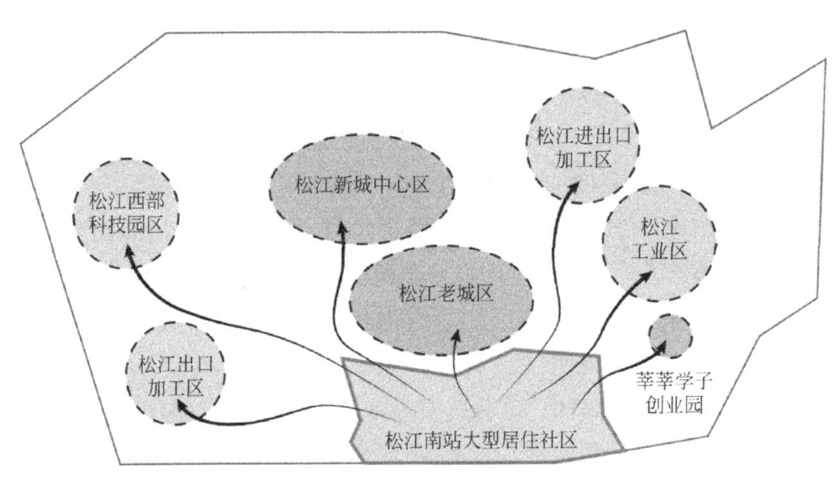

图 5.30　松江南站大型居住社区周边就业地点分布

3.周边公共服务设施提早布局，适度超前，可有效推进该子型的成熟度。对于这类大型保障房住区，根据规划组织结构安排，公共设施必须提早建设，力争在启动入住时，已经有相对完备的设施。这方面政府应该提供财政支持，努力培育公益性设施（教育、文化、医疗等）和引导商业性设施（超市、娱乐、零售等）的进驻。公益性服务设施不得随意改变使用性质，随着入住人数的提升，居民就会感觉到便利。

这类住区运行一段时间后，应该注意公共设施的更新与升级。并在这类住区中推广绿色、可持续、较为先进的设施和交通方式，提高区域对周边城区的吸引力。

该类型的保障房住区虽然距离中心城区较远，但地价相对便宜，如能配备较为完善的基础设施，以基础设施带动保障性住区集聚人气，进而给周边产业带来就业人口，形成城市多组团结构。同时新规划的大型保障房住区较少受老城区各种限制，可以引入较为先进的规划理念，在政府主导下利用可持续的建造技术，结合产业园区，共同形成有机体。

4. 历时性下的成熟社区培养。超大型住宅区的选址、建造、入住、自我完善、产业升级需要一个相对长的时间周期，居住社区和组团建设会分期进行，交通设施和公共设施也需逐步完善，居民入住率的提升更需要一个过程。对待这种子型不能急于要求社区生活成熟度立竿见影，而是要做到有计划地安排入住人口，确保交通和公共服务提前布置，不断提升社区的功能配置和各类社区服务，通过居住成本的优势和入住居民的好口碑，逐渐吸引更多安置对象过来居住。并在基本成熟和完善后，持续加大对公共设施的建设和升级，维持一个有活力和居民自治的良性运转的社区。

5.5.1.2 大运量多元化交通体系

这个子型的特点是中低收入阶层人口多、集中聚居、大量人群往返城郊形成钟摆式交通，尽管可以在用地周边设置产业用地，分解就业人口，但这种混合用地的思路还没有体系化地执行，并且这种超大型保障房社区也很难仅靠周边产业用地实现自给，必然有大量保障人群要来往中心城区。遵循公共交通导向策略，提供大运量多元化交通体系显得尤为重要。

1. 充分发挥超大城市的交通设施基础好的优势，综合利用轨道交通、城际铁路等大运量公共交通工具，为居民居住、就业提供服务。这是该子型独有的特点，也是这种类型小区能够存在的基本条件。以公共交通为导向，建设轨道交通站点或开发公交换乘枢纽的综合功能，实现大型保障房住区的TOD发展模式。

2.规划轨道交通站点与其他大型公交站点衔接，并通过短途公交与保障房住区接驳，形成网络交通体系。例如北京天通苑保障房社区，附近就有地铁5号、13号线，以及规划中的17号线，并和众多公交车线路构成了网络交通。

3.轨道交通线路数量增加。随着大型保障房住区的成熟和超大城市市域范围的不断扩大，从交通上还需要建立该类型住区与更外围的新城镇或周边大型住区间的横向联系，有可能需要增加该住区周边轨道交通的网络化和线路数量，尽量实现纵横叠加，多方向疏散的形态。这也是该类型小区有机发展的需要，可以逐渐减少往返中心城区人口数量和交通压力，同时增加的轨道交通线路也能激发城市更多区域的活力。

4.街区化多元交通体系。这类保障房住区占地少则数十公顷，多则数百公顷，设立一个轨道站点仅仅只是保障了与中心城区有一个快速大运量的联系途径，住区内部一些居住区、居住小区甚至组团到轨道交通站点的距离很可能达到2～3km。这早已超出适宜的步行距离，因此联系保障房住区内部的各种短途车必须考虑周全并得到政府的财政补贴。此外，新规划区的步行道系统、慢行道系统、非机动车（大量保障人群使用电动车）系统等交通体系都应该提前规划，形成街区化的多元交通网，提高保障居民居住的宜居性。

5.5.1.3 邻里居住单元思想下的宜居社区

依托超大城市发展子型处于城市近郊，这里的建设模式和规模也应该与中心城区有所不同。前文研究中，深圳与上海市中心城区的容积率通常都在3.0～3.5，这样的容积率使得住宅都以高层建筑为主，甚至接近百米的一类高层住宅才能达到这个容量，适合城市中心土地昂贵的状况，是典型的集约型土地开发模式。在城市近郊区，土地成本相对较低，再采用高容量建设模式就不适合了，因为高容积率下的建造成本较高，高层住宅公摊率较高、实际得房率较低，高层高密度小区居住起来并没有多层建筑舒适。所以在该子型近郊条件下，容积率不宜超过 2.5，即建造多层为主，辅以少量小高层住宅。

在多层为主的小区中，借鉴住区规模的组团平衡章节中的分析，最好采用街区开放模式，将大型保障房住区划分为若干个 250m×250m（形状不一定为方形），4～6hm² 左右规模的居住组团。通过营造邻里单元氛围的方式，创造中低收入阶层的宜居社区。

根据佩里的理论，“邻里单元”（Neighborhood Unit）（图 5.31）一般由 6 个元素组成：

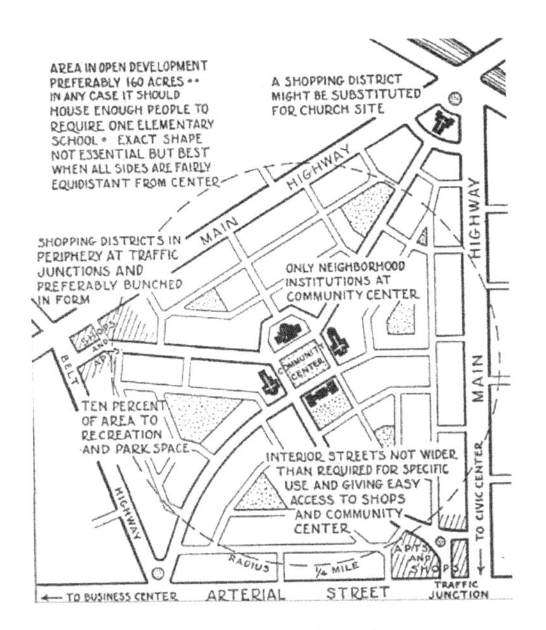

图 5.31　佩里的邻里单元

图片来源：李强．从邻里单位到新城市主义社区 [J]. 世界建筑，2006（7）：93

1. 规模：以满足一所小学的服务人口所需住房设定居住组团大小，面积则由人口密度反推得出，并未指定具体数字。

2. 边界：以城市的主要交通干道为界，城市道路应避免汽车从居住单位内穿越。

3. 开放空间：提供小公园和娱乐空间，以满足特定邻里之需。

4. 机构用地：各类服务机构的范围对应邻里单位界限，围绕一个中心或公共区域成组布置。

5. 地方商业：适当规模的商业区布置在邻里单位的周边，最好在道路交叉口或邻里商业设施对面。

6. 内部道路：街道系统中每条道路都与之能负担的交通量相匹配，街道网能阻止过境交通使用。

虽然佩里的理论和实践因美国大城市汽车的发展和阶级的分化，带来了社会割裂问题，被 TOD 和 TND 模式所替代，但从单个邻里单元的组成看来，还是对自我完善型保障性住区有很多借鉴和启发。

将居住组团控制在 4～6hm^2 范围内，周边设定城市道路，促进组团使用的便捷与开放性，能实现住区公众共享管理、公共设施配套以及景观，还能保证适度的商业服务空间和内部交通的独立性。这样可以培养社会融合意识和促进不同人群交往，实现区域范围整体环境优化。同时，住区主出入口最好面向次干道或支路，不要直接面对主干道。不一定追求完全的人车分流，可以通过限制车速来保证安全[81]（图 5.32）。

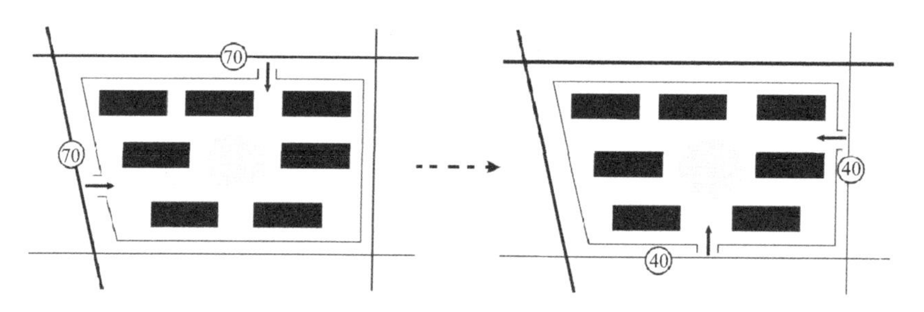

图 5.32 住区主入口设置示意图

这种小规模居住组团的公共服务和商业配套，能够满足居民日常需求，通过 3～4 个组团形成一定规模的服务区，提供更多元化的服务，最后逐步过渡到大型居住区的综合配套，例如大型超市、社区文化馆等数万人支撑的公共服务，这些综合功能就可以结合 TOD 模式，在轨道交通站点以公共交通为导向进行综合开发[82]。

5.5.1.4 远景规划与保障群体变化下社区更新

针对依托企业及园区发展子型中大型工业、企业内形成的居住社区，在新的经济社会发展阶段，有一些共同的变化特征，需要制定相应的更新策略。企业建设的社区虽然不是政府近年来新建设意义上的保障房，但在早期福利制度下的房改房以及大量青年宿舍仍然属于保障人口研究范畴。

这些企业大部分属于国家支柱产业，例如冶金、钢铁、机械、能源（电力、石油、煤炭等）、化学等工业。随着国家经济体制改革和工业体制改革，这些国计民生的工业企业也逐步走上了现代化，员工下岗分流，走向社会，主体产业用工需求随着技术进步大幅减少，这些企业的居住社区也随之面临着许多新问题：企业发展的可持续性、居民更替引发的居住地点选择、居民对居住品质的要求导致的社区更新、社区功能单一需完善配套等。

解决这些问题，要在针对居住人口变化的社区更新和企业发展的远景规划两大方面开展研究。

1. 参考小城镇规划，合理分区

在企业居住区中，可以参照小城镇的规划策略，注重整合功能，改变通常企业居住区相对单调的生活模式，防止企业人口变化引发居住区衰败。

将大型文化建筑（文化馆、图书馆、影剧院、科技馆）、体育建筑（体育馆、室外运动场）、办公区（办公大楼、附属办公楼）相对集中布置，形成厂区的核心节点。

以清晰的交通道路网络将各个居住组团串联为一体，区分出主干道、次干道和支路。并结合原有地形将绿地、公园、活动场地分布于其中。

商业设施可相对集中布置，形成商业节点，包含超市、百货商店、菜市场、银行等，其次在各个居住组团中匀质设置便利性小商业，服务每个邻里单元。

2. 人口变化下的社区更新

在新的时期，应该注意到企业人口变化的普遍趋势。职工中有部分居住在企业居住区内，也有部分会投奔子女或回故乡养老；职工的子女虽然很多仍在企业就业，但也有很多通过上大学或留学离开了所在地。前文已经分析，企业各种功能区毕竟无法与城市完全等同，在该类型居住区与距离城市 30km 左右时，年轻一代更愿意在城市安家，享受城市生活。因此这种趋势整体表现为人口分散，社区有空心化倾向。

这类企业多为大型国企，企业内已经有了二代甚至三代传承，创业者们多数都已经退休。重视社区的更新尤为重要，居住区人口已经由单一的创业者携家属（二代）改变为更多元的新的人口构成，包含老年退休人员、老职工后代、外来职工、技术人才、周边地方居民等。

老年人将这里作为养老居所，因此要注重住宅适老化改造和各类休闲、活动设施中老年人的使用需求。年轻人更愿意将这里作为午休过渡和工作日休息的地方，周末很可能回城市居住，因此要注重生活区的便利性和相应文化设施的建设与布点均衡。周边地方居民很可能通过房产交易的形式移居此地，他们可能并非企业员工，而是依靠企业从事相关业务或为居民服务的行业，因此可考虑开放式社区建设理念，部分住宅结合周边商业，提供多元服务功能。很多房屋主人移居他地，会出现空置房，可注意盘活空置房。提供有效房源增强对外来技术人员的吸引力。职工血缘关系和企业内在的凝聚力塑造了不同于大部分城市商品房或保障房住区的特征。

3.注重企业远景规划对居住区的影响

大型企业普遍面临着人员分流和换代的情况，大量低端和技术水平较差的员工需要分流到社会，吸引知识结构和技术能力较强的新员工进入。对于居住区而言，企业通常结合自身的远景规划，将部分下岗员工尽早地分流到周边城市，支持他们通过产业扶持和岗位培训在城市中寻求新的就业机会，部分员工则通过企业功能组团的规划，就地转为从事为企业服务的社会行业，例如教育、医疗、商业、餐饮、运输等。对居住区的影响是重新规划生活区，将资源和节点尽量集中布局，收缩原居住区摊大饼式的发展，拆除部分过于老旧的建筑，留出发展用地及与生产区之间的生态屏障（图 5.33）。

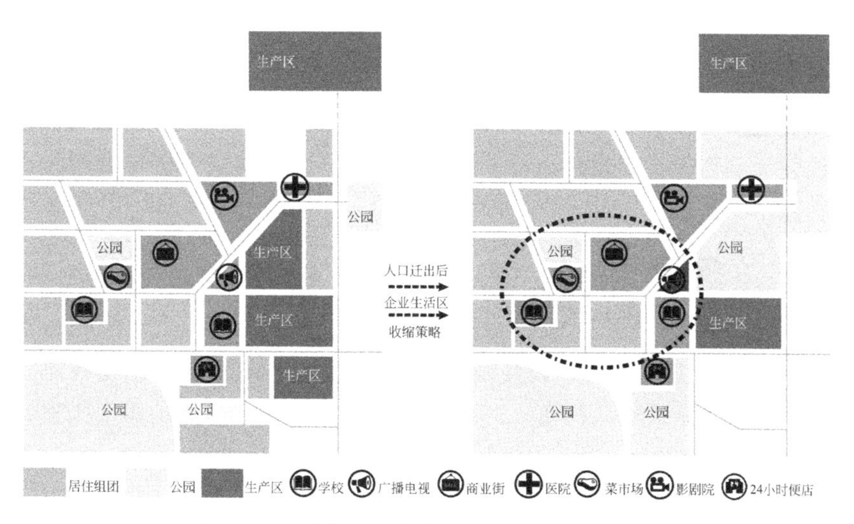

图 5.33　岳阳市长岭炼油厂远景规划示意图

4. 加强与城市的联系

企业由于自我完善能力强，通常与城市的联系不如依托超大城市子型紧密，属于一种弱联系，即仅需要借助周边大中城市的大型火车站、高铁站、机场、大型商业区、大型文化设施、高端居住区等设施，居民的日常生活可自给。在新的条件下，面对人口移居趋势，应该加强居住区与城市之间的联系，满足员工短距离迁徙需要，将原来的弱联系变为强联系。增强联系通常难以用轨道交通实现，但可通过高速公路、国道、省道等多种道路系统，同时构建公交车、班车、私家车的交通体系来实现。交通体系增强，会将人口更多地引入城市，增加城市活力，企业内居住区则会面临社区更新。

5. 社区更新的要点及方式

拆除部分老旧住宅。部分企业的早期住宅已经接近 50 年的使用年限，应参照城市拆迁条例，通过对住户的补偿，将早期质量较差、不满足日照、通风、疏散、间距等要求的住宅拆除，腾出公共空间和休闲空间。

提升部分住宅建筑物理品质。老式住宅主要是在保温、节能、窗户更换、屋顶防水、外墙渗水等方面不符合现今住宅设计规范要求，应尽量改善居住在其中的居民的生活品质。

强化住宅适老性设计。安心养老是大企业退休职工的最大诉求，老住宅中普遍没有无障碍设施，应强化各类适老化住宅改造，包含加装无障碍电梯，轮椅通行、卫浴空间、卧室空间适老化改造等。

水电管网改造。通过增容改造，统一规划，将给水排水、电力、网络、供暖等各种管网集中设置，既保证居民使用安全，又符合越来越高的负荷需求，同时还可以美化建筑外立面。

注重居住区环境升级。很多企业都存在不同类型的环境污染，随着人们更重视个人健康，环境将成为人们选择居住地的重要因素。可以通过拆除部分建筑，在生产区与生活区之间建立生态屏障，在居住组团中营建更多绿地花园，阻隔废水、废气、废渣的污染。同时，随着机动车增多，居住区中可相应增加机动车停放区和道路分级规划，有效避免安全隐患和乱停、乱放带来的混乱。

5.5.2 城市叠加型的城市空间设计策略

5.5.2.1 依托已有城市，快速聚集人口

不同于自我完善型保障房住区，可以通过规模和历时性，逐步实现良性运转；对于城市叠加型保障房住区，尤其是自身带动城市发展子型，较快地聚集人口，形成居住规模效应，才能更好地带动周边土地的成熟化发展。要实现这一想法，可以从以下几点考虑：

1. 在居住区中安排属性类似的保障对象，并且是会迅速入住的对象。例如保障对象中基层公务员或教师群体，如果提供产权型保障房给这些刚需群体，其出于急于改善居住条件，就会较快形成一定人口规模。

2. 选址结合城市片区产业用地或职业定位，缩短保障对象的通勤距离。通过相邻地块的主导产业，将工作与居住同步安排，可以快速提高保障房住区进驻的人气。例如某些城市周边的批发市场，

由于其辐射全市甚至周边城市，在市场周边或顶部配建保障房，既能保持与中心城区的便利联系，又能结合产业就近就业，因此具有快速汇聚人口的能力。反之，城市中心城区扩大后形成新的中心城区边界，批发市场中混乱的人口构成和大货车带来的城区交通压力，使得某些城市对这些市场开展搬迁行动，这时就要注意分析新地点的规模和选址，很多案例就是一次性搬迁到 10km 以外，超出了该子型通常与中心城区的距离，选址过偏，导致人口难以汇集，相应的保障性住区的带动作用减弱，因此将这种子型控制在 5～10km 之内是比较合适的。

结合基层公务员或教师群体的职业定位，将保障性住区设置在就业地附近，例如有些城市将基层公务员小区设置在新城区各级政府周边，还有些规模较大的学校将教师公寓集中布局在新校区的住宅区内。

3. 以高层建筑为主的高容积率布局。由于该类型的保障性住房小区位于城市中心城区边缘，随着城市的扩张，这些区域很可能会成为中心城区，因此控制性规划的指标应该遵循集约的土地开发模式，采用相对高密度高容积率的方式布局（图 5.34）。

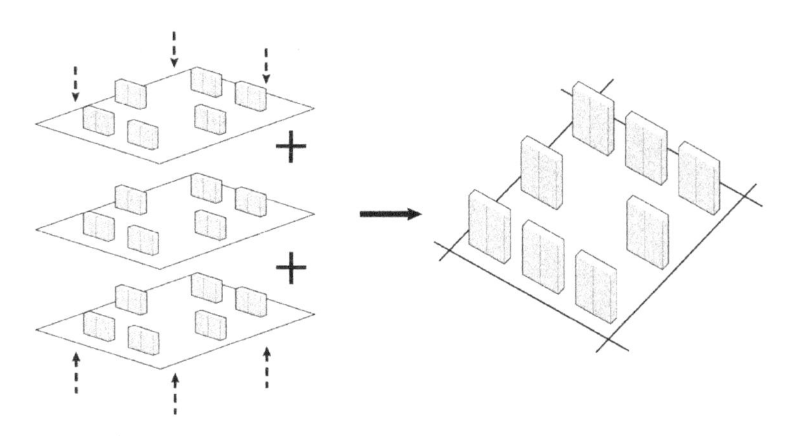

图 5.34　高密度高容积率布局方式示意图

超大城市：根据上海市和深圳市出台的相关保障性住房管理条例，在超大城市中，由于土地更为稀缺，城市叠加型的保障房的容积率通常都在 3.0～3.5 左右，在这个容积率下，建筑密度通常为 35%左右，除去一些多层商业、社区建筑，保障性住房建筑为一类高层住宅。

大城市：中国大城市市域范围的扩张速度随着整体城镇化率的提高而逐渐加快，开发用地面积也逐渐紧张，在中国整体城市建设用地使用较为紧张的背景下，也应本着集约的理念建设。根据《长沙市城市住房建设规划（2014—2020）》，城市叠加型保障性住房小区大多在中心城区以外的开发强度二区，容积率控制在 2.4 左右，一般不宜超过 3.0。在这个容积率下，建筑密度通常在 30%～35%，保障性住房建筑通常为 18 层以下的二类高层，容积率提高时也会有一类高层住宅。

中等城市：中等城市自身带动城市发展子型较少，不宜盲目在中心城区边缘建设规模较大的保障房住区，以避免空城出现。大部分还是依托中心城区叠合发展的子型，依托中心城区较为成熟的配套和交通资源，逐步发展。根据《郴州市城乡规划管理技术规定》，旧城组团的高层居住用地容积率在 4.0 以下，另外 3 个新城组团的高层居住用地容积率在 3.5 以下；多层住宅容积率都控制在 1.8 以下。在这个容积率下，建筑密度通常不超过 30%，保障性住房建筑为小高层（10～12 层）叠加部分二类高层（18 层以下）为主。

5.5.2.2 迅速构建网络化交通的重要性

自我完善型处于城市郊区，布点时需要依托轨道交通或专门为大型保障房社区考虑轨道交通走向，公共交通基础较为薄弱；而城市叠加型保障房住区通常位于中心城区边缘，已经具备了较为良好的交通基础。对该类型保障房来说，如能实现人口的快速聚集，构建网络化交通就显得尤为重要。

城市叠加型住区的网络型交通可以从以下几方面考虑：

1. 基地选址考虑城市空间结构发展方向。因为这些地区作为未来城市空间拓展区，通常都具备了基础公共交通网络，并且随着规划落地推进，很有可能建设轨道交通、快速交通等大运量系统。

2. 综合考虑轨道、快速交通、公交线路、短途接驳的交通网络化（图 5.35）。城市叠加型保障房住区与中心城区、城市资源有较为密切的联系，很多重要的功能和规模较大的商业、文化建筑还需要依托中心城区，因此可以结合轨道、快速交通干道与中心城区建立便利联系，以公交车网络建立同城市其他主要片区的联系，以班车或短途交通联系居住区与就近就业的工作单位。对于自身带动城市发展子型，尤其要注意公交车网络的方向性，该类型的居民虽然有一部分能就近就业，但大部分仍然要去城市其他地区或片区中心就业，因此公交车线路如果只有单向通往中心城区，会增加保障人群换乘的时间和成本。

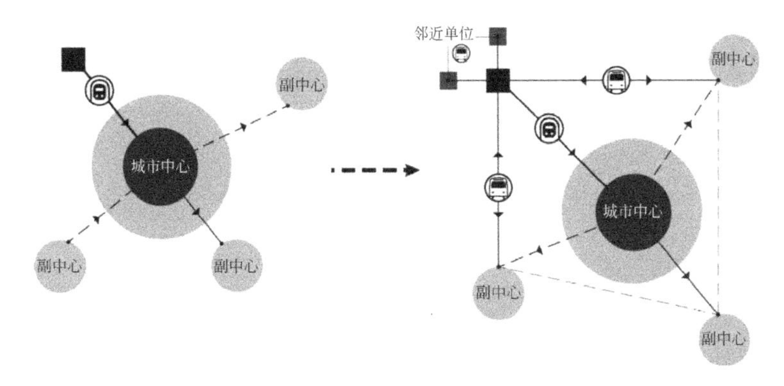

图 5.35　城市叠加型住区的网络型交通

5.5.2.3　混合居住的复合化社区模式

在三大保障性住房类型中，自我完善型规模较大，且通过历时性自我实现运转，以产权型保障性住房为主，在保障房居住区相对成熟后，也会穿插建设部分中档商品房小区，实现部分混合居住，但整体而言仍然是保障房占大多数。斑块融入型主要在中心城区内，以社区更新和零散插建为主，大部分都是租赁型保障房，所谓混合居住是以地块周边的商品房为主，混合少量租赁型保障房。对于城市叠加型保障房而言，在建设规模和混合模式上，最有可能成为主要实施混合居住的类型。

1. 自身带动城市发展子型

首先该子型有一定规模，其住宅类型自身就可以考虑混合商品房和保障房。例如某些面对基层公务员建设的小区或教师公寓，这其中并非所有的购买者都是狭义保障对象，也有收入较高者，可以依托该子型住区的建设和分配方式共同生活居住。

其次，居住区中除住宅外可以配建部分租赁型保障房公寓。通过分区管理，实现租赁型与产权型的混合，以及保障房与商品房的混合。同样可以考虑该子型居住对象的相似性，例如面对公务员住区中的政府雇员、青年单身公务员；教师居住区中的新分配教师、单身教师；批发市场周边居住区中的中低收入员工等，以宿舍和公寓的方式，实现混合居住。

最后，该子型项目可以带动周边土地开发。规模较大的保障性住房小区周边会配建幼儿园、小学，随着住区的成熟，会带动周边功能的复合，逐渐形成商品房、商业用房、社区机构等复合化生活模式和场景，使住区向社区转化（图 5.36）。

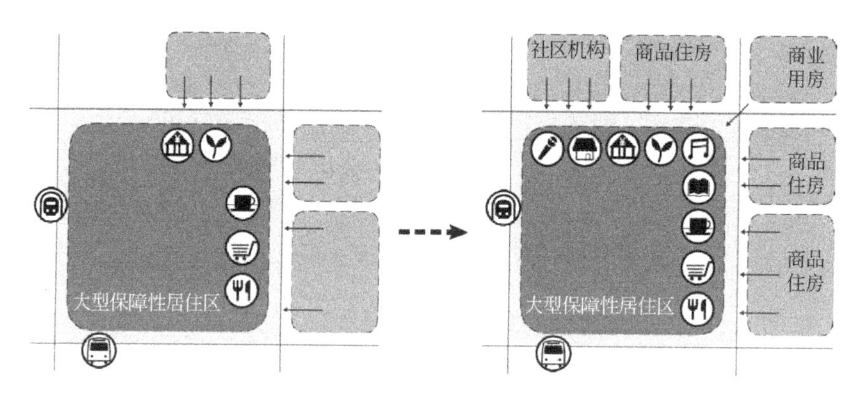

图 5.36 自身带动城市发展子型对周边土地开发的影响

2.依托中心城区叠合发展子型

这类型的保障房住区规模略小，但在城市保障房建设中是最普遍的一种类型，因而广泛分布于中心城区周边，其自身一般仅具备居住与小规模配建商业、物业服务等功能，规模稍大的还配建有幼儿园。这种类型的复合化生活模式主要通过周边地块相应功能提供，因此可以结合交通干道，在中档商品房住区附近选址。同时根据周边相对成熟的生活配套，差异化建设和导入一些周边缺少的功能，如社区医疗、技能培训、餐饮等。

配建保障房是混合居住理念，实践的主要模式（图 5.37），这种模式最适合在依托中心城区叠合发展子型中实施。因为中心城区内的商品房价格较高，难以推动配建保障房，在边缘区域混合建设是有可能的，并且规模不大，开发商也比较容易分区实施和管理。在商品房住区中配建保障房形成的叠合发展小区，更容易通过复合化设计策略融入城市。

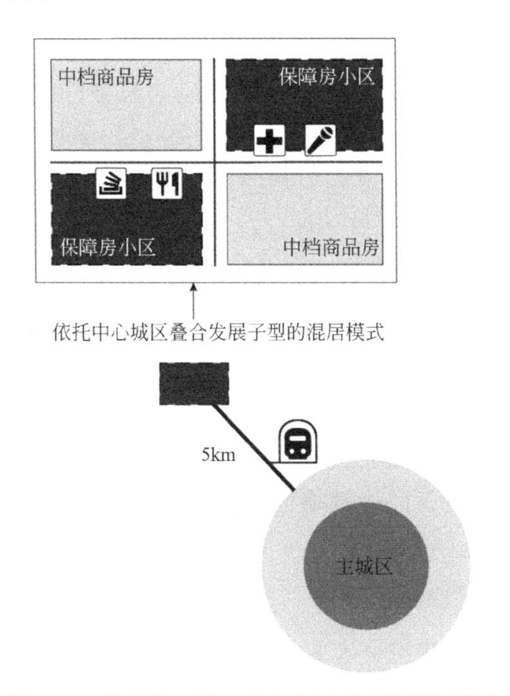

图 5.37　依托中心城区叠合发展子型的混居模式

5.5.3　斑块融入型的城市空间设计策略

随着中国城镇化率的不断提升，城市扩张十分迅速，城市病也开始逐步显现，因此中心城区有机更新成为很多城市面临的发展问题。城市更新是将城市中已不适合现代城市社会生活的地区进行有计划的改造更新。关于城市中心城区更新这一命题有很多学者开展了研究，涉及面包含居住、传统街道、公园、环境设计、文物保护等，每个城市每块基地也面临着不同的情况。

城市更新方式一般分为：片区再开发（Redevelopment）、整治改善（Rehabilitation）及街区保护（Conservation）三种。由于街区保护主要是在历史城市和历史街区中，是对建筑或环境的保护和更新，其中也涉及少量保障对象的居住条件提升，但因其所在街区不具普遍性，故本书不作深度研究。再开发和整治改善成了中国城市有机更新中涉及保障对象居住条件改善的两种主要方式。

5.5.3.1 城市再开发带来的社区重生

片区再开发的对象通常是建筑、公共服务设施、市政设施等，其品质已无法通过维修整治的方式，重新适应城市生活要求。居民生活品质低下，城市形成脏乱差的区域，影响进一步发展。需要拆除原建筑物，重新规划整个地区的功能、建筑规模、交通、道路、公共活动空间、停车场地、空间景观等。中国政府为改造城镇危旧住房、改善困难家庭住房条件而推出的棚户区改造工程，就属于城市再开发更新的一种模式。城市再开发不仅仅是拆除旧房子修建新房子，搬迁原有居民到郊区居住，提升地块经济价值这些表象，深层次的意义在于这是一种社区重生理念指导下的更新，其目的是以全新的功能、空间、环境替换已经衰败的物质空间，使社区重生和繁荣。针对前文论述的保障对象的特点和城市空间分布的一些原则，涉及保障对象的再开发类城市更新应该注意以下几点：

1. 从保障房城市空间布局均衡的角度，应在更新地段保留保障性住房

棚户区改造一般采取货币补偿和实物安置两种模式，实物安置中又分为就近安置和异地安置。从开发商的角度，更希望政府以货币补偿的方式用评估价拆迁棚户区居民，将所有开发面积均以商品房出售，获取更高利润。从政府的角度，也希望居民领取货币补偿和棚改补贴后异地购房安置，既拆迁了棚户区又促进了新区空置房销售和建设，疏解了中心城区功能。从保障对象的角度，一部分人希望大幅改善居住条件，并保留中心城区居住的机会；还有的人希望购买异地建设的，价格较低的安置房或政府团购商品房，因为新家的面积可以更大。不同主体的需求和利益不尽相同，但从社会公平和社区重生的角度，应该重视保障对象的意愿。

从城市空间布局的角度，中国目前最大的问题就是空间分布极不平衡，中心城区内保障房过少。因此面对老城区的再开发，保留

部分产权型保障房，并在开发商开发的产品中预留部分租赁型保障房，才能逐步增加融入型保障性住房，以斑块形式分布于中心城区。利益的平衡可以通过政府提供住房补贴，并以适当提高房屋租金的方式，将房源提供给保障对象中收入水平较高的人群。

2.通过自主改造模式，保证保障对象的权益，维护社会公平

城市更新是城市、居民、政府、开发商几方共同的理想，改造模式得当，则几方都能达到自己的目标，取得良好的结果。改造模式不得当，则有可能其中某一方的目的无法实现。这几方中，居民是被改造主体，但与政府或开发商相比属于弱势群体，因此要特别注重保证棚户区中保障对象的权益。

首先，对现状作充分的基础调查，包括居民住房性质，属于公房还是私房，属于保障对象还是非保障对象，居民的拆迁意愿和安置意愿等。

其次，妥善制定拆迁安置方案。对货币安置和实物安置的补贴标准必须公开公平，尤其要照顾住房困难群体的改善需求。

最后，是与居民签订拆迁协议。这个步骤是最为关键和困难的一步，过去曾多次出现过开发商违法拆迁或政府强拆的现象，归根结底还是侵害了保障对象的利益。在成都曹家巷棚户区改造中，探索了一种居民“自主改造”模式，即政府拿基本的原则和方案，居民决定改造与否，居民自己选出自改委员会代表居民意见，自改委员会搜集居民意愿，在居民与企业、政府之间进行沟通，力求达成共识。这种民主协商的方式充分保障了原有居民的利益，也赋予了他们发表意见的权利，建立了协商解决问题的渠道，“自主改造”模式本质上就是激发基层自治活力和智慧，通过社会组织参与理顺复杂利益关系、化解社会矛盾。2013年3月9日，曹家巷2000多户居民启动搬迁签约，一个月之内签约达到60%，三个月内签约率达到了98%。最后，实施拆迁和更新建设。

在具体重建方案中，还要注意维护保障对象的住房利益。开发商将位置最好的地段用作商业开发本无可厚非，但不能出现将不适宜居住和不满足条件的位置全部设计成保障房，人为制造交流屏障，

开发商应力争实现比较和谐的混合居住形态[83]。

5.5.3.2 居民置换背景下的改善更新策略

另一类城市更新方式则是整治改善，其对象是建筑和市政设施尚可使用，但由于建筑老旧、设施老化使得整个住区环境不佳的地区。一般面临情况有：建筑物老旧，但经维修、更新设备后，可在较长时期内继续使用；部分建筑老化严重已不适宜居住，或原住区布局不合理、密度过大、交通混乱、或部分建筑原功能衰败等，这类情况下应通过拆除某些建筑，重新设计用地布局，改变建筑用途；公共服务设施极度缺乏或老化，可增加公共服务设施的配置。与再开发类更新方式比，整治改善耗时短，政府投入的资金较少，面临的拆迁阻力较小，保障居民的经济压力较小，住区原有结构和文脉可以留存。整治改善既可防止住区继续衰败，还可改善老城区生活居住环境。整治改善类城市更新应该注意以下几点：

1. 居民置换背景下的住区功能更新

原住区如果建筑较为残破，环境较为混乱，某些商业服务设施衰败，会带来居民的部分置换，即部分原居民购买新的住宅迁出居住，将旧住宅出租或空置。各级政府可根据居民申请和城市更新需求，梳理清楚建筑的权属，对社区实施整治改善。属于公房的就纳入保障房房源；也可按照居民意愿收购部分旧二手房，改造后纳入保障性住房；还可以通过拆除部分达到使用年限的公共设施或危房，在社区内修建租赁型保障房，建筑底层可提供社区服务、老年人服务、商业服务设施。通过这三种渠道，可以实现在整治改善类城市更新的社区中获得保障房房源。

对居民邻里间的社会关系的维系。城市老社区中原住居民就有很多属于保障对象，前文探讨过，将保障对象迁居至郊区新修建的保障房，会割裂其人际关系的社会肌理，不利于新的社交网络的建立。因此，社会交往的形成很重要的因素是居民之间的经济、意识形态、社会层次等是否在同一水平线上。在老社区中，保留原保障居民的社会交往，同时引导新迁入和租住的居民融入社区，并为原来的居民创造空间条件，才有机会维系良好的社会肌理。对于中心城区新增的保障房房源，一方面是满足原有居民的就近安置需要，另一方面可以通过居民置换，考虑以合适的租金吸引中心城区新就业大学生来此租赁，这符合新就业大学生希望离就业地点近，而且不用支付相对高租金的心理，新就业群体的置换，也可以激发社区的活力，带动相关功能和活动[84]。

2.注重城市文脉延续，留存城市记忆

城市老社区是原有居民的共同记忆，整治改善类的更新和重建不同，虽然建筑和公用设施需要维修、整治，但社区的整体环境不需全面拆除。因此，这类改造中应注意以下几个方面。

首先，针对问题提出改造方案，以解决问题为目的。通常的问题有：原社区未考虑机动车停放，机动车增长后停车无序、交通流线混乱。这些问题可以通过梳理道路流线，划分道路级别，整合零散用地成为停车场的方式解决。建筑老旧，各种水电管网布置混乱不堪，违章改造形成不安全因素。这些问题可以通过建筑加固和维修，外立面改造，管线通过管沟和管道井入户，拆除违章搭建部分等方式解决。

其次，积极空间的保护与消极空间的改造。根据扬·盖尔交往与空间的理论，自发性、娱乐性的户外活动以及大部分的社会活动都有赖于户外空间的质量。面对积极空间，特殊的有魅力的活动就会健康发展，面对消极空间，这些活动就会消失[85]。

老旧社区已经形成了自身的空间系统，一棵枝叶繁茂的大树、遮阴纳凉的庭院、居民聚集的活动广场、儿童嬉戏的泥坑沙地等，这些都属于社区的积极空间，需要在改造过程中得到重视，通过一定的整修保留城市记忆，不可以简单化通过拆除、硬化道路、铺设草坪来解决。同时，有些杂草丛生、灌木缺少修剪维护的绿地，被居民私自改造占有的公共空间，未经设计规划功能的边角空间等，则是典型的消极空间，可以通过重新定义其属性，创造适宜交往和停留的空间等方式激活这些消极空间。

3.建立社区与外部城市空间的复合界面，提高社区开放性整治改善类的老社区更新，涉及社区与城市的关系。正因为其老旧引发了衰败，在改造的过程中才尤其要注意和城市界面的关系。早期设计的小区，通常是组团围合公共服务设施，在组团外部设置的商业设施较小（图 5.38）。但随着住宅区对权属和安全的考虑，逐渐将社区以围栏封闭起来。这种有形的围栏会加剧社区衰败后居民与城市交往的封闭感，尤其是有很多保障对象居住的社区。在改造中，可以考虑拆除围墙，引入外部人流需要的功能，例如小餐饮店、理发店、幼儿托管、培训、体育运动小广场、露天表演剧场等，辅以环境空间引导和设施改造，提供部分停车位，吸引城市外部人流有意识地进入社区，打破这种硬质边界，以功能的复合化逐渐形成空间的复合界面，还能提供保障对象就业机会（图 5.39）。这种中心城区的改造社区，由于良好的区位，只要能把环境整治、开放社区交流、安全保障等做好，是很有可能实现社区活化的。

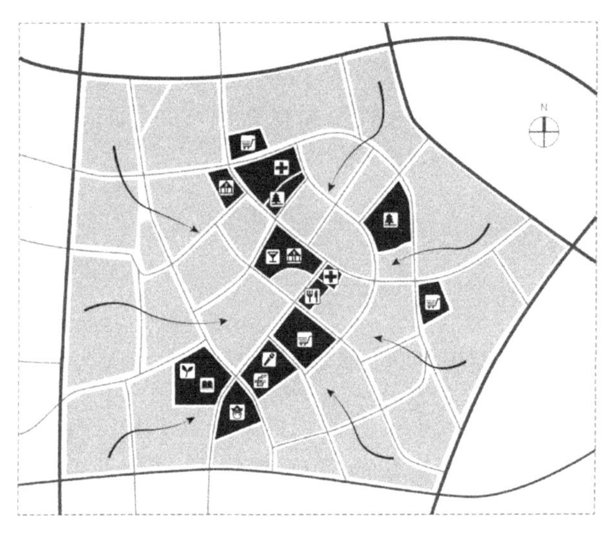

图 5.38　早期居住区设计——组团围合公共服务设施

5.5.3.3　模糊边界带来的高度复合化生活形态

对于城区地块新建融入子型而言，在中心城区利用城市零散地块，见缝插针地建设部分保障性住房，可以充分利用周边成熟的公共配套资源与城市交通，完全将保障房与城市的边界模糊化，与城市生活建立高度复合化的生活形态。

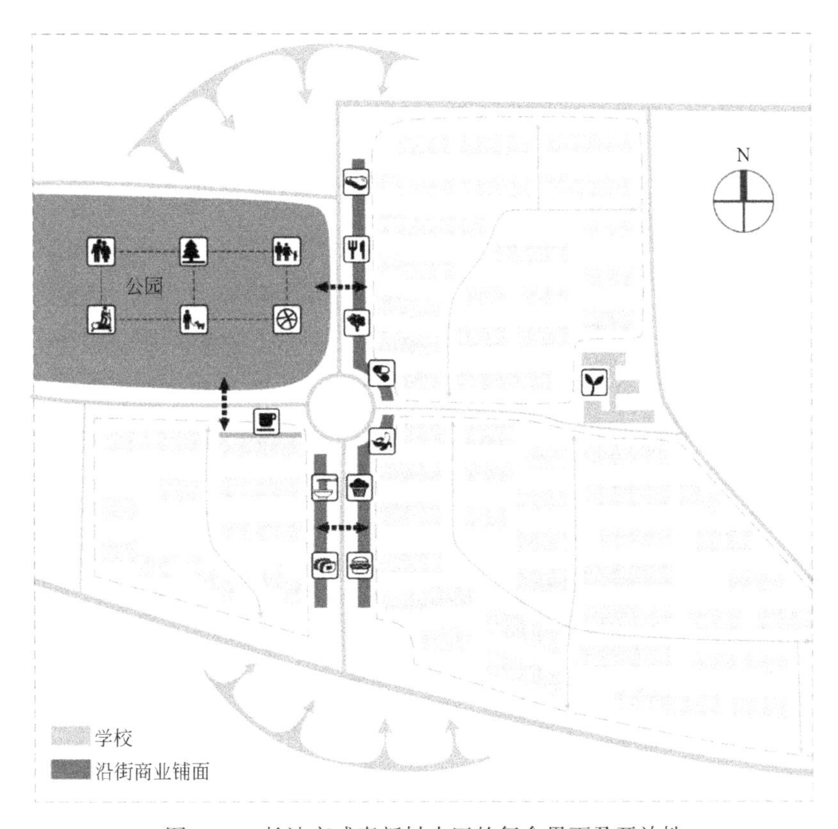

图 5.39　长沙市咸嘉新村小区的复合界面及开放性

这类保障房，通常为高层建筑，地块较小所以容积率较高，通常在 3.0 以上。在上海徐汇漕河泾街道 1/4 地块、杨浦江湾 B3-01 地块等有类似尝试，保障类型为公租房，保障对象建议为新就业大学生与工作地在中心城区的部分外来务工人员，节约他们的通勤成本。这类住房流转性好，可以通过在保障房系统内的较高租金提供给最需要的保障对象。在设计中可注意：

1. 保障房要具备高度复合的功能

城区地块新建融入子型保障房不需要像自我完善型和城市叠加型一样，考虑过于齐全的功能，诸如医疗、教育、大型商业、文化建筑、大型市政交通设施等，这些设施可以由周边城市提供。保障性住房只需设置符合所服务保障对象特定需求的公共服务设施即可，例如公共洗衣房，以社会经营方式提供服务；公共食堂，可将对外服务的餐饮与对内服务的食堂结合起来，视经营状况调节其规模；读书空间，以读书茶饮为媒介为年轻人提供交流和学习的平台，还可以进行创业沙龙等活动，可与食堂餐饮共同考虑；社区用房临时接待服务设施，由物管公司统一管理运营；健身空间，提供健身房或瑜伽室等适合青年人的用房，也可对外服务；网吧，适合城市年轻人的网络交互平台，集娱乐、学习、工作于一体，其他设施还有小型金融网点、ATM机、小型邮局等。这些适合城市人活动的功能，可以为保障对象内部交流提供多种可能性，也通过对外服务促进与城市的融合。

2.复合模式下建筑对规范的突破

这类建筑可将商品公寓与公租房公寓相混合，便于收回部分投资。建议少量采用套型住宅的设计，大部分采用小户型公寓的平面，以增加保障房的数量，例如可采用20～45m² 使用面积为主的标准户型单元，端部配置少量的60m² 户型。

由于在中心城区用地零散、基地小，周边建筑密度高，体量大，因此有些规划指标和对规范的理解可考虑申请适当放宽。

绿地率：大部分城市都对用地绿地率指标（通常不小于30％）和集中绿地的面积比例（上海规定每块集中绿地的面积不应小于400m²）有技术规定，在此类型保障房建设中，可考虑适当降低绿化率指标（可降至20％～25％），不对集中绿地面积进行限定[86]。

朝向与日照：住宅设计规范规定了建筑有良好的朝向（中国主要是南向），以及居室大寒日或冬至日连续日照要求。在此类型中，可考虑采用累计日照时间，适当降低日照要求。同时可降低公租房的朝向要求，突破住宅南北朝向的规定。这便于利用零散用地，事实上在城市中心城区公租房中，尤其是面对青年群体，东西向的居所并非不可接受，还能丰富城市建筑形态，实现小地块拥有围合感的组团空间。同时，将公寓的概念延伸至保障房，可规定不低于50％的房间满足日照要求，利于增加北侧小户型公寓，这对于提高土地利用率很有意义。

结论

本书研究的是中低收入阶层的保障性住房建设，基于保障房住区与城市关联性视角，对保障性住房的制度构建、城市空间分布等方面作了论述，主要讨论了以下 4 个方面。

一、基于保障房与城市关联性视角，提出了城市空间、保障人群生活方式、保障性住房运行模式对保障性住房建设的影响因素，并对其进行详细分析。保障性住房建设中的显性问题包括郊区化、大型化、公共服务设施缺乏、城市形象和治安的负面影响等，传统研究方法是从城市选址和规划层面分析，但得出的结论往往失之于表面。本书在上述研究基础上，结合多学科研究方法得出结论如下：

1.城市空间非平衡性：土地财政是形成城市非平衡性的根本原因，其背后的经济利益驱使和人们传统的高低观念加剧了保障房在城市空间中的非平衡性布局。这种非平衡性对社会阶层分异将带来潜在的长期影响。

2.城市间及城市自身非公平性：地区之间和城乡之间的非公平性会形成基础设施建设能力与意愿方面城市设施布局的不公平。不公平的财政投入与利益回报是导致目前很多保障性小区生活不便的原因。

3.保障人群自身非平衡性发展：中国国土面积大，东、中、西部各自的经济发展水平完全不同，因而制定统一的保障性住房制度就需要关注地区发展的非平衡性，不同地区保障对象的结构、年龄、需求、习惯是不同的。在同一个城市中，保障人群也有不同的背景和未来发展前景，这种非平衡性的发展必然带来不同的保障房需求。

4.生活肌理改变与社会属性的认知：关注保障房建设，绝不仅仅是在城市某个空间建设一片住宅，提供一个空间那么简单。从社会学角度，变化居住地点和居住形式，对保障对象而言会带来生活肌理的改变，这种改变又会带来社会属性认知的变化。

5.硬质边界的规划与复合化界面：从社会学角度，硬质边界会造成保障房与城市隔离，加之人们观念的非公平意念，极易形成城市洼地。复合界面则可以从空间性、场所性、功能性等几个方面带来城市公共空间与开放空间的融合，为人们提供行为、视觉、声音交流的空间基础。

6.自组织行为带来的自生长性：不仅要关注新建保障房，还要对存量保障房小区中居民自组织生长性进行分析，因为这是未来保障房小区的发展趋势。这种自生长性带有某种生命力和可塑性，但又很可能给城市形象和空间秩序带来困扰。

7.资本的力量与保障属性的关系：保障房和商品房本是两个不同层面的住房问题，当二者界限不清晰时，资本的力量就有可能借助保障房建设的名义实现某些经济利益，这种企图需要在引入社会资金建设保障房和规范管理上求得平衡，以实现公平属性。

8.混合居住模式和空置房：混合居住模式是学术界提倡的一种解决城市空间分布非平衡性的方法，本书对保障对象的行为特征开展了分析。空置房有可能作为保障房房源在城市不同区位协助解决空间非平衡性问题。

本书提出的城市空间非平衡性、非公平性，生活肌理改变，硬质界面对心理的影响，自生长性，资本与保障属性的关系等都是一种基于城市关联性下的独特视角，从这种视角看待保障房建设背后的问题，得到一些新的启示，这是本书的创新所在。

二、从保障性住房与城市关联的密切程度入手，将保障性住房小区划分出三大类型和6种子型的城市形态构成。

自我完善型中的依托超大城市发展子型和依托企业及园区子型；城市叠加型中的自身带动城市发展子型和依托中心城区叠合发展子型；斑块融入包含有机更新融入城市子型和城区地块新建融入子型。这些类型不是简单从城区与郊区、大型与小型、新建与改建来区分的，而是将保障性住区看作一个有机体，从良性运转有机体与城市关联性上分类，通过每个子型的存在基础、规模、与中心城区距离、配套设施完善度、就业岗位特点和交通方式等方面的研究，得出相应的结论。基于城市关联性下的保障性住房形态构成分析与分类是本书主要关注点之一。

三、从多个层面提出保障性住房建设制度层面的宏观策略。其中总结出了保障性住房相关法律应包含的基本属性：社会公平性、保障适度性、长期动态性、地区非平衡性，这些属性有的是各国和地区所共有的，有些则是中国特有的。在法律的具体内容上，保障主体应该是中央政府和地方政府为主，企业、单位和社会公益组织为辅，而且要逐渐下放政府职能，提高社会组织的主体作用。保障房类型建议去除经济适用房、限价房、共有产权房、廉租房、公租房等名目繁多的种类，大的分类为产权型保障房和租赁型保障房，在这二者之下，制定相应的保障标准、金融支持体系、准入标准、产权交易约束等细分条款。保障标准，租赁型保障面积标准可考虑在 $40\sim60m^2$ 之间，产权型保障房可考虑在 $50\sim90m^2$ 之间，同时不仅面积设定标准，住房品质及配套也应设置宜居标准，这些可以参考英国的“体面住房”的内容。保障方式，在中国“十二五”期间基本完成了3600万套保障房建设任务，政府手中已有兜底的保障房数量，下一阶段可把重心转移到“补砖头”的实效性和货币补贴的人群范围的界定与补贴额度调整上。保障对象则特别预测了未来主体将会是农民工、新就业大学生、各类人才和老龄化人口，且对这几类人的行为特征和需求，租赁房与产权房的供应提出了建议。制度建设主要是操作层面的构建，包括资金筹集的方式、建设与管理的框架建设、准入标准与退出机制、个人信息系统与分配公开制度等几个方面。

四、研究得出了基于城市关联性下的城市空间的相关中观策略。

策略一：组团平衡与混合居住。通过空间布局的组团平衡、居住与就业，由空间失配转为空间适配；以 4～6hm^2 左右的小街区消解大规模保障性住区自身的不利因素，提高保障对象与城市的融合；提出混合居住中社区服务中心的布局模式，以及以街道串联各个混合居住主题的思路。

策略二：公共交通导向。通过对 TOD 模式的分析，得出了在距离中心站点 1000m 范围内，公共服务中心、商品房开发、保障房建设的距离范围，以及短途巴士、班车、电动车、自行车、步道系统结合大运力轨道交通的复合交通模式。

策略三：提出多元化房源下的空间选址这一重要策略。目的是拓宽保障房的来源渠道，尤其提出了将空置房与城中村作为建立新的城市空间平衡性的一种手段，并将城市中心区某些原工厂厂房，功能需要更新的商场、菜市场等与短期保障性住房的设计相结合，列出长期、中期、短期多元保障性住房空间布局分类表。

策略四：复合界面策略。社区功能构成的复合化、住区边界与城市的复合化、社区城市界面的复合化是三种复合化界面。通过有机渗透将保障房融入城市空间，这些渠道类似于自组织形式，能够调和保障房与城市空间的矛盾。

策略五：在三种保障性住房形态类型中提出了更进一步的策略。例如在自我完善型中提出了产业与生活安置的关系、相应的大运量交通体系、邻里居住单元思想下的宜居社区、产业远景下的住区更新等策略。在城市叠加型中提出了快速聚集人气带动发展的方式、迅速构建网络化交通、推动居住中复合化社区模式等策略。在斑块融入型中，提出棚户区改造方式如何与保障对象和空间结合；当居民置换后，中心城区二次开发时保障性社区的社区活化方法和原则等策略。

本书限于时间、数据来源等因素，还有诸多问题需要进行下一步研究深入分析，主要包括：

1. 数据来源的全面性和拓展性。本书涉及了宏观、中观维度的保障性住房建设研究，势必牵涉到政策、中央政府建设数据、各地区建设数据等宏观数据，目前研究主要通过查找国家统计局、各地方统计局、住建部、卫计委发布的官方数据，以及课题组和本人能接洽到的地方建设系统的数据进行研究。中观的研究数据主要通过查阅各省市的城市总体规划、住宅建设规划、保障房建设规划、相关住区设计案例、各种专著及专业杂志、各类实际设计项目文本、对各级管理部门与参与单位进行调研、发放问卷调查调研、实地考察调研等多种方式获得进而开展研究。虽然笔者已经尽了最大努力收集了近百份各种文件通知、近百种各类户型和上百种设计项目文本、发放了300多份问卷调查、进行了近一百人次的访谈调查，并实地调研了北京、上海、深圳、南京、长沙、郑州、西安、岳阳、株洲等各类城市的保障房建设项目和一些厂矿大型园区的生活区。但在某些章节得出的结论中，仍感数据的说服力还不够。后续研究中，如果能有更多更翔实的数据来支撑，书中有些具体到数字的结论也许还可以修正得更加准确。

2.研究的广度与深度之间存在一定的取舍。在研究的过程中，笔者就在研究广度与某一个点的研究深度之间一度纠结。这种纠结来自本书若涉及范围太广，则犹恐失之；如精于一点，在保障性住房这个研究领域，又无法摆脱宏观与中观的影响因素，失之于眼界过小，最终笔者确定了以保障房住区与城市空间关联性这一创新研究切入点，串联起宏观与中观，建立一个基于城市关联性下的住房保障策略研究体系，这是具有创新视角的研究成果。在后续研究中，仍然可以在目前搭建的这个较为广泛的住房保障策略体系下，对多个具体研究课题展开深入研究。

本书在撰写过程中得到了各方面人士的帮助与支持。湖南大学建筑学院的相关教授、老师、博士给予了笔者大力支持，魏春雨教授作为本人博士研究生导师，提出了许多宝贵的指导意见，黄祺媛参与了本书调研及插图绘制，湖南省住房和城乡建设厅，长沙市住房与保障局、房地产管理局在政策和数据方面提供了支持，在此一并表示最诚挚的谢意。

参考文献

［1］ 陆昱. 基本公共服务均等化与财政体制改革研究［J］. 工业经济论坛，2015（6）：16-24.

［2］ 刘玉亭. 转型期中国城市贫困的社会空间［M］. 北京：科学出版社，2005.

［3］ 吴良镛. 人居环境科学导论［M］. 北京：中国建筑工业出版社，2001.

［4］ 吴志强. 百年西方城市规划理论史导论［J］. 城市规划汇刊，2000（2）：11-13 .

［5］ 刘广平，陈立文，尹志军. 基于住房支付能力的住房保障对象界定研究［J］. 技术经济与管理研究，2015（12）：93-97.

［6］ 朱孔来，李励. 中国保障房建设管理的主要问题及改革建议［J］. 理论学刊，2015（11）：83-88.

［7］ 宋健，李静. 中国城市青年的住房来源及其影响因素——基于独生属性和流动特征的实证分析［J］. 人口学刊，2015，37（6）：15-23.

［8］ 孙忆敏. 我国大城市保障性住房建设的若干探讨［J］. 规划师，2008，24（4）：17-20.

［9］ 高琼旻. 郑州地区建筑外围护结构绿色设计策略研究［D］. 郑州：郑州大学，2015.

［10］ 李岚. 绿色保障房发展现状及必要性研究［J］. 四川建材，2015，41（5）：227-230.

［11］ 江亿，林波荣，曾剑龙等. 住宅节能［M］. 北京：中国建筑工业出版社，2000.

［12］ 刘先觉. 现代建筑理论［M］. 北京：中国建筑工业出版社，2008.

［13］ 李甜，宋彦，黄一如. 美国混合住区发展建设模式研究及其启示［J］. 国际城市规划，2015，30（5）：83-90.

［14］ 徐苗，马雪雯. 基于社会融合视角的保障性住房研究评述及启示［J］. 西部人居环境学刊，2015，30（5）：93-99.

［15］ 杨盛元. 大城市居住区位演变浅议——以重庆为例［J］. 经济地理，1996，16（2）：12-17.

［16］ 董昕. 城市住宅区位及其影响因素分析［J］. 城市规划，2001，25（2）：33-38.

[17] 周燕珉. 现代住宅设计大全——厨房、餐室卷 [M]. 北京：中国建筑工业出版社，1995.
[18] 周燕珉. 老年住宅套内空间设计 [J]. 住区，2012（3）：124-131.
[19] 朱昌廉. 住宅建筑设计管理（第二版）[M]. 北京：中国建筑工业出版社，1999.
[20] 刘东卫，贾丽，王珊珊. 居家养老模式下住宅适老化通用设计研究 [J]. 建筑学报，2015（6）：1-8.
[21] 吴鹏飞. 基于开放建筑理论的北京市高层保障性住房设计策略研究 [D]. 北京：北京工业大学，2013.
[22] 邓孟仁，郭昊栩. 岭南地域适应性理论在保障性住宅小区的应用——广州芳和花园保障性住宅小区设计 [J]. 建筑学报，2014（2）：22-27.
[23] 黄文洁. 深圳保障性住房设计研究——以深圳"一·百·万"保障房设计竞赛为例 [D]. 武汉：华中科技大学，2013.
[24] 冯念一，陆建忠，朱嫣. 对保障性住房建设模式的思考 [J]. 建筑经济，2007（8）：27-30.
[25] 陈志勇，陈莉莉. "土地财政"：缘由与出路 [J]. 财政研究，2010（1）：29-31.
[26] 曹善琪，费麟. 中国城市住宅设计 [M]. 北京：中国计划出版社，2003.
[27] 凌莉. 从空间失配走向空间适配——上海市保障性住房规划选址影响要素评析 [J]. 上海城市规划，2011（3）：58-61.
[28] Kenneth Frampton. Modern Architecture：A Critical History [M]. New York：Thames Hudson，2013.
[29] 李跃歌. 城镇化进程中农民工社会保障制度研究 [J]. 湖南商学院学报，2015，22（5）：34-37.
[30] 龙麒任. 新型城镇化背景下株洲市新生代农民工市民化的对策及建议 [J]. 农村经济与科技，2015，26（11）：164-165.
[31] C Norberg-Schulz. The Demand for a Contemporary Language of Architecture [J]. Architectural Digest，1986（11）：26-28.
[32] 魏春雨. 地域界面类型实践 [J]. 建筑学报，2010（2）：62-67.
[33] 陈彦光. 中国城市发展的自组织特征与判据——为什么说所有城市都是自组织的 [J]. 城市规划，2006，30（8）：24-30.
[34] 陈彦光. 自组织与自组织城市 [J]. 城市规划，2003，27（10）：17-21.
[35] 李勤. 宜居背景下北京保障性住区营建模式研究 [D]. 西安：西安建筑科技大学，2013.
[36] 张琼. 社会资本参与公共租赁住房建设的思考 [J]. 北方经济，2015

(10)：71-72.

[37] 孙梦楠. 构建多层次保障性住房资金筹集模式 [J]. 现代商业，2014 (1)：54-55.

[38] 苏虹，陈勇. 新常态下住房保障的 PPP 模式探讨 [J]. 住宅产业，2015 (12)：55-56.

[39] 早川和男. 居住福利论——居住环境在社会福利和人类幸福中的意义 [M]. 李桓，译. 北京：中国建筑工业出版社，2005.

[40] 郑思齐，张英杰. 保障性住房的空间选址：理论基础、国际经验与中国现实 [J]. 现代城市研究，2010 (9)：18-22.

[41] Vale L J. From the Puritans to the Projects：Public Housing and Public Neighbors [M]. Cambridge，MA：Harvard University Press，2000.

[42] 田野. 转型期中国城市不同阶层混合居住研究 [M]. 北京：中国建筑工业出版社，2008.

[43] Mona Kay Koerner. Performance of the Hollow State：Local Responses to the Devolution of Affordable Housing [D]. Austin：University of Texas，2004.

[44] 史玉成. 居民住房空置浪费的法律规制 [J]. 西部法学评论，2015 (6)：49-61.

[45] 王志章，韩佳丽. 农业转移人口市民化的公共服务成本测算及分摊机制研究 [J]. 中国软科学，2015 (10)：101-110.

[46] 宋伟轩. 大城市保障性住房空间布局的社会问题与治理途径 [J]. 城市发展研究，2011，18 (8)：103-107.

[47] 黄怡，周俭. 大型社区的人口、住房、活力与公平——上海大型社区规划理念与策略的社会学思考 [J]. 时代建筑，2011 (4)：24-29.

[48] 杨晓冬，黄丽平. 保障性住房选址问题及对策研究 [J]. 工程管理学报，2012，26 (4)：103-107.

[49] 陈珊. 基于历时性视角的保障性住房区位边缘化应对策略研究 [J]. 住宅产业，2015 (12)：43-49.

[50] 竺雅莉，王晓鸣，杨年山. 中国保障性住房的街区式住区发展模式研究 [J]. 城市规划，2011，34 (11)：20-24.

[51] Christopher Zigmund Galbraith. Old Houses Never Die：Assessing the Effectiveness of Filtering as a Low-Income Housing Policy [D]. University of Texas，1996.

[52] 李振宇，张玲玲，姚栋. 关于保障性住房设计的思考 [J]. 建筑学报，2011 (8)：60-64.

[53] 王受之. 当代商业住宅区的规划与设计——新都市主义论 [M]. 北京：中国建筑工业出版社，2011.

[54] 周毕文，陈庆平，王树静. 首都住房保障体系建设的现状及对策研究 [J]. 城市发展研究，2015，22（10）：119-124.

[55] 焦怡雪，尹强. 关于保障性住房建设比例问题的思考 [J]. 城市规划，2008，32（9）：38-45.

[56] 孙斌艺. 住房保障制度中实物补贴和货币补贴的效率分析 [J]. 重庆大学学报（社会科学版），2015，21（6）：86-92.

[57] 马振伟. 保障性住房设计研究初探——以济南市保障性住房建设为例 [D]. 济南：山东建筑大学，2011.

[58] 王湃，黄志兵. 新型城镇化背景下的外来人口住房保障问题研究 [J]. 未来与发展，2015（12）：7-11.

[59] 马蕾. 中国保障房现状及可持续发展研究 [J]. 财政金融研究，2015（6）：113-118.

[60] 田耐花. 住房公积金增值收益用于廉租房建设问题研究 [D]. 太原：山西财经大学，2010.

[61] Amy E Carlin. Pollinators of Social Change：the Role of Philanthropic Grant Making in State Level Housing and Homelessness Policy Development [D]. Brandeis University，2011.

[62] Corianne Payton Scally. States，Housing and Innovation：the Role of State Housing Finance Agencies [D]. State University of New Jersey，2007.

[63] Joseph Gyourko. Equity and Efficiency Aspects of Rent Control：An Empirical Study of New York City [J]. Journal of Urban Economics，1989，26：54-64.

[64] E O Olsen. An Economic Analysis of Rent Controls：An Empirical Analysis of New York's Experience [J]，Journal of Political Economy，1972：1081-1110.

[65] 魏宗财，陈婷婷，李郇等. 新加坡公共住房政策可以移植到中国吗？——以广州为例 [J]. 城市规划，2015，39（10）：91-97.

[66] 吴鸿根. 构建保障性住房物业管理模式研究 [J]. 上海房地，2010（8）：38-39.

[67] 田军. 公租房运行机理与监管方式探寻 [J]. 改革，2015（11）：142-150.

[68] 付莉莉. 现阶段中国保障性住房问题研究 [D]. 北京：首都师范大学，2014.

[69] Monique S Johnson. Poverty Deconcentration Priorities in Low-income Housing Policy：A Content Analysis of Low-income Housing Tax Credit（LIHTC）Qualified Allocation Plans. [D]. Virginia Commonwealth Uni-

versity，2014.

[70] 韦海民，王浩.共有产权保障房退出模式比较分析——以中国试点城市为例 [J].建筑经济，2015，36（11）：78-82.

[71] 于苗.重庆市保障性住房的规划布局原则初探 [J].室内设计，2009（12）：52-55.

[72] 伍帅.城市保障性住房公共服务设施设计研究 [D].长沙：湖南大学，2012.

[73] 长沙市规划设计院有限责任公司.湖南省长沙市城市住房建设规划（2014—2020 送审稿），2014.

[74] 裴刚.浅析上海保障性住房设计 [J].四川建筑，2011，31（3）：58-60.

[75] 郭静.基于效率与和谐的土地开发强度——合理增加保障性住房用地容积率指标策略 [J].四川建筑，2010，30（12）：69-71.

[76] Clare C M，Wendy S. Housing as if People Mattered [M]. Berkeley：University of California Press，1986：45-47.

[77] Ross Cressman. Evolutionary Dynamics and Extensive Form Games [M]. The MIT Press，2002.

[78] 林艳，邓卫，葛亮.以公共交通为导向的城市用地开发模式（TOD）研究 [J].交通运输工程与信息学报，2004，2（4）：90-94.

[79] 宋敬兴.以公共交通为导向的城市用地开发模式（TOD）研究 [J].科技创新导报，2010（36）：4-5.

[80] 王志远，陈祖展，吴博.生态文明视角下城市住区规划策略研究 [J].中外建筑，2015（11）：85-87.

[81] 黄日生.法经济学视角下小产权房的成因及治理对策 [J].经济体制改革，2015（6）：78-82.

[82] 刘楠楠.公租房建设新思路：小产权房“公租化” [J].市场研究，2015（10）：26-27.

[83] 宋明星，魏春雨，林泳.方正庭院 复合生活——长沙郡原广场设计 [J].建筑学报，2010（3）：70-73.

[84] 何微丹，刘玉婷.国内外城市保障性住房及其住区建设特征对比 [J].规划师，2014，30（12）：5-12.

[85] 宋明星，魏春雨，李煦.康居示范工程中复合化策略研究——以长沙芙蓉生态新城保障性住房设计为例 [J].新建筑，2015（4）：64-67.

[86] Planning Department of Hong Kong Government. Consolidated Technical Report on the Territorial Development Strategy Review. Hong Kong，1996.